高等职业教育“十三五”规划教材

计算机信息技术实训教程

主　编　吴兰华

副主编　范　菊　胡艳婷　罗瑞雪

中国水利水电出版社
www.waterpub.com.cn
· 北京 ·

内 容 提 要

本书共三部分，分别是上机实训、练习题与参考答案、全国计算机一级考试模拟试题与参考答案，包含22个实训项目、800道客观题目、6套模拟试题，配有模拟打字软件和操作素材。

本书在内容上遵循最新的全国计算机等级考试一级MS Office考试大纲（2018年版）要求，结构合理，语言清晰简明，难点分散。本书突出实际操作能力的培养，针对考纲要求，使用了大量应用教学实例。为了使读者掌握所学内容，第2、3部分的习题和模拟试题均配有参考答案及解题步骤。

本书可以作为职业院校及成人高等院校计算机信息技术课程的实训教材，同时也适合参加全国计算机等级考试一级MS Office的考生使用，还可作为计算机爱好者的自学参考书。

图书在版编目（CIP）数据

计算机信息技术实训教程 / 吴兰华主编. -- 北京 ：中国水利水电出版社，2019.7（2020.8重印）
高等职业教育“十三五”规划教材
ISBN 978-7-5170-7856-2

Ⅰ. ①计… Ⅱ. ①吴… Ⅲ. ①电子计算机－高等职业教育－教材 Ⅳ. ①TP3

中国版本图书馆CIP数据核字(2019)第155936号

策划编辑：寇文杰　　责任编辑：张玉玲　　加工编辑：周益丹　　封面设计：李　佳

书　　名	高等职业教育“十三五”规划教材 计算机信息技术实训教程 JISUANJI XINXI JISHU SHIXUN JIAOCHENG
作　　者	主　编　吴兰华 副主编　范　菊　胡艳婷　罗瑞雪
出版发行	中国水利水电出版社 （北京市海淀区玉渊潭南路1号D座　100038） 网址：www.waterpub.com.cn E-mail：mchannel@263.net（万水） sales@waterpub.com.cn 电话：（010）68367658（营销中心）、82562819（万水）
经　　售	全国各地新华书店和相关出版物销售网点
排　　版	北京万水电子信息有限公司
印　　刷	三河市铭浩彩色印装有限公司
规　　格	184mm×260mm　16开本　13.25印张　329千字
版　　次	2019年7月第1版　2020年8月第2次印刷
印　　数	3001—6000册
定　　价	36.00元

前　言

当今世界发展最快而且对人类社会影响最大的学科无疑是计算机科学与技术了。计算机已成为 21 世纪的一种象征，计算机科学与技术的应用已经渗透到社会的各行各业，成为了推动社会进步和科技发展的重要引擎。而使用计算机的知识和应用计算机解决实际问题的能力，已经成为衡量 21 世纪人才素质的一个重要标志，无论什么领域都必须了解计算机相关的基础知识，并能应用计算机进行日常事务处理。

本书是配合《计算机信息技术应用教程》的实训指导书。基于"巩固基础、强化实践、因材施教、提高能力"的原则，参考最新全国计算机等级考试一级 MS Office 考试大纲（2018 年版）要求编写而成，具有面向实际应用、操作性强和注重能力培养等特点。本书以 Windows 7、Office 2010 为主要教学平台，以高职及中职学生为教学对象，编写的宗旨是使读者较全面、系统地了解计算机基础知识，并通过上机实训加以强化，增强学生动手能力和用计算机解决实际应用的能力。

特别值得一提的是，本书在实训部分提供了彝文和藏文输入法实训，可以为彝、藏民族的读者或立志于彝、藏族地区发展的读者打下民族文字处理的基础。

参与本书编写工作的是多年从事信息技术教学的一线教师，这些教师有着丰富的理论教学和实训教学经验。全书由四川应用技术职业学院副教授吴兰华担任主编，负责统稿统校，范菊、胡艳婷、罗瑞雪担任副主编，协助主编负责部分统稿、校对工作。具体编写分工为：吴兰华编写实训 1、实训 2、实训 3、附录 A、附录 B；胡艳婷编写实训 4、实训 5、实训 6；范菊编写实训 7、实训 8、实训 9、实训 10；任伟编写实训 11、实训 12、实训 13、实训 14、实训 15；卢琳编写实训 16、实训 17、实训 18、实训 19、第 3 套模拟试题；徐桦编写实训 20、实训 21、实训 22；陈国华编写第 2 部分；罗瑞雪编写第 3 部分（第 3 套模拟试题除外）。四川应用技术职业学院教师王晓平、金宏、罗小龙、王中、钟宏、黄伟、董林、刘奕辰、方静、姚文江、余凡力、黄欢、董静、李淼等参与了本书的部分录入、校对和实训操作验证等工作。

伍治林副教授在本书编写过程中提出了许多宝贵建议，给予了大力支持和帮助。本书在编写过程中还得到了凉山州普格县中学毛实不老师、丹巴县团委青年干部降初泽郎，以及四川应用技术职业学院 2017 级护理 3 班学生本秋纳么、青炯措、扬措、卓玛尕么、泽旺卓玛、夺吉泽仁等的帮助和支持，在此一并表示衷心感谢。

在本书的编写过程中，尽管全体参编教师尽了最大努力，力争使本书有所突破，更利于教与学，但由于编者水平有限，书中有不当之处在所难免，恳请读者和同行予以批评指正。

编　者

2019 年 4 月

目　　录

第 1 部分　上机实训

实训 1　键盘指法与中英文字符输入

实训目的

- 熟悉键盘；
- 掌握中英文录入方法。

实训指导

1．键盘键位布局与按键功能

为了方便用户的使用，计算机键盘在设计上进行了多次的调整。习惯上总是根据按键的个数表示键盘的类型，如最初使用的键盘按键数为 83 个，称为 83 键盘。Windows 出现之后，又有了 101 键盘、104 键盘，而现在普遍使用的是 107 键盘。各种键盘尽管按键个数不相同，但其按键的排列布局是基本一致的。图 1-1-1 所示的是 104 标准键盘的按键布局结构。下面出现的键盘如无特殊说明皆指 104 键盘。

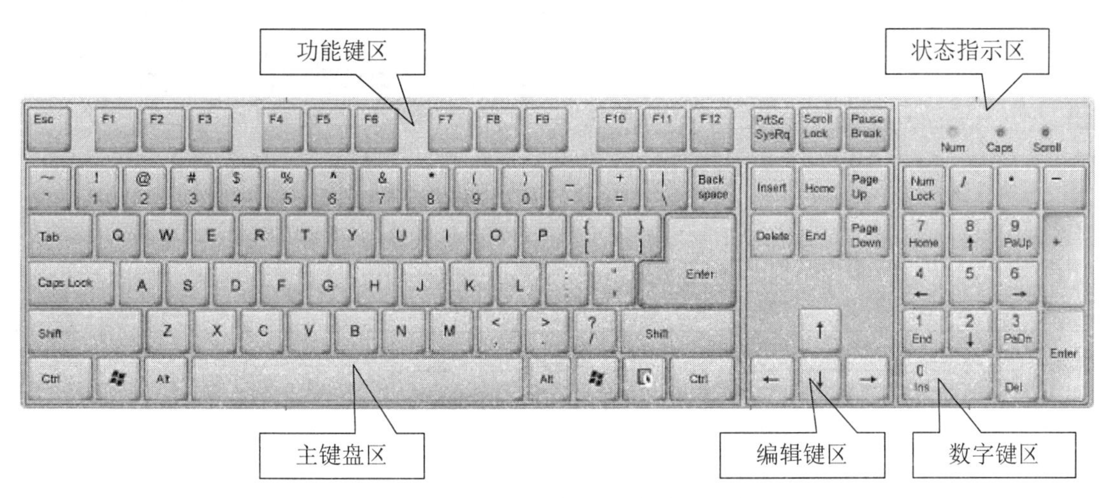

图 1-1-1　104 标准键盘及其按键布局图

（1）键盘的总体布局。早在 1714 年，相继有英、美、法、意、瑞士等国家的人发明了各种形式的打字机，最早的键盘就是那个时候用在那些技术还不成熟的打字机上的。直到 1868 年，“打字机之父”美国人克里斯托夫·拉森·肖尔斯（Christopher Latham Sholes）获得打字机模型专利并取得经营权，又于几年后设计出现代打字机的实用形式和首次规范了键盘，即当前的 QWERTY 键盘。

现今常见的键盘分为五个小区：上面的一行是功能键区和状态指示区，下面的五行是主键盘区、编辑键区和数字键（辅助键）区。

（2）键盘按键功能。在键盘上的每个按键都有其特定的符号和作用，掌握这些按键的常规功能是操作计算机的基础。在表 1-1-1 中列出了按键及其常用功能，以备参考和加强记忆。

表 1-1-1　常用按键及其功能一览表

按键符号	按键名称	按键功能	操作方法
Shift	上档键（或转换键）	控制输入双字符键的上位字符；控制输入英文字母的大小写切换；中英文输入法的转换	按下 Shift 键不放，按下双字符键；按下 Shift 键不放，同时按下字母键
CapsLock	大小写开关键	字母大小写输入的开关键	按下，对应指示灯亮，输入大写字母；指示灯灭则输入小写字母
NumLock	数字开关键	数字小键盘区，数字输入和编辑控制状态之间的开关键	按下，对应指示灯亮，输入数字；指示灯灭则使用控制键
A～Z	字母键	对应大小写英文字母	同 Shift 键或 CapsLock 键组合输入大小写字母
0～9	数字键	对应十进制数字符号	通过主键盘上排或小键盘在数字输入模式输入
其他符号	符号键	对应除字母、数字外的各种符号	下档键直接输入，上档键配合 Shift 键输入
Space	空格键	输入空格	直接按键
Enter	回车键	启动执行命令或产生换行	在主键盘或小键盘处直接按键
Backspace	退格键	光标向左退回一个字符位，同时删掉位置上原有字符	直接按键
Tab	制表键	控制光标右向跳格或左向跳格	直接按键右向跳格；按下 Shift 键后，按键左向跳格
⊞	Windows 键	快速打开 Windows 的“开始”菜单或同其他键组合成快捷键	直接按键或者在按下 Windows 键不放开，按下组合键
Insert	插入/改写键	在编辑文本时，切换编辑模式。插入模式时输入追加到正文，改写模式时输入替换正文	按键后在两种模式间切换，在编辑区或数字小键盘处于编辑键模式下按 Insert 键
Delete	删除键	删除光标位置后的一个字符或选中字符，右边的所有字符左移	选中要删除的对象后，按下即可删除
Home	行首键	控制光标回到行首位置	直接按键，在编辑区或数字小键盘中编辑键模式下按键
End	行尾键	控制光标回到行尾位置	
PgUp	前翻页键	屏幕显示内容上翻一页	
PgDn	后翻页键	屏幕显示内容下翻一页	
↑	光标上移键	光标上移一行	
↓	光标下移键	光标下移一行	
←	光标左移键	光标左移一字符	
→	光标右移键	光标右移一字符	
F1～F12	功能键	用于同应用软件的功能相挂接	直接按键
Esc	取消键	退出或放弃操作	直接按键
Print Screen	屏幕硬复制键	将整个屏幕的界面作为图形存入剪贴板；同 Alt 键组合，复制当前活动窗口作为图形存入剪贴板	直接按键；按下 Alt 键不放，再按下 PrintScreen 键

2. 坐姿和指法标准

（1）保持标准坐姿，养成良好习惯。为了快速、准确地输入信息，同时也不会产生疲劳，在键盘操作时保持正确标准的姿势。

- 调整座椅达到合适的高度和角度，身体坐直或稍微倾斜，使座椅的靠背完全托住后背，双脚平放在地板上或者脚垫上。
- 调整显示器到视线的正前方，距离刚好是手臂的长度。颈部要伸直，不能前倾。屏幕的顶部与眼睛保持同一高度，显示器稍微向上倾斜，原稿在键盘左或右放置，便于阅读。
- 两肩齐平，上臂自然下垂并贴近身体，胳膊肘成 90 度（或者稍微更大一点）。前臂和手应该平放，两手放松。手腕处于自然位置，既不向上，也不向下，既不向左，也不向右。手指自然弯曲轻轻放在基准键上。

正确的坐姿如图 1-1-2 所示。

图 1-1-2　正确坐姿示意图

（2）指法标准。为实现快速的键盘输入，必须掌握正确的指法。所谓指法，就是依据键盘键位的位置，将每个按键按照特定的规律，分派到十个手指上的键盘操作方法。掌握了正确的指法就可以在输入时手指分工明确，有条不紊，熟练后达到不看键盘也可以输入的程度。

主键盘区是日常操作中使用最为频繁的区域，也是提高输入速度的关键。主键盘区共分五排，中间一排设定为基准键位区，食指初始摆放的位置称为基准键位。主键盘区基准键位如图 1-1-3 所示。当手指离开基准键位按键输入后，应即时回到基准键位。为帮助盲打时基准键位的定位，在两个基准键 F 和 J 上设计了凸起，可通过触觉感知。

3. 常用汉字输入法

热键窍门：

- 输入法的切换：Ctrl+Shift 组合键，通过它可在已装入的输入法之间进行切换。
- 切换中英文输入法：Ctrl+Space 组合键，通过它可实现英文和中文输入法的切换。
- 全角/半角切换：Shift+Space 组合键，通过它可进行全角和半角的切换。

常见汉字输入方法有以下三种类型：

（1）拼音方法（音码）。拼音方法，即拼音输入法，可分为全拼、简拼、双拼等，它是用汉语拼音作为汉字的输入编码，以输入拼音字母实现汉字的输入。其特点是：不需要专门的训练，但重码率高。

图 1-1-3 主键盘指法

（2）字形方法（形码）。字形方法是把一个汉字拆成若干偏旁、部首（字根）或笔画，根据字形拆分部件的顺序输入汉字。其特点是：重码率低，速度快，但必须重新学习并记忆大量的字根和汉字拆分原则。

常见的字形输入方案有五笔字型码、郑码等。

（3）音形方法（音形码）。把拼音方法和字形方法结合起来的一种汉字输入方案。一般以音为主，以形为辅，音形结合，取长补短。其特点是：兼顾了音码、形码的优点，既降低了重码率，又不需要大量的记忆，具有使用简便、速度快、效率高等优点。

常见的音形码方案有自然码等。

典型的不常见的输入法是区位码输入法，该输入法在某些应用场景如公安机关人口信息系统输入、学生学籍管理信息系统输入等会用到，但其他场合十分罕见。区位码输入法是按汉字、图形符号的位置排列成一个二维矩阵，以纵向为“区”，横向为“位”。因此，区位码由两位“区号”和两位“位号”共 4 位 0～9 的十进制数字组成。每个汉字都对应唯一确定的区号和位号，因而没有重码。

下面详细介绍拼音输入法和五笔字型输入法。

（1）拼音输入法。

1）全拼输入法。全拼输入法是按汉语拼音的顺序输入全部拼音字母，同音字可用数字键或鼠标在词语选择框中选字。使用全拼输入法应尽量用词组输入，既能提高输入速度，又可减少重码。

例如：输入“dian nao”时，在词语选择框中只有“电脑”二字，没有其他重码，按空格键可在当前光标处输入该词。

2）双拼输入法。双拼输入法把所有的复合声母和复合韵母进行简化，规定各个声母和韵母都用一个字母代替。因而只需按两个键就能输入一个汉字。双拼输入法的键位图如图 1-1-4 所示。

例如：输入词组“操作系统”时，键入“ckzoxits”后，按空格键即可在当前光标处输入该词。

3）智能 ABC 输入法。智能 ABC 输入法是一种灵活、方便的汉字输入方法，该输入法基于人们的语文知识和计算机的智能，为各类人员特别是非专业人员提供了一种易学的输入方法。它分为标准输入法和双打输入法。

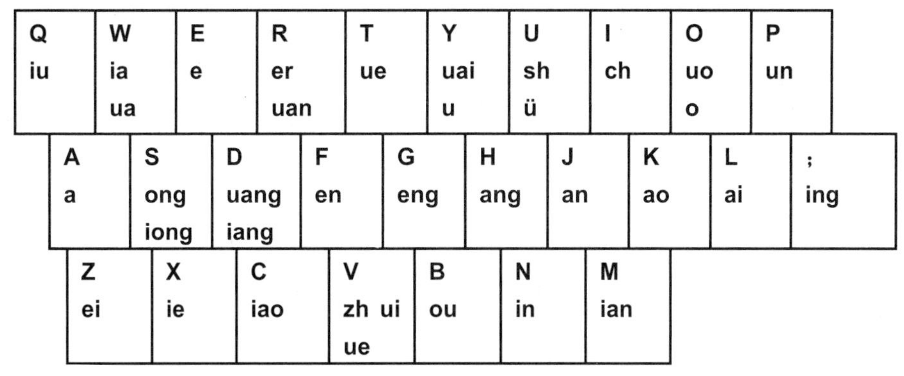

图 1-1-4　双拼输入法的键位图

标准智能 ABC 输入法：

全拼输入——按汉字拼音的书写顺序输入全部字母。有单字、双字词和多字词输入方式。

输入词组时有些词组有歧义，为了加以区别可用隔音符号“’”分隔音节。例如，“西安”的全拼 xian 既可做词组也可做字，而输入“xi’an”则只输出词组“西安”。

简拼输入——只输入汉语拼音各个音节的第一个字母（zh、ch、sh 也可取前两个字母）。为区别不同音节，简拼更需要隔音符。

例如，“计算机”的简拼是“jsj”；“中华”的简拼是“z’h”而不是“zh”。

混拼输入——在输入两个音节以上的词中，有的音节用全拼输入，有的音节用简拼输入。

例如，输入“工作”二字时，可输入 gongz 或 gzuo 来实现，而输入“耽搁”时应输入“dan’g”或“dge”，而不能输入“dang”，因为与“当”的拼音相同。

双打智能 ABC 输入方式：

这是为专业人员提供的一种快速输入方法。双打方式与双拼类似，每个汉字只输入一个声母键和一个韵母键，即一个字只需击键两次。对于只有韵母的汉字，需要在韵母前加“o”字母补成双键。声母和韵母的键位图如图 1-1-4 所示。

对于中文数字和量词的输入，可按下面要求键入并观察输出结果：

第一步：键入 i 及 1234567890。输出字符“一二三四五六七八九〇”；

第二步：键入 I 及 1234567890。输出字符“壹贰叁肆伍陆柒捌玖零”；

第三步：键入 igsbqwez。输出字符“个十百千万亿兆”；

第四步：键入 Igsbqwez。输出字符“个拾佰仟万亿兆”；

第五步：键入 i1998n6y2s5r。输出字符“一九九八年六月二十五日”；

第六步：键入 i7t2b5s5qk。输出字符“七吨二百五十五千克”；

第七步：键入 i1b3s6$。输出字符“一百三十六元”；

第八步：键入 I1b3s6$。输出字符“壹佰叁拾陆元”。

图形符号输入，按下面要求键入并观察输出结果：

第一步：键入 v1，用翻页查找书名号《、》、↑、↓；

第二步：键入 v2，查找符号 1.、⑴、①、㈠、Ⅲ；

第三步：键入 v3，查找并输入符号 / 、@、W（双字节）和 Y（双字节）；

第四步：键入 v6，查找并输入字符 α、β、π；

第五步：键入 v9，查看制表符。

中英文混合输入：

如果在中文状态下使用智能ABC输入法输入很少英文字母时，使用Ctrl+Space组合键切换中英文输入状态就显得麻烦，此时，只需在要输入的英文前加个“v”就可以了。如要输入china，只需在中文状态框中键入vchina就可以了。

软键盘使用：

软键盘是一种用鼠标输入各种符号的工具，打开软键盘后，可以用鼠标单击软键盘上的各键，例如输入希腊字母、日文平假名、西文字母、制表符等各种符号。Windows 系统支持软键盘功能，这可以增加用户输入的灵活性。软键盘的开关位置如图1-1-5所示。

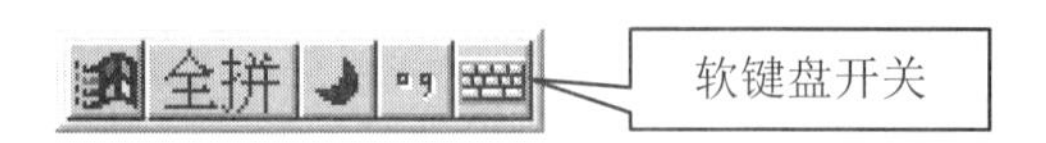

图1-1-5 软键盘开关

以右键单击输入法状态窗口的按钮，系统显示出如图1-1-6所示的十三种软键盘，可根据需要任选其中的一种。

西文键盘	标点符号
希腊字母	数字序号
俄文字母	数学符号
注音符号	单位符号
拼　音	制表符
日文平假名	特殊符号
日文片假名	

图1-1-6 十三种软键盘

例如，选取“标点符号”，则表示目前软键盘为标点符号键盘。图1-1-7为打开的软键盘为标点符号键盘的示意图。

图1-1-7 标点符号软键盘

例如，如果想输入标点符号》，只需用鼠标单击键H，即可输入。而当需要输入【时，只需用鼠标单击键C即可（此时，按大键盘上H键也可输入》，按大键盘上C键也可输入【）。提示：软键盘上，每个键位上显示的红色符号表示对应的计算机大键盘上的每个键，黑色符号表示鼠标单击该键或按大键盘上该键可以输入的符号。

（2）五笔字型输入法。五笔字型输入法是由王永民教授研究发明的一种字型编码方案，也是一种较为流行的汉字输入法之一。其汉字编码方案是采用字根拼形输入，特点是：编码简单，科学地使用 130 种字根来组成字或词组，重码少，输入速度快。

实训内容

1. 英文录入

启动 Microsoft Word，输入下列英文，保存文件名为 P_1_1.docx。

> We all stood there under the awning and just inside the door of the Wal-Mart. We waited, some patiently, others irritated because nature messed up their hurried day. I am always mesmerized by rainfall. I get lost in the sound and sight of the heavens washing away the dirt and dust of the world. Memories of running, splashing so carefree as a child come pouring in as a welcome reprieve from the worries of my day.

2. 特殊符号录入

在文件 P_1_2.docx 中输入下列特殊字符。

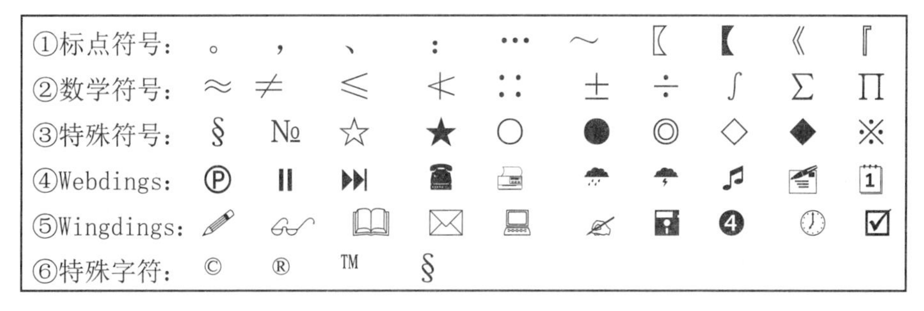

①标点符号：	。	，	、	：	…	～	〖	【	《	『
②数学符号：	≈	≠	≤	≮	∷	±	÷	∫	∑	∏
③特殊符号：	§	№	☆	★	○	●	◎	◇	◆	※
④Webdings：										
⑤Wingdings：										
⑥特殊字符：	©	®	™	§						

提示：①～③通过软键盘输入，④～⑥通过“插入”菜单中的“符号”命令输入。

3. 汉字输入

启动“记事本”程序，输入以下文章。要求正确地输入标点符号和字符，保存文件名为 P_1_3.txt。

> 1: 庆历四年春，滕子京谪守巴陵郡。越明年，政通人和，百废俱兴，乃重修岳阳楼，增其旧制，刻唐贤今人诗赋于其上，属予作文以记之。予观夫巴陵胜状，在洞庭一湖。衔远山，吞长江，浩浩汤汤，横无际涯；朝晖夕阴，气象万千；此则岳阳楼之大观也，前人之述备矣。然则北通巫峡，南极潇湘，迁客骚人，多会于此，览物之情，得无异乎？(摘自《岳阳楼记》，作者：范仲淹)
>
> 2:早晨起床,今天是 **2019/9/1**，打开，阅读电子邮件。这时 Mary 打来，让我陪她买一台。今天的温度是 35 ℃。 我们进入太平洋电脑城，人潮涌动。我们选择了 Intel CPU， 4 TB 硬盘，液晶，配无线和光电，并安装了微软的 Windows **7** 操作系统，及 Microsoft Office **2010** 等软件，还买了一本《电脑爱好者》的杂志。

实训2　彝文字符输入（选做）

实训目的

- 熟悉彝文字符拼音键盘布局；
- 掌握彝文录入方法。

实训指导

1. *彝文信息处理技术的发展历程*

从 20 世纪 70 年代起，在周恩来总理的关怀下，由当时的四机部、中国科学院、国家出版局等部门发起了“汉字信息处理技术工程”，语言文字信息管理工作开始提上国家语言文字工作日程。在研究汉字信息处理时，我国一直都很重视各少数民族语言文字的计算机信息处理工程，国家对少数民族语言文字处理系统的开发也给予了极大的关注。

彝文信息处理工程也正是在这股语言信息处理浪潮中启动和发展壮大起来的。彝文信息处理是指用计算机对彝文进行转换、传输等。从过往的经历来看，我国早在 1982 年就已经开始了对彝文信息化的研究工作，回顾这么多年的历程，其道路颇多曲折和困难。细数整个发展历程我们可以做如下总结：“PGYW 彝文计算机”在 1982 年诞生，标志着我国彝文信息处理的良好开端。随后，又在 1984 年成功研究开发出了“微型计算机彝文处理系统 YWCL”，并在同年 10 月份通过了省级专家技术鉴定，在 1985 年获得四川省科技进步奖。之后，由中国计算机技术服务公司、华北终端设备公司以及北京民族印刷厂三家单位合作推出的“CMPT Ⅱ大键盘彝文系统”，顺利地为第六届全国人大四次会议提供了文件印刷工作。

很快，又成功推出了“计算机激光彝文/汉文编辑排版系统”，这一系统的出现解决了过去彝文不能实现激光照排，不能进行电子编辑及出版工作的难题，此项技术在北京“全国‘六五’期间科学技术攻关项目展览会”上成功摘得了国务院电子振兴办公室颁发的优秀科技成果奖；紧接着，中国计算机服务公司和北京民族印刷厂再度合作，又一次推出了新一代的“华光Ⅱ型彝文、汉字、西文计算机激光照排系统”；1989 年，云南、四川、贵州、广西、北京等省、市、自治区的有关专家、学者在西昌会议上一致通过了把 1980 年国务院批准实施的规范彝文方案作为我国彝文信息处理标准。1992 年，国家技术监督局颁布实施了沙马拉毅教授为主要起草人制定的国家标准 GB13134－91《信息交换用彝文编码字符集》、GB13135－91《信息交换用彝文字符 15×16 点阵字模集及数据集》等多项规范彝文信息处理国家标准，从而使彝文信息处理工作得到了顺利发展。1992 年，“北大方正彝文激光照排系统”研制成功，这标志着我国第一次实现了少数民族文字处理工作以及编辑排版工作的顺利落实，大大改进了我国主要使用彝文信息处理系统单位的工作效率。1997 年国务院批准的 GB/T 16683－1996《信息交换用彝文字符 24×24 点阵字模集及数据集》及 2000 版的国际标准《多八位彝文编码字符集》等的颁布，受到了两院院士王选的大力肯定，并将其命名为“沙马拉毅输入法”。

1998 年，在滇、川、黔、桂四省（区）彝族古籍整理协作会第六次会议上通过了“将国务院批准的四川规范彝文作为我国彝族统一文字的会议纪要”。此后，计算机彝文信息处理事业得到了迅猛发展，体系完整的彝文信息处理技术也得以真正实现：2001 年出版了专著《计算机彝文信息处理》；2003 年“计算机彝文输入码及其键盘”获国家专利；2005 年研制出的“中小学汉彝对照电子词典”和“彝文文献全文数据库研究与开发”均填补了国内相关方面的空白；2006 年西南民族大学与北大方正合作开发的 UNICODE 彝文系统问世，计算机彝文字体从开始的 2 种发展到现在的 8 种；2007 年西南民族大学与北大方正合作研发的彝文书版研发成功；2008 年完成了“彝语六大方言语音库”的建设；2008 年研制出的“彝汉双语平行语料库和术语库”是世界上第一个针对彝语和汉语的平行语料库和术语库；2009 年研制出的“彝语语料库”是世界上第一个大规模的彝语语料资源库；2009 年西南民族大学与中国社会科学院民族学与人类学所合作研制“彝语声学参数数据库”的成功，开创了彝语实训语音学研究的先河，也为西南少数民族语言实训语音学研究工作的开展进行了有意义的探索。2009 年研制成功彝文手机，被誉为“彝语文发展进程中的里程碑”，古老的传统文化与现代移动通信的融合大大改善了彝语言文字的现代化和信息化水平。2009 年 11 月，全国彝语术语标准化工作委员会在西南民族大学成立，这是我国彝语文信息化处理研究工作的一件大事，对进一步推动滇、川、黔、桂四省（区）彝语文全面规范化、标准化、信息化进程，促进彝语文信息化建设的健康发展具有重要的现实意义和深远的历史意义。

在以西南民族大学沙马拉毅教授为主要代表的众多人士努力下，规范彝文信息处理技术发展的 30 年中产生了一大批令人鼓舞的成果，这些成果概括起来可以归纳为如下几个方面：①彝语文现代化取得丰硕成果，有关彝语文的规范化、信息化建设的一系列的国家法规、标准及规范已经形成；②彝文信息处理技术已达到实用化水平，并在实际应用中日趋成熟；③已建设完成一批颇具影响的信息处理用彝语言资源库，部分彝文信息处理技术已在实际应用中发挥作用；④彝文信息处理的国内外学术交流与合作机构和环境已经建立，彝文信息处理正在时代信息化建设的浪潮中逐步开拓前进。

2. 彝文输入法

（1）彝文字符编码。计算机的通用键盘，设有 26 个拉丁字母键、10 个阿伯数字键和一些符号键、功能键等。输入英文等拼音文字只需要直接敲击相应的字母键即可。彝文字符由笔画构成，它们与由拉丁字母拼成的英文等文字是截然不同的符号系统，不能直接输入计算机。为了能够输入计算机，彝文字符需要转化成拉丁字母或阿拉伯数字等符号，也就是需要“码化”，先行编码。阿拉伯数字的符号数量少（10 个），为了“码化”的唯一性（无重码），每个字符用的码化符号数必然增多；加之不能充分发挥双手击键的优势，输入速度必然低下，所以，一般不用阿拉伯数字编码，而用拉丁字母符号编码。

彝文信息处理，首先是将彝文字符“码化”，也就是将其转化为拉丁字母代码，其次是将彝文字符制成字模，置于相应的字库中，最后设计计算机软件程序，确保能够准确、快捷地输入、显示、输出彝文符，并且能方便地修改、编排和打印出彝文文本。其中，彝文字符编码是最基本最关键的部分，编码的优劣决定彝文信息处理的优劣。

规范彝文是一种音节文字。音节文字是属于表音文字中的一种文字，它用字母（字符）表示整个音节，如日本的假名文字、印度的梵文等。规范彝文有 819 个彝字及 1 个替音字（替代字符）。彝语又是一种有声调的语言，规范彝文有高平调（t）、次高调（x）、中平调（省符）、低降调（p）。在彝文中，三个声调都由相应的字符表示；次高调是由专用的次高调符号“ˆ”加在中平调字符上方表达，这样形成的次高调字符有 344 个。因此，在彝文信息处理中，需要处理的不同字符共有 1165 个。彝文的声调特点与字符数量的繁多，给彝文信息处理增加了复杂性与极大的困难。

彝文信息处理字符集含有 1165 个字符，每个字符有确定的区位编码。占用的区位是 10～15 区和 88～94 的 1～94 位。彝文字符的机内码有 1165 个字符，机内码码长 2 个字节，共 16 位二进制，表达简捷清楚，能与西文字符区别开来。

彝文的输入码也就是彝文的外码。输入彝文字符的区位码，也可以完成彝文字符的显示输出。但是，区位码仅仅为了给彝文字符区定位，与彝文文字符的音、形、义都没有关联，是一种无理编码，难记、难用，不适合用来输入彝文。为了准确、方便、快捷地输入、输出彝文，一般可以使用彝文拼音编码和彝文字形编码。彝文拼音编码有两种，一是全拼码，一是简拼码。

彝文全拼码，具有唯一性、可读性；最短码 2 个字母，最长码 5 个字母。彝文简拼码以全拼码为基础，将全拼码中的双字母韵母选用合宜的单字母替代，以减少击键次数，增加输入速度。简拼码最短 2 个字母，最长 4 个字母。在双手击键输入的情况下，可以“左右左右”地很有节奏完成输入。

彝文字形编码是将彝文字符按书写顺序拆分为一定的笔画单元，再用字母（或数字）替代，敲击相应的字母键（或数字键）即可完成输入。科学合理地将彝文字符拆分为合适的笔画单元，确定笔画单元的数量以及在键盘键位的最佳布局，是一项十分复杂、十分困难的课题。它直接影响到输入速度、正确率与学用的方便程度。

（2）彝文拼音输入法的添加。Windows 7 已经包含对彝文字的支持，不过输入法默认没有添加，使用彝文输入需要先添加彝文输入法。

1）在“控制面板”窗口中单击“区域和语言选项”，打开“区域与语言”对话框。

2）在“区域和语言”对话框中选择“键盘和语言”选项卡，单击“更改键盘”按钮，出现“文本服务和输入语言”对话框，对话框中显示已安装的输入法，如图 1-2-1 所示。

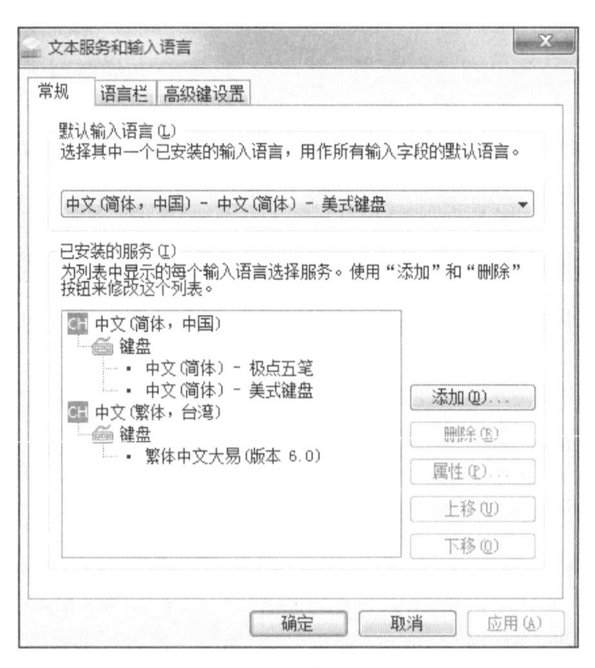

图 1-2-1 “文本服务和输入语言”对话框

3）单击图 1-2-1 中“文本服务和输入语言”对话框的“添加”按钮，出现“添加输入语言”对话框，如图 1-2-2 所示，在列表中选择“彝语输入法（版本 1.0）”，然后单击“确定”按钮，返回“文本服务和输入语言”对话框，继续确定即可完成彝语输入法的添加。

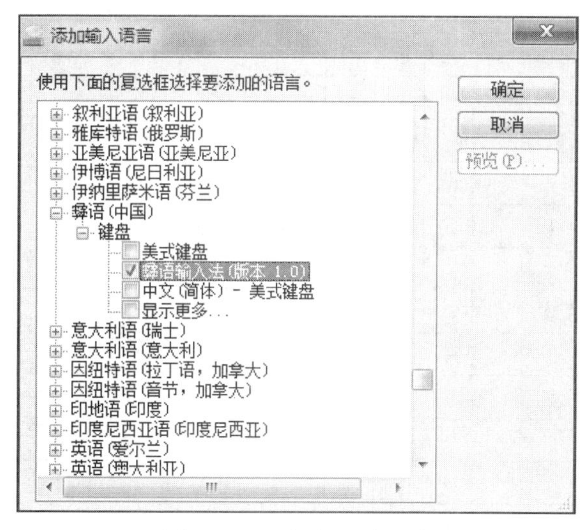

图 1-2-2　添加彝语输入法

（3）彝文拼音输入法的使用。单击语言栏的“语言”图标，如果默认是简体中文语言，它就是“CH”，如图 1-2-3（a）所示，单击“彝语（中国）”，当前输入语言即可切换成彝语输入法，如图 1-2-3（b）所示。

基本的输入方法如下：

- 空格键和回车键用来输入选定的候选字词，数字键用来输入对应的字词。

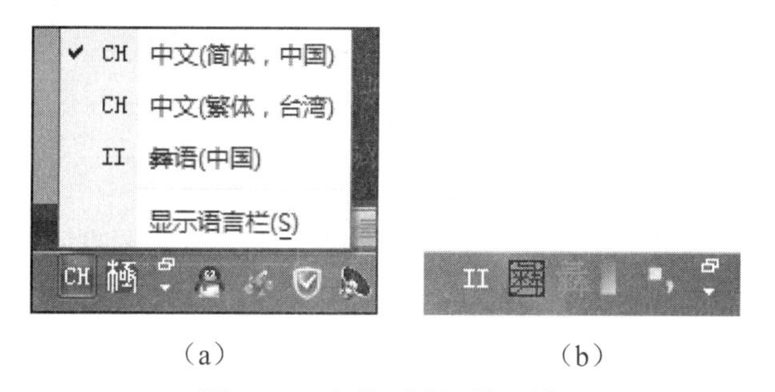

（a）　　　　（b）

图 1-2-3　切换至彝语输入法

- 上、下方向键用来逐条改变候选对象，上、下翻页键用来逐页改变候选对象，当有多页候选字时，Home 和 End 键用来定位到首页和末页。
- Esc 键用来取消拼音和候选字词窗口，保留待确认输入文字状态。
- 退格键用来逐个删除彝语拼音字母。

快捷键：彝语输入模式与英语输入模式之间切换用 Shift 键（左右均可），全/半角切换为 Shift+Space 组合键，全/半角标点（中英文标点）切换为 Ctrl 加句点键。

表 1-2-1 和表 1-2-2 为彝文拼音-字符对照表。

表 1-2-1　彝文拼音-字符对照表（1）

			b	p	bb	nb	hm	m	f	v	d	t	dd	nd	hn	n	hl	l	g	k	gg	mg
i	t	ꀀ	ꀖ	ꀸ	ꁖ	ꁶ	ꂑ	ꂮ	ꃍ	ꃢ	ꄀ	ꄚ	ꄶ	ꅑ	ꅨ	ꅽ	ꆗ	ꆷ	ꇚ	ꇸ	ꈔ	
	x	ꀁ	ꀗ	ꀹ	ꁗ	ꁷ	ꂒ	ꂯ	ꃎ	ꃣ	ꄁ	ꄛ	ꄷ	ꅒ	ꅩ	ꅾ	ꆘ	ꆸ	ꇛ	ꇹ	ꈕ	
		ꀂ	ꀘ	ꀺ	ꁘ	ꁸ	ꂓ	ꂰ	ꃏ	ꃤ	ꄂ	ꄜ	ꄸ	ꅓ	ꅪ	ꅿ	ꆙ	ꆹ	ꇜ	ꇺ	ꈖ	
	p	ꀃ	ꀙ	ꀻ	ꁙ	ꁹ	ꂔ	ꂱ	ꃐ	ꃥ	ꄃ	ꄝ	ꄹ	ꅔ	ꅫ	ꆀ	ꆚ	ꆺ	ꇝ	ꇻ		
ie	t	ꀄ	ꀚ		ꁚ					ꃦ					ꅬ			ꆻ	ꇞ			
	x	ꀅ	ꀛ	ꀼ	ꁛ	ꁺ	ꂕ	ꂲ		ꃧ	ꄄ	ꄞ	ꄺ	ꅕ	ꅭ	ꆁ	ꆛ	ꆼ	ꇟ	ꇼ	ꈗ	ꈰ
		ꀆ	ꀜ	ꀽ	ꁜ	ꁻ	ꂖ	ꂳ		ꃨ	ꄅ	ꄟ	ꄻ	ꅖ	ꅮ	ꆂ	ꆜ	ꆽ	ꇠ	ꇽ	ꈘ	ꈱ
	p	ꀇ	ꀝ	ꀾ	ꁝ	ꁼ	ꂗ	ꂴ		ꃩ	ꄆ	ꄠ	ꄼ		ꅯ	ꆃ	ꆝ	ꆾ	ꇡ	ꇾ	ꈙ	
a	t	ꀈ	ꀞ	ꀿ	ꁞ	ꁽ	ꂘ	ꂵ	ꃑ	ꃪ	ꄇ	ꄡ	ꄽ	ꅗ	ꅰ		ꆞ	ꆿ	ꇢ	ꇿ	ꈚ	ꈲ
	x	ꀉ	ꀟ	ꁀ	ꁟ	ꁾ	ꂙ	ꂶ	ꃒ	ꃫ	ꄈ	ꄢ	ꄾ	ꅘ	ꅱ	ꆄ	ꆟ	ꇀ	ꇣ	ꈀ	ꈛ	ꈳ
		ꀊ	ꀠ	ꁁ	ꁠ	ꁿ	ꂚ	ꂷ	ꃓ	ꃬ	ꄉ	ꄣ	ꄿ	ꅙ	ꅲ	ꆅ	ꆠ	ꇁ	ꇤ	ꈁ	ꈜ	ꈴ
	p	ꀋ	ꀡ	ꁂ	ꁡ	ꂀ	ꂛ	ꂸ	ꃔ	ꃭ	ꄊ	ꄤ	ꅀ	ꅚ	ꅳ	ꆆ	ꆡ	ꇂ	ꇥ	ꈂ	ꈝ	ꈵ
uo	t							ꂹ				ꄥ						ꇃ	ꇦ		ꈞ	
	x	ꀌ	ꀢ	ꁃ	ꁢ		ꂜ	ꂺ			ꄋ	ꄦ	ꅁ		ꅴ	ꆇ	ꆢ	ꇄ	ꇧ	ꈃ	ꈟ	ꈶ
		ꀍ	ꀣ	ꁄ	ꁣ		ꂝ	ꂻ			ꄌ	ꄧ	ꅂ		ꅵ	ꆈ	ꆣ	ꇅ	ꇨ	ꈄ	ꈠ	ꈷ
	p	ꀎ	ꀤ	ꁅ	ꁤ		ꂞ	ꂼ				ꄨ	ꅃ			ꆉ	ꆤ	ꇆ	ꇩ	ꈅ	ꈡ	ꈸ
o	t	ꀏ	ꀥ	ꁆ	ꁥ	ꂁ	ꂟ	ꂽ		ꃮ	ꄍ	ꄩ	ꅄ	ꅛ	ꅶ	ꆊ		ꇇ	ꇪ	ꈆ	ꈢ	ꈹ
	x	ꀐ	ꀦ	ꁇ	ꁦ	ꂂ	ꂠ	ꂾ	ꃕ	ꃯ	ꄎ	ꄪ	ꅅ	ꅜ	ꅷ	ꆋ	ꆥ	ꇈ	ꇫ	ꈇ	ꈣ	ꈺ
		ꀑ	ꀧ	ꁈ	ꁧ	ꂃ	ꂡ	ꂿ	ꃖ	ꃰ	ꄏ	ꄫ	ꅆ	ꅝ		ꆌ	ꆦ	ꇉ	ꇬ	ꈈ	ꈤ	ꈻ
	p	ꀒ	ꀨ	ꁉ	ꁨ	ꂄ	ꂢ	ꃀ	ꃗ	ꃱ	ꄐ	ꄬ	ꅇ	ꅞ	ꅸ	ꆍ	ꆧ	ꇊ	ꇭ	ꈉ	ꈥ	ꈼ
e	t																		ꇮ	ꈊ	ꈦ	
	x	ꀓ	ꀩ		ꁩ			ꃁ		ꃲ	ꄑ	ꄭ	ꅈ	ꅟ	ꅹ	ꆎ	ꆨ	ꇋ	ꇯ	ꈋ	ꈧ	ꈽ
		ꀔ	ꀪ		ꁪ			ꃂ			ꄒ	ꄮ	ꅉ	ꅠ	ꅺ	ꆏ	ꆩ	ꇌ	ꇰ	ꈌ	ꈨ	ꈾ
	p		ꀫ		ꁫ					ꃳ	ꄓ	ꄯ	ꅊ	ꅡ	ꅻ	ꆐ	ꆪ	ꇍ	ꇱ	ꈍ	ꈩ	ꈿ
u	t		ꀬ	ꁊ	ꁬ	ꂅ	ꂣ	ꃃ	ꃘ	ꃴ	ꄔ	ꄰ	ꅋ	ꅢ	ꅼ	ꆑ	ꆫ	ꇎ	ꇲ	ꈎ	ꈪ	ꉀ
	x		ꀭ	ꁋ	ꁭ	ꂆ	ꂤ	ꃄ	ꃙ	ꃵ	ꄕ	ꄱ	ꅌ	ꅣ		ꆒ	ꆬ	ꇏ	ꇳ	ꈏ	ꈫ	ꉁ
			ꀮ	ꁌ	ꁮ	ꂇ	ꂥ	ꃅ	ꃚ	ꃶ	ꄖ	ꄲ	ꅍ	ꅤ		ꆓ	ꆭ	ꇐ	ꇴ	ꈐ	ꈬ	ꉂ
	p		ꀯ	ꁍ	ꁯ	ꂈ	ꂦ	ꃆ	ꃛ	ꃷ	ꄗ	ꄳ	ꅎ	ꅥ		ꆔ	ꆮ	ꇑ	ꇵ	ꈑ	ꈭ	ꉃ
ur	x		ꀰ	ꁎ	ꁰ	ꂉ	ꂧ	ꃇ	ꃜ	ꃸ	ꄘ	ꄴ	ꅏ	ꅦ		ꆕ	ꆯ	ꇒ	ꇶ	ꈒ	ꈮ	ꉄ
			ꀱ	ꁏ	ꁱ	ꂊ	ꂨ	ꃈ	ꃝ	ꃹ	ꄙ	ꄵ	ꅐ	ꅧ		ꆖ	ꆰ	ꇓ	ꇷ	ꈓ	ꈯ	ꉅ
y	t		ꀲ	ꁐ	ꁲ	ꂋ		ꃉ	ꃞ	ꃺ							ꆱ	ꇔ				
	x		ꀳ	ꁑ	ꁳ	ꂌ	ꂩ	ꃊ	ꃟ	ꃻ							ꆲ	ꇕ				
			ꀴ	ꁒ	ꁴ	ꂍ	ꂪ	ꃋ	ꃠ	ꃼ							ꆳ	ꇖ				
	p		ꀵ	ꁓ	ꁵ	ꂎ	ꂫ	ꃌ	ꃡ	ꃽ							ꆴ	ꇗ				
yr	x		ꀶ	ꁔ		ꂏ	ꂬ			ꃾ							ꆵ	ꇘ				
			ꀷ	ꁕ		ꂐ	ꂭ			ꃿ							ꆶ	ꇙ				

表 1-2-2 彝文拼音-字符对照表（2）

			hx	ng	h	w	z	c	zz	nz	s	ss	zh	ch	rr	nr	sh	r	j	q	jj	nj	ny	x	y
i	t	ꀀ	ꉆ		ꉮ		ꊍ	ꊮ	ꋐ	ꋭ	ꌉ	ꌪ							ꏠ	ꏼ	ꐘ	ꐱ	ꑊ	ꑝ	ꑱ
	x	ꀁ	ꉇ				ꊎ	ꊯ	ꋑ	ꋮ	ꌊ	ꌫ							ꏡ	ꏽ	ꐙ	ꐲ	ꑋ	ꑞ	ꑲ
		ꀂ	ꉈ				ꊏ	ꊰ	ꋒ	ꋯ	ꌋ	ꌬ							ꏢ	ꏾ	ꐚ	ꐳ	ꑌ	ꑟ	ꑳ
	p	ꀃ	ꉉ				ꊐ	ꊱ	ꋓ	ꋰ	ꌌ	ꌭ							ꏣ	ꏿ	ꐛ	ꐴ	ꑍ	ꑠ	ꑴ
ie	t	ꀄ	ꉊ					ꊲ	ꋔ										ꏤ	ꐀ	ꐜ	ꐵ	ꑎ	ꑡ	ꑵ
	x	ꀅ	ꉋ	ꉝ	ꉯ		ꊑ	ꊳ	ꋕ	ꋱ	ꌍ	ꌮ							ꏥ	ꐁ	ꐝ	ꐶ	ꑏ	ꑢ	ꑶ
		ꀆ	ꉌ	ꉞ	ꉰ		ꊒ	ꊴ	ꋖ	ꋲ	ꌎ	ꌯ							ꏦ	ꐂ	ꐞ	ꐷ	ꑐ	ꑣ	ꑷ
	p	ꀇ	ꉍ	ꉟ			ꊓ	ꊵ	ꋗ	ꋳ	ꌏ	ꌰ							ꏧ	ꐃ	ꐟ	ꐸ	ꑑ	ꑤ	ꑸ
a	t	ꀈ	ꉎ	ꉠ	ꉱ	ꊀ	ꊔ	ꊶ	ꋘ	ꋴ	ꌐ	ꌱ	ꍆ	ꍡ		ꎔ	ꎫ	ꏆ							
	x	ꀉ	ꉏ	ꉡ	ꉲ	ꊁ	ꊕ	ꊷ	ꋙ	ꋵ	ꌑ	ꌲ	ꍇ	ꍢ	ꍼ	ꎕ	ꎬ	ꏇ							
		ꀊ	ꉐ	ꉢ	ꉳ	ꊂ	ꊖ	ꊸ	ꋚ	ꋶ	ꌒ	ꌳ	ꍈ	ꍣ	ꍽ	ꎖ	ꎭ	ꏈ							
	p	ꀋ	ꉑ	ꉣ	ꉴ	ꊃ	ꊗ	ꊹ	ꋛ	ꋷ	ꌓ	ꌴ	ꍉ	ꍤ		ꎗ	ꎮ	ꏉ							
uo	t		ꉒ	ꉤ	ꉵ									ꍥ					ꏨ	ꐄ					ꑹ
	x	ꀌ	ꉓ	ꉥ	ꉶ	ꊄ	ꊘ	ꊺ		ꋸ	ꌔ		ꍊ	ꍦ	ꍾ		ꎯ	ꏊ	ꏩ	ꐅ	ꐠ	ꐹ	ꑒ	ꑥ	ꑺ
		ꀍ	ꉔ	ꉦ	ꉷ	ꊅ	ꊙ	ꊻ		ꋹ	ꌕ		ꍋ	ꍧ	ꍿ		ꎰ	ꏋ	ꏪ	ꐆ	ꐡ	ꐺ	ꑓ	ꑦ	ꑻ
	p	ꀎ	ꉕ		ꉸ	ꊆ	ꊚ	ꊼ			ꌖ		ꍌ	ꍨ			ꎱ	ꏌ	ꏫ	ꐇ	ꐢ		ꑔ		ꑼ
o	t	ꀏ	ꉖ	ꉧ	ꉹ		ꊛ	ꊽ			ꌗ	ꌵ	ꍍ	ꍩ	ꎀ		ꎲ	ꏍ	ꏬ	ꐈ	ꐣ	ꐻ	ꑕ	ꑧ	ꑽ
	x	ꀐ	ꉗ	ꉨ	ꉺ	ꊇ	ꊜ	ꊾ	ꋜ	ꋺ	ꌘ	ꌶ	ꍎ	ꍪ	ꎁ	ꎘ	ꎳ	ꏎ	ꏭ	ꐉ	ꐤ	ꐼ	ꑖ	ꑨ	ꑾ
		ꀑ	ꉘ	ꉩ	ꉻ	ꊈ	ꊝ	ꊿ	ꋝ		ꌙ	ꌷ	ꍏ	ꍫ	ꎂ	ꎙ	ꎴ	ꏏ	ꏮ	ꐊ	ꐥ	ꐽ	ꑗ	ꑩ	ꑿ
	p	ꀒ	ꉙ	ꉪ	ꉼ	ꊉ	ꊞ	ꋀ	ꋞ	ꋻ	ꌚ	ꌸ	ꍐ	ꍬ	ꎃ	ꎚ	ꎵ	ꏐ	ꏯ	ꐋ	ꐦ	ꐾ	ꑘ	ꑪ	ꒀ
e	t												ꍑ	ꍭ	ꎄ	ꎛ	ꎶ								
	x	ꀓ	ꉚ	ꉫ	ꉽ	ꊊ	ꊟ	ꋁ	ꋟ	ꋼ	ꌛ	ꌹ	ꍒ	ꍮ	ꎅ	ꎜ	ꎷ	ꏑ							
		ꀔ	ꉛ	ꉬ	ꉾ	ꊋ	ꊠ	ꋂ	ꋠ	ꋽ	ꌜ	ꌺ	ꍓ	ꍯ	ꎆ	ꎝ	ꎸ	ꏒ							
	p		ꉜ	ꉭ	ꉿ	ꊌ	ꊡ	ꋃ	ꋡ		ꌝ	ꌻ	ꍔ	ꍰ	ꎇ	ꎞ	ꎹ	ꏓ							
u	t						ꊢ	ꋄ			ꌞ	ꌼ	ꍕ		ꎈ	ꎟ	ꎺ	ꏔ	ꏰ	ꐌ	ꐧ		ꑙ		ꒁ
	x						ꊣ	ꋅ	ꋢ	ꋾ	ꌟ	ꌽ	ꍖ	ꍱ	ꎉ	ꎠ	ꎻ	ꏕ	ꏱ	ꐍ	ꐨ	ꐿ	ꑚ		ꒂ
							ꊤ	ꋆ	ꋣ	ꋿ	ꌠ	ꌾ	ꍗ	ꍲ	ꎊ	ꎡ	ꎼ	ꏖ	ꏲ	ꐎ	ꐩ	ꑀ	ꑛ		ꒃ
	p						ꊥ	ꋇ	ꋤ	ꌀ	ꌡ	ꌿ	ꍘ	ꍳ	ꎋ	ꎢ	ꎽ	ꏗ	ꏳ	ꐏ	ꐪ	ꑁ	ꑜ		ꒄ
ur	x						ꊦ	ꋈ	ꋥ	ꌁ	ꌢ		ꍙ	ꍴ	ꎌ	ꎣ	ꎾ	ꏘ	ꏴ	ꐐ	ꐫ	ꑂ			ꒅ
							ꊧ	ꋉ	ꋦ	ꌂ	ꌣ		ꍚ	ꍵ	ꎍ	ꎤ	ꎿ	ꏙ	ꏵ	ꐑ	ꐬ	ꑃ			ꒆ
y	t						ꊨ	ꋊ	ꋧ	ꌃ	ꌤ	ꍀ	ꍛ	ꍶ	ꎎ	ꎥ	ꏀ	ꏚ	ꏶ	ꐒ	ꐭ	ꑄ		ꑫ	ꒇ
	x						ꊩ	ꋋ	ꋨ	ꌄ	ꌥ	ꍁ	ꍜ	ꍷ	ꎏ	ꎦ	ꏁ	ꏛ	ꏷ	ꐓ	ꐮ	ꑅ		ꑬ	ꒈ
							ꊪ	ꋌ	ꋩ	ꌅ	ꌦ	ꍂ	ꍝ	ꍸ	ꎐ	ꎧ	ꏂ	ꏜ	ꏸ	ꐔ	ꐯ	ꑆ		ꑭ	ꒉ
	p						ꊫ	ꋍ	ꋪ	ꌆ	ꌧ	ꍃ	ꍞ	ꍹ	ꎑ	ꎨ	ꏃ	ꏝ	ꏹ	ꐕ	ꐰ	ꑇ		ꑮ	ꒊ
yr	x						ꊬ	ꋎ	ꋫ	ꌇ	ꌨ	ꍄ	ꍟ	ꍺ	ꎒ	ꎩ	ꏄ	ꏞ	ꏺ	ꐖ		ꑈ		ꑯ	ꒋ
							ꊭ	ꋏ	ꋬ	ꌈ	ꌩ	ꍅ	ꍠ	ꍻ	ꎓ	ꎪ	ꏅ	ꏟ	ꏻ	ꐗ		ꑉ		ꑰ	ꒌ

彝文输入示例：

彝文“[illegible] [illegible] ꃅ [illegible]”是汉语“新年快乐”的意思，在计算机中输入这四个字符需要先知道它们对应拼音编码：

第一个字“[illegible]”是个有声调的字，在字符-拼音对照表中，它位于“k”列“u”组的“高平调（t）”行，所以字符“[illegible]”的拼音码为“kut”，在彝文拼音输入法状态下，依次按下键盘的 k→u→t→Enter 键或 Space 键即可输入。

以此类推，可查得其拼音码：第二个字符“[illegible]”是“shyr”，第三个字符“ꃅ”是“mu”，第四个字符“[illegible]”是“sa”，只需要在彝文拼音输入法状态下，在键盘上依次输入对应的拼音码+Enter 键或 Space 键即可。

实训内容

彝、汉文录入。启动 Microsoft Word，输入下列彝、汉混排文字，保存文件名为 P_2_1.docx。

[illegible] 长辈（指父亲）的话应该铭记于心
[illegible] 长辈（指母亲）的话应该写在书上
[illegible] ꊿ [illegible] ꑍ [illegible] 勤俭持家会致富
[illegible] ꑍ [illegible] 有盐牛羊会长肥

注意：这是彝族史诗里面最经典的几句话，主旨是“人要学会勤劳、踏实，要谨记长辈的教悔，总有一天将会成为有用的人。”

提示（对应拼音码）：

pat	ddop	she	ki	nzi
[illegible]	[illegible]	[illegible]	[illegible]	[illegible]
mop	ddop	ma	nza	yy
[illegible]	[illegible]	[illegible]	[illegible]	[illegible]
vo	co	ggut	nyi	kat
[illegible]	ꊿ	[illegible]	ꑍ	[illegible]
rrep	mop	ce	nyi	kat
[illegible]	[illegible]	[illegible]	ꑍ	[illegible]

实训 3 藏文字符输入（选做）

实训目的

- 熟悉藏文字符键盘布局；
- 掌握藏文录入方法。

实训指导

1. 藏文信息处理技术发展的历史背景、历程和现状

有人把藏文称为“写在世界屋脊上的文字”，作为世界上最古老的文字之一，为传承藏族文化作出了重要贡献，更是今天广大藏族同胞用于阅读、交流的重要工具。如今，伴随网络时代的到来，藏文这一古老的文字也焕发出新的生命力。

目前的藏文网络信息技术，存在着藏文编码混乱的问题。这种混乱的编码局面是由于之前国际藏文编码标准不统一，各成一家造成的。现在虽然国际藏文编码标准已经出台，但混乱的编码仍然在使用，很多机构十几年都是在使用非国际标准的代码进行藏文的输入。不符合国际标准的输入软件和藏文字体的继续使用，成为了藏文网络化和国际化的绊脚石，严重阻碍藏文更近一步地走向网络世界。

我国于 1984 年开始运用计算机处理藏文信息，早期的藏文软件主要针对文字处理，但是由于缺乏统一的编码而互不兼容。我国对藏文软件的开发和应用高度重视，编制的《通用多八位编码字符集》藏文编码国际标准提案，在与美、英、印度、爱尔兰等国提出的藏文编码提案的激烈竞争中，于 1997 年 7 月通过了国际标准化组织（ISO）严格的审核程序，使藏文成为我国少数民族文字中第一个具有国际标准，获得全球信息高速公路通行证的文字，成为国际统一使用的藏文编码标准，有效地维护了中国作为藏文故乡的权威地位和中国语言文字的主权地位。为进一步开发藏文软件，2012 年通过了 GB 29273－2012《信息技术藏文编码字符集（基本集及扩充集 A)》和 GB 29277－2012《信息技术藏文编码字符集（扩充集 B)》的国家标准。藏文字符扩充了 7205 个，包括现代藏文、古藏文和梵音转写的藏文字符，藏文覆盖率达到 99.99%。正因为有了这些标准，一系列藏文应用软件开发了出来，普遍使用的 Windows 系统、Linux 系统等在 2007 年以后都自带了藏语配置。

输入法的需求是来源于键盘的限制，键盘只有一百多个键，在没有软件的帮助下它是无法输入中文或其他大型形意文字的语言，所以在不同语言、国家或地区，有多种不同的输入法。随着多媒体网络和软件技术不断普及和发展，一些研究单位、软件公司及编程爱好者先后开发了基于目前流行操作系统平台下的藏文输入法软件，如同元藏文输入法、央金藏文输入法、班智达藏文输入法、琼迈藏文输入法、宗卡藏文输入法、加央藏文输入法、Monlam 藏文输入法、珠穆朗玛藏文转写输入法和 Windows 系统中自带的 Unicode 编码的 Himalaya 藏文输入法等等。现在藏文软件有很多，键盘录入布局也有很多种，不同地区习惯使用的是不同输入法。那么怎样选择符合标准的、规范的输入法呢？究竟哪种输入法好呢？其实无论用户使用哪种输入法，都需要达到易学、使用简单、输入速度快、兼容性好的要求。许多人都有不愿放弃已学会的东西，不愿意接受新鲜事物，所以只要自己以前习惯使用的输入法软件或它的升级版本能够支持藏文编码国际标准 Unicode，那么就可继续使用该软件。若不支持 Unicode 编码，就应重新选择一种键盘布局符合自己的习惯的、输入快（比如有词组输入功能)、支持 Unicode 编码的输入法。选择输入法的原则是“会两种或三种输入法，熟练其中一种输入法”。只有经过长期的应用和实践，输入法的优劣才能体现出来。那么不论现在或将来开发出多少种键盘布局，都不会影响藏文软件的应用，并且能够促进藏文输入法及藏文软件的发展。

字体，是指书法派别、书写风格不同的字，即文字的风格式样。目前，已出现了多种 Unicode 编码的藏文字体，比如：中国藏学研究中心主持开发的“珠穆朗玛”系列藏文字体、Monlam

藏文软件中有 12 种藏文字体、Windows 系统自带的 Microsoft Himalaya（喜马拉雅）字体，让藏文字体开始步入国际标准编码的道路。在全球数字化的背景下，微软在 Windows 系统中集成了藏文，藏文终于在计算机系统的核心位置占有了一席之地。依靠微软强大的技术实力和服务能力，将帮助我们结束计算机世界中藏文编码混乱不堪的局面。也有利于在全国乃至全世界范围内统一和规范藏文编码，丰富藏文字体，开发藏文软件，畅通藏文网络信息传播。随着我国藏文的信息化建设的不断深入，藏文的信息化将更快走向世界。

2. 藏文输入法

（1）藏文输入法的添加。Windows 7 已经包含对藏文字的支持，不过输入法默认没有添加，使用藏文输入需要先添加藏文输入法。

1）在“控制面板”窗口中单击“区域和语言选项”，打开“区域与语言”对话框。

2）在“区域和语言”对话框中选择“键盘和语言”选项卡，单击“更改键盘”按钮，出现“文本服务和输入语言”对话框，对话框中显示已安装的输入法，如图 1-3-1。

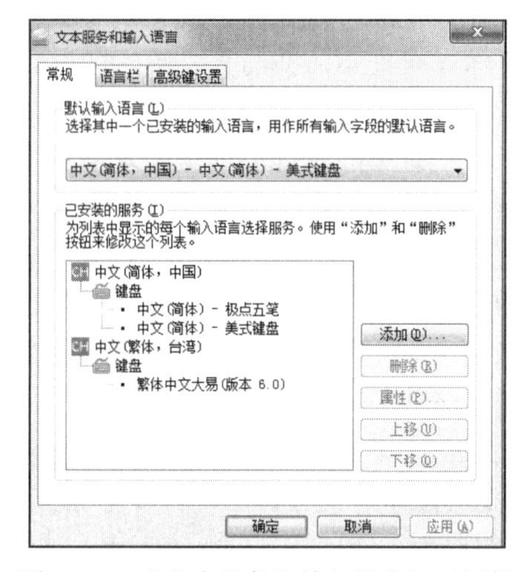

图 1-3-1 “文本服务和输入语言”对话框

3）单击图 1-3-1 中的“添加”按钮，出现“添加输入语言”对话框，如图 1-3-2，在列表中选择“藏语（中国）”，然后单击“确定”按钮，返回“文本服务和输入语言”对话框，继续确定即可完成藏语输入法的添加。

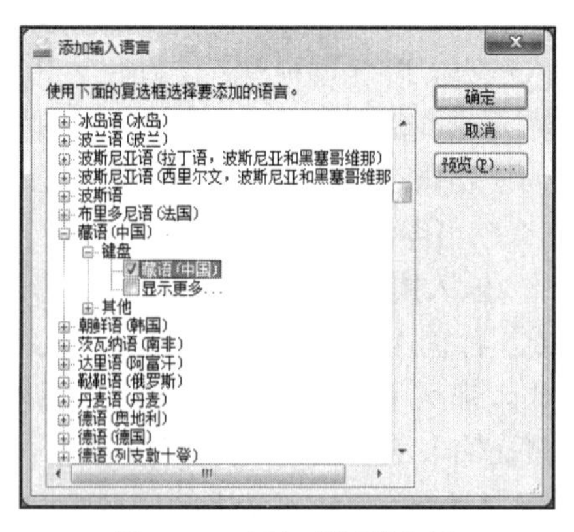

图 1-3-2 添加藏语输入法

（2）藏文输入法的使用。单击语言栏的“语言”图标，如果默认是简体中文语言，它就是“CH”，如图 1-3-3（a）所示，单击“藏语（中国）”，当前输入语言即可切换成藏语输入法，如图 1-3-3（b）所示。

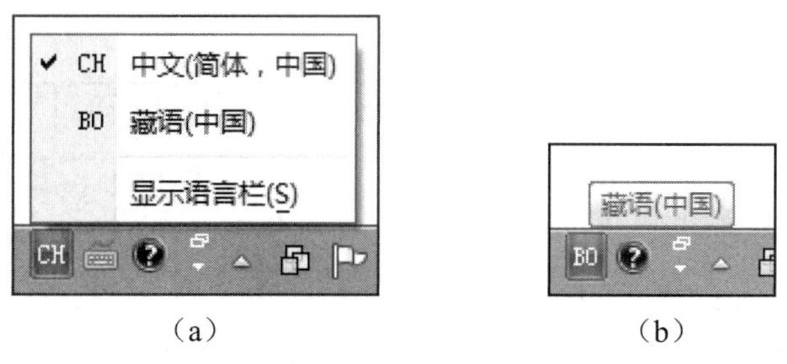

（a）　　（b）

图 1-3-3　切换至藏语输入法

基本的输入方法：

藏文的输入规则与藏文字的传统读写顺序相同，只要有藏文读写能力或藏文字母识别能力即可掌握该输入法。国际藏文标准键盘有 5 个，每个键盘标准对应不同的藏文字符，在不同的键盘状态下，按下相应的键即可输入对应字符。

- 主键盘。标准键盘，默认输入键盘，对应于国标藏文键盘中的主键盘。
- 2 号键盘。按下小写 m 键切换，称为 m 键盘。
- 3 号键盘。按下 Shift 键切换，称为 Shift 键盘。
- 4 号键盘。按下 Alt+Ctrl+Shift 组合键切换，称为 Alt+Ctrl+Shift 键盘。
- 5 号键盘。按下大写 M 键切换，称为 M 键盘。

利用标准键盘，默认状态就可以输入 46 个分配在藏文国标键盘中第一个键盘上的藏文字符，如图 1-3-4 所示。按下小写字母键 m，用户即可输入藏文国标键盘中第二键盘上的藏文字符了，如图 1-3-5 所示，每次输入分配在“m 键盘”上的藏文字符时，必须输入一次 m，再紧接着击打所要输入的藏文字符所在的键位。分配在“M 键盘”上的藏文字符也一样，先按一次大写字母 M 键，再紧接着击打所要输入的藏文字符所在的键位，即可输入藏文国标键盘第五键盘上的 6 个藏文字符，如图 1-3-6 所示。用 Shift 键，可以输入藏文国标键盘第三键盘上的藏文字符，如图 1-3-7 所示。用组合键 Alt+Ctrl+Shift，就可以输入藏文国标键盘第四键盘上的所有藏文字符，如图 1-3-8 所示。

图 1-3-4　默认主键盘布局

使用微软藏文输入法输入时，输入藏文音节或字词的顺序完全与藏文书写的顺序一致。例如：

藏文音节མི是将藏文字符མ和ི按མི的顺序输入而得到的。任何与藏文的书写顺序不一致的输入都将不能正确输入藏文音节或字。例如：藏文字符མ和ི按ིམ的顺序输入将无法输入音节མི。

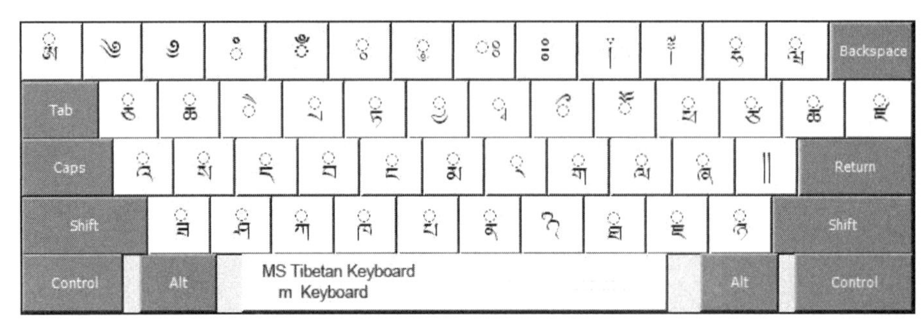

图 1-3-5　m 键盘布局

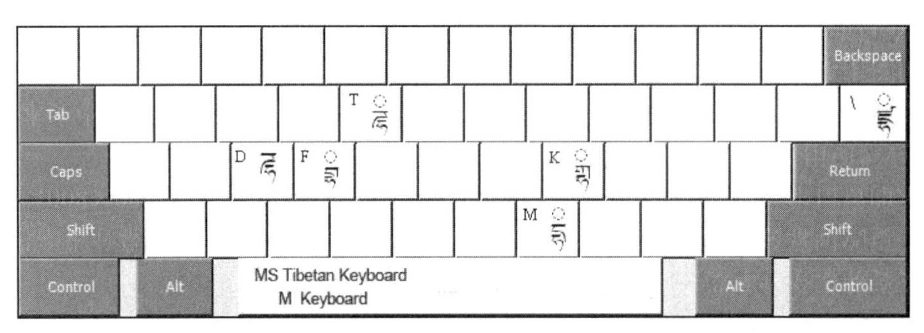

图 1-3-6　M 键盘布局

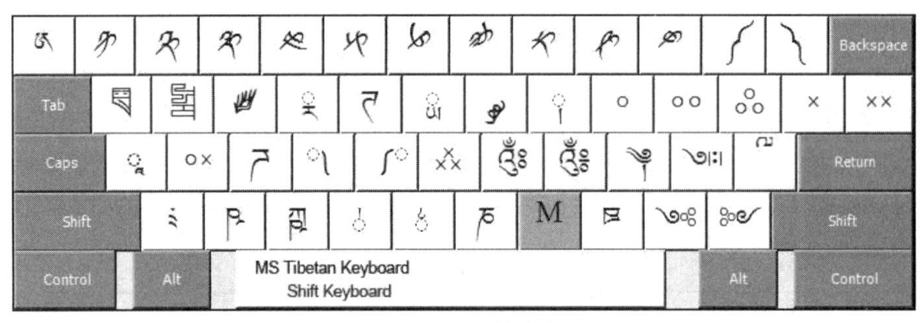

图 1-3-7　Shift 键盘布局

图 1-3-8　Alt+Ctrl+Shift 键盘布局

微软藏文键盘中，“标准键盘”和“m 键盘”是专为输入藏文字符和音节设计的。对大多数用户来说，输入藏文用这两个键盘足够了。这两个键盘与输入英文的两个键盘一样，都是一字一键。差别之处是在藏文键盘中，是用 m 键去输入藏文组合用字符。因此，时刻牢记在藏文键盘中输入上下叠加的藏文字符时，用 m 键去引导向下叠加的任何藏文辅音字母。这些藏文辅音字母也被称之为组合用藏文字符。

例如：在藏文字སྒྲ中，◌ྒ和◌ྲ被称之为组合用藏文字符，它们都需要用 m 键去引导“m 键盘”来输入。

微软藏文键盘是迄今为止基于 Unicode 国际标准藏文编码字符集最好、最完整的一个藏文键盘。该键盘与微软的藏文字体 Microsoft Himalaya 一起使用，可以让用户输入任何藏文音节、任何藏文字。

藏文输入示例：

藏文བཀྲ་ཤིས་བདེ་ལེགས།（扎西德勒）是汉语“欢迎、祝福吉祥”“吉祥如意”的意思，在计算机中输入这些字符需要先知道它们对应的是哪个键盘布局和键位：第一个字བ对应的是主键盘 f 键位，所以字符བ的输入键为 f，在微软藏文输入法默认主键盘状态下，按下键盘的 f 键即可输入。第二个字ཀྲ需要拆分为ཀ、◌ྲ两部分，对应的是主键盘 c 键位、m 键盘的 r 键位，所以字符ཀྲ的输入键为 cmr，在微软藏文输入法默认主键盘状态下，依次按下键盘的 c→m→r 即可输入。以此类推，可得其输入键序见表 1-3-1。

表 1-3-1 “扎西德勒”藏文输入键序

藏文	བ	ཀྲ	་	ཤི	ས	་	བ	དེ	་	ལེ	ག	ས	।
输入键序	f	cmr	j	xi	s	j	f	de	j	le	k	s	‘

实训内容

藏、汉文录入。启动 Microsoft Word，输入下列藏、汉混排文字，保存文件名为 P_3_1.docx。

དེ་རིང་བོད་ལོའི་ལོ་གསར་རེད་	今天是藏历新年
ས་ལ་དུས་ཚོད་ཡག	天空充满着吉祥
དེ་རིང་མི་བཟང་སྐར་བཟང	人间充满着吉祥
ཁྱིམ་ཚང་རེ་རེ་པས་ཁེངས་ཤིང་སྐྱི་ནམ་རྒྱས་པོ	家家洋溢着幸福

注意：这是藏族歌曲《新的一年》里面经典传唱的几句歌词，字句间洋溢着欢乐、喜庆、祥和的节日氛围。

提示（对应键序）：

de	j	ri	g	j	fo	d	j	lo	ai	j	lo	j	k	s	r	j	re	d	j
དེ	་	རི	ང	་	བོ	ད	་	ལོ	འི	་	ལོ	་	ག	ས	ར	་	རེ	ད	་

s	j	l	j	du	s	j	]o	d	j	y	k
ས	་	ལ	་	དུ	ས	་	ཚོ	ད	་	ཡ	ག

de	j	ri	g	j	hi	j	f	z	g	j	smc	r	j	f	z	g
དེ	·	རི	ང	·	མི	·	བ	ཟ	ང	·	སྨ	ར	·	བ	ཟ	ང

vmyi	h	j	]	g	j	re	j	re	j	b	s	j	ve	g
ཁྲི	མ	·	ཚ	ང	·	རེ	·	རེ	·	བ	ས	·	ཁེ	ང
s	j	xi	g	j	smcmy	j	n	h	j	rmkmy	s	j	fo	
ས	·	ཤི	ང	·	སྐྱེ	·	ན	མ	·	རྒྱུ	ས	·	ཕོ	

实训 4 Windows 7 基本操作

实训目的

- 掌握鼠标的基本操作；
- 掌握窗口、菜单的基本操作；
- 掌握桌面主题的设置；
- 掌握任务栏的使用和设置及任务切换功能；
- 掌握“开始”菜单的组织；
- 掌握快捷方式的创建。

实训内容

1. 鼠标的使用

（1）指向：将鼠标依次指向任务栏上每一个图标，如将鼠标指向桌面右下角时钟图标，显示计算机系统日期。

（2）单击：单击用于选定对象。单击任务栏上的“开始”按钮，打开“开始”菜单；将鼠标移到桌面上的“计算机”图标处，图标颜色变浅，说明选中了该图标，如图 1-4-1 所示。

图 1-4-1　选定了的“计算机”图标

（3）拖动：将桌面上的“计算机”图标移动到新的位置。如不能移走，则应在桌面上空白处右击，在快捷菜单的“查看”子菜单中取消选中“自动排列图标”项。

（4）双击：双击用于执行程序或打开窗口。双击桌面上的“计算机”图标，即打开“计算机”窗口，双击某一应用程序图标，即启动某一应用程序。

（5）右击：右击用于调出快捷菜单。右击桌面左下角“开始”按钮，或右击任务栏上空白处，右击桌面上空白处，右击“计算机”图标，右击一文件夹图标或文件图标，都会弹出不同的快捷菜单。

2. 桌面主题的设置

在桌面任一空白位置右击，在弹出的快捷菜单中选择“个性化”，出现“个性化”窗口。

（1）设置桌面主题。选择桌面主题为 Aero 风格的“风景”，观察桌面主题的变化。然后单击“保存主题”，保存该主题为“我的风景”，如图 1-4-2 所示。

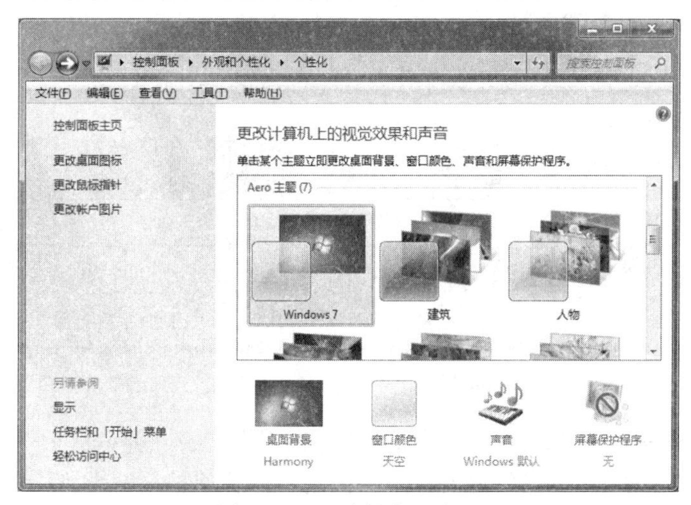

图 1-4-2 “个性化”窗口

（2）设置窗口颜色。单击图 1-4-2 下方的“窗口颜色”，打开如图 1-4-3 所示的“窗口颜色和外观”窗口，选择一种窗口的颜色，如“深红色”，观察桌面窗口边框颜色从原来的暗灰色变为了深红色，最后单击“保存修改”按钮。

图 1-4-3 “窗口颜色和外观”窗口

（3）设置桌面背景。单击图 1-4-2 中的“桌面背景”，打开如图 1-4-4 所示的窗口，设置桌面背景图为“风景”，设置为幻灯片放映，时间间隔为 5 分钟，无序放映。

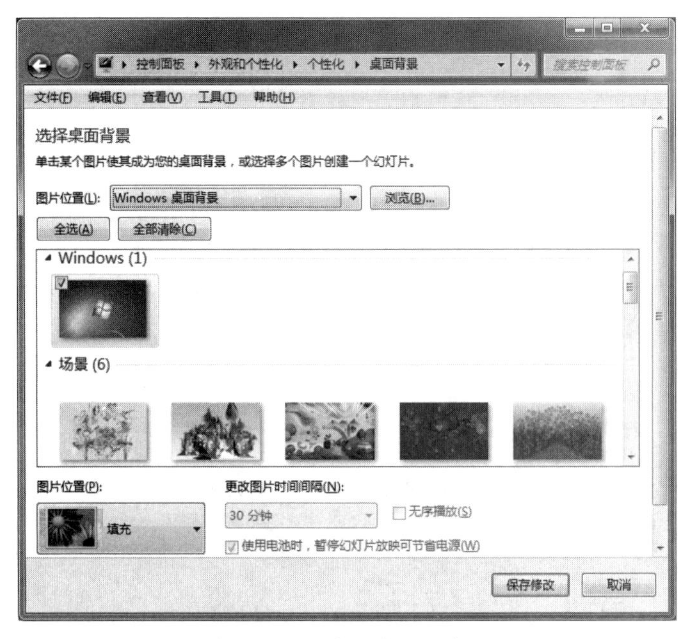

图 1-4-4 “桌面背景”窗口

（4）设置屏幕保护程序。设置屏幕保护程序为三维文字，屏幕保护等待时间为 5 分钟。

1）单击图 1-4-2 中的“屏幕保护程序”，出现“屏幕保护程序设置”对话框，如图 1-4-5 所示，在“屏幕保护程序”下拉列表框中选择“三维文字”，在“等待”下拉列表框中选择“5 分钟”，然后单击“设置”按钮。

图 1-4-5 “屏幕保护程序设置”对话框

2）在如图 1-4-6 所示的对话框的“自定义文字”文本框中输入“hello”，然后单击“选择字体”按钮，选择需要的字体后单击“确定”按钮返回。

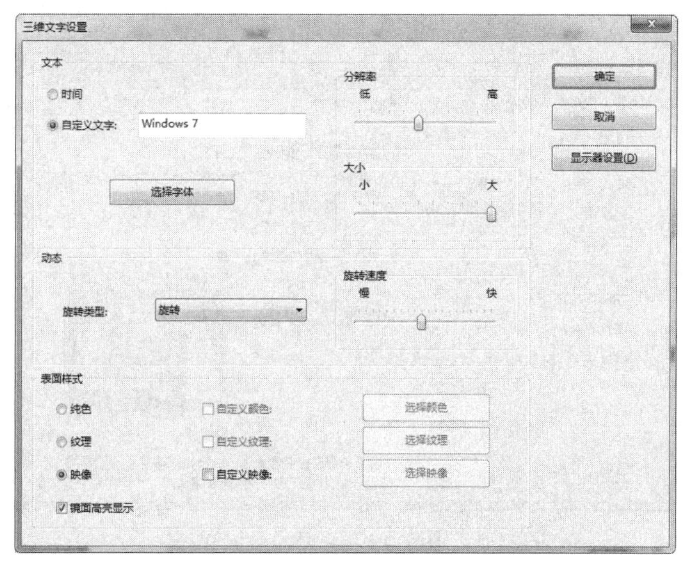

图 1-4-6　设置文字格式

3）如果要为屏幕保护设置密码，选中如图 1-4-5 所示的“在恢复时显示登录屏幕”复选框。

3. 改变屏幕分辨率及窗口显示字体

（1）更改屏幕分辨率。在桌面空白处右击，在快捷菜单中选择“屏幕分辨率”，在如图 1-4-7 所示的窗口中，展开“分辨率”下拉列表框，设置屏幕分辨率为 1280×800，然后单击“确定”或“应用”按钮。

（2）设置窗口显示字体。在如图 1-4-7 所示的窗口中，单击“放大或缩小文本和其他项目”，在如图 1-4-8 所示的窗口中，选择“中等-125%”，然后单击“应用”按钮即可。该设置生效后，在桌面空白处右击，会发现弹出的快捷菜单字体和颜色都发生了改变；打开资源管理器或 Word 文档等，也会发现菜单字体和颜色都发生了改变，如图 1-4-9 所示。

图 1-4-7　设置屏幕分辨率

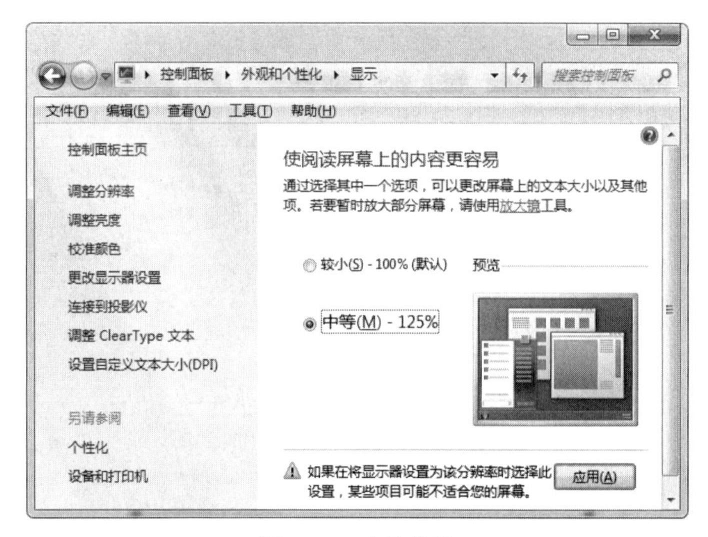

图 1-4-8　字体设置

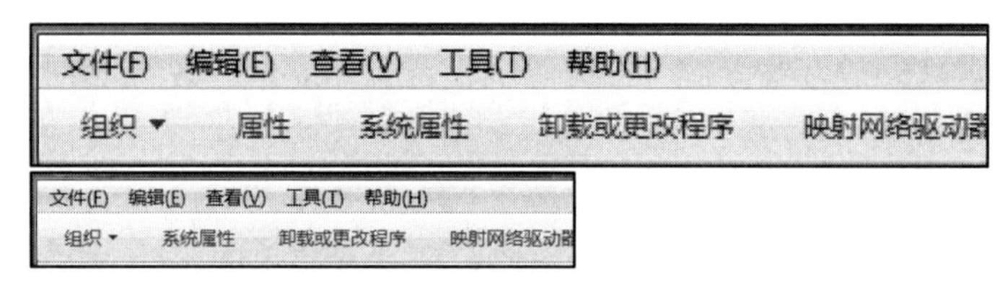

图 1-4-9　较大字体菜单和较小字体菜单

4. 桌面图标设置及排列

（1）在桌面显示“控制面板”图标。在“个性化”窗口中单击“更改桌面图标”，出现如图 1-4-10 所示的对话框，勾选“控制面板”项，然后单击“确定”或“应用”按钮即可。

图 1-4-10　“桌面图标设置”对话框

（2）将桌面图标按名称排列。在桌面空白处右击，在快捷菜单中选择“排序方式”→“名称”即可，如图 1-4-11 所示。

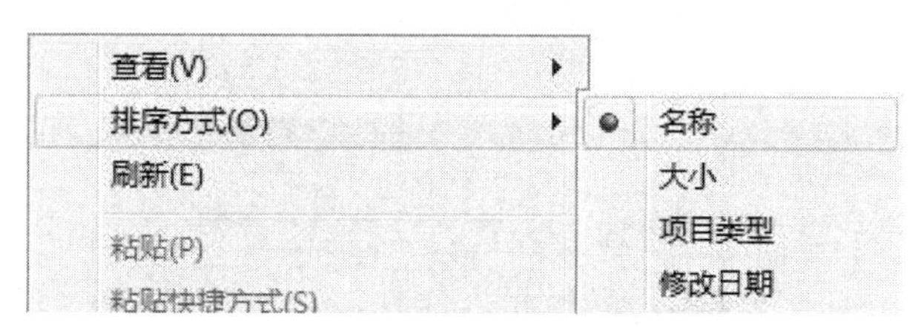

图 1-4-11 “排序方式”菜单

（3）设置桌面不显示任何图标。取消选择桌面快捷菜单的“查看”→“显示桌面图标”项，如图 1-4-12 所示，桌面上的所有图标都不显示。

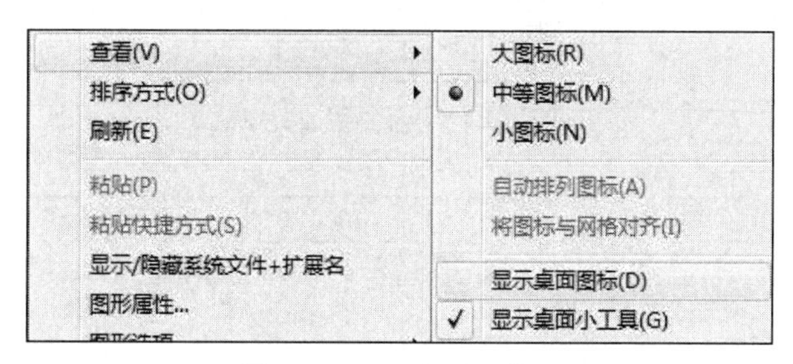

图 1-4-12 “查看”菜单

5. 对 Windows 7 窗口进行操作

（1）Windows 7 窗口操作。双击桌面上“计算机”图标，打开“计算机”窗口，进行如下操作。

1）单击窗口右上角的三个按钮，实现最小化、最大化/还原和关闭窗口操作。

2）拖动窗口四面边框或窗角调整窗口大小。

3）单击标题栏按住鼠标不放并进行拖动，移动窗口；双击标题栏，最大化窗口或还原窗口。

4）通过 Aero Snap 功能调整窗口。窗口最大化：Windows 键+向上箭头键，窗口靠左显示：Windows 键+向左箭头键，靠右显示：Windows 键+向右箭头键，还原或窗口最小化：Windows+向下箭头键。

5）单击“组织”按钮旁的向下的箭头，选择“布局”，如图 1-4-13 所示，取消或勾选“菜单栏”“细节窗格”“导航窗格”“预览窗格”，观察“计算机”窗口格局的变化。

6）用 Alt+Space 组合键在屏幕左上角打开控制菜单，然后使用键盘进行窗口操作。

7）按 Alt+F4 组合键关闭窗口。

（2）使用 Windows 7 窗口的地址栏。

1）在“计算机”窗口的导航窗格（左窗格）中选择“C:\用户”文件夹，在地址栏中单击“用户”右边的箭头按钮，可以打开“用户”目录下的所有文件夹，如图 1-4-14 所示，选择一个文件夹，如“公用”，即可打开“公用”文件夹。

2）在地址栏空白处单击，箭头按钮会消失，路径会按传统的文字形式显示。

3）在地址栏的右侧，还有一个向下的箭头按钮，单击该按钮，可以显示曾经访问的历史记录。

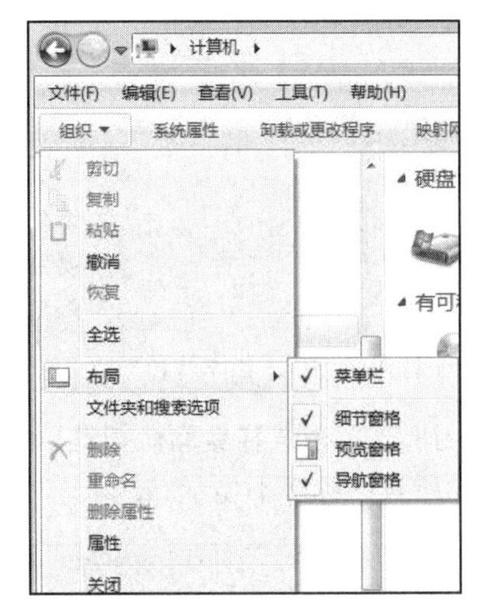

图 1-4-13 窗口布局菜单

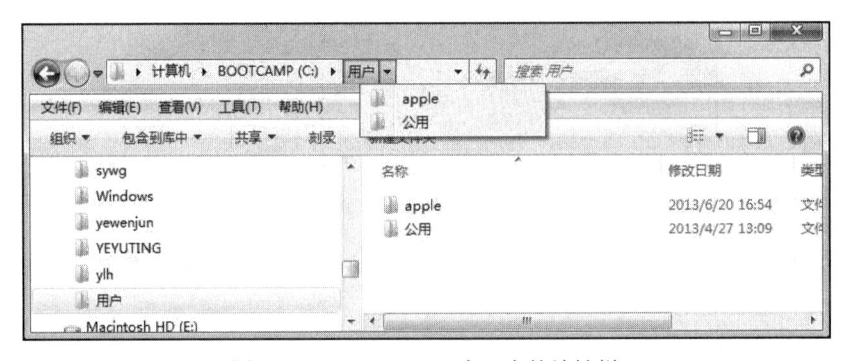

图 1-4-14 Windows 7 窗口中的地址栏

4）利用窗口左上角的“返回”按钮和“前进”按钮，可以在浏览记录中切换而无需关闭当前窗口。单击“返回”按钮，可以回到上一个浏览位置，单击“前进”按钮，可以重新进入之前所在的位置。

（3）使用收藏夹。在“计算机”窗口中选择“C:\用户”文件夹，在导航窗格的“收藏夹”上右击，在快捷菜单中选择“将当前位置添加到收藏夹”，如图 1-4-15 所示，或直接将文件夹拖到收藏夹下方的空白区域，“C:\用户”文件夹的快捷方式就会出现在收藏夹中。

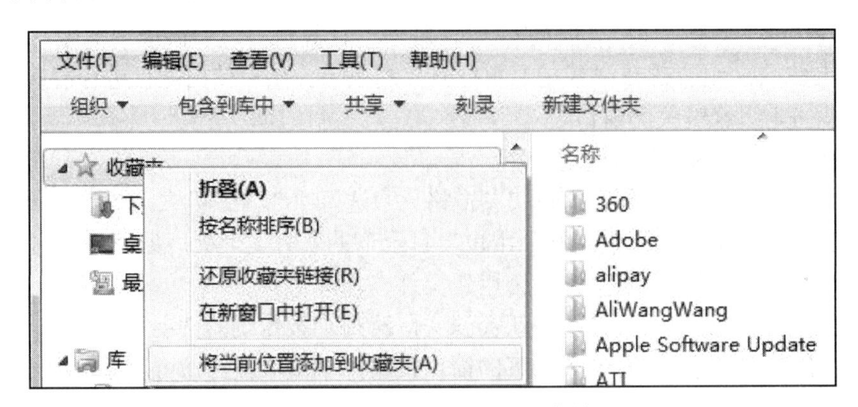

图 1-4-15 “收藏夹”快捷菜单

（4）使用库。在“计算机”窗口的导航窗格中选择“库”，右击，在快捷菜单中选择“新建”→“库”，如图 1-4-16 所示，并重命名新建库为 users；打开 users 快捷菜单，选择“属性”，打开如图 1-4-17 所示的对话框，单击“包含文件夹”按钮，选择“C\用户”文件夹，可以将“C\用户”文件夹添加到库的 users 中，如图 1-4-18 所示。

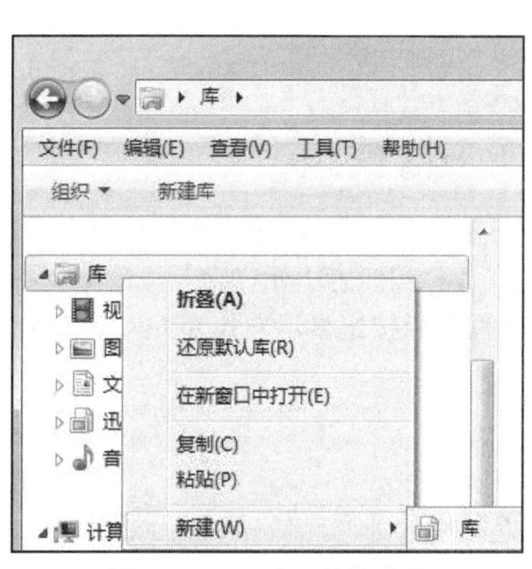

图 1-4-16　“库”快捷菜单

图 1-4-17　“users 属性”对话框

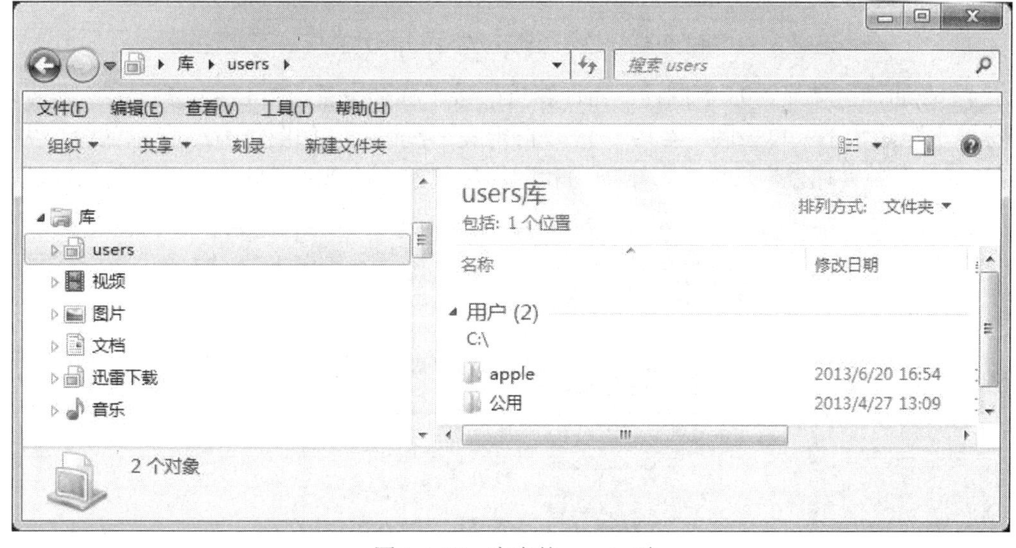

图 1-4-18　库中的 users 项

6. 任务栏的设置

在任务栏空白处右击，在快捷菜单中选择“属性”，出现如图 1-4-19 所示的对话框。

（1）设置任务栏的自动隐藏功能。勾选“自动隐藏任务栏”选项，然后单击“应用”或“确定”按钮，当鼠标离开任务栏时，任务栏会自动隐藏。

图 1-4-19 “任务栏和「开始」菜单属性”对话框

（2）移动任务栏。设置“屏幕上的任务栏位置”为“顶部”，将任务栏移动至桌面顶部。

（3）改变任务栏按钮显示方式。默认情况下，任务栏按钮为“始终合并、隐藏标签”状态，此时任务栏图标显示为如图 1-4-20 的形式。改变任务栏按钮显示方式为“从不合并”，此时任务栏图标显示为如图 1-4-21 的形式。

图 1-4-20 “始终合并、隐藏标签”状态下的任务栏

图 1-4-21 “从不合并”状态下的任务栏

（4）在通知区域显示 U 盘图标。当计算机外接了移动设备，如 U 盘，默认情况下，U 盘的图标处于隐藏状态。单击图 1-4-19 中的“自定义”按钮，在如图 1-4-22 所示的窗口中设置“Windows 资源管理器”项为“显示通知和图标”状态，U 盘图标就会显示在通知区域。

图 1-4-22 通知区域图标设置窗口

（5）在任务栏上显示“地址”工具栏。在任务栏的空白处单击鼠标右键，在弹出的快捷菜单中选择“工具栏”→“地址”项，如图 1-4-23 所示，地址栏即出现在任务栏中。

（6）将程序锁定到任务栏。运行 Word 程序，任务栏上会显示一个 Word 图标，关闭文档后任务栏上的图标将消失。右击任务栏上的 Word 图标，在快捷菜单中选择“将此程序锁定到任务栏”即可将 Word 程序锁定到任务栏，如图 1-4-24 所示。当关闭 Word 程序后，任务栏上仍然显示 Word 图标，单击该图标就可以打开 Word 程序。

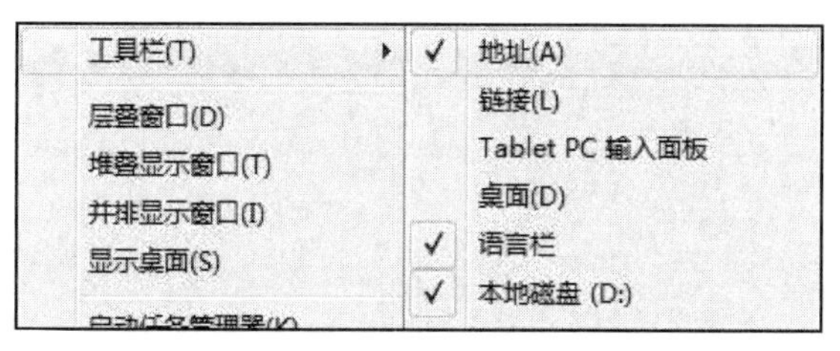

图 1-4-23　任务栏快捷菜单

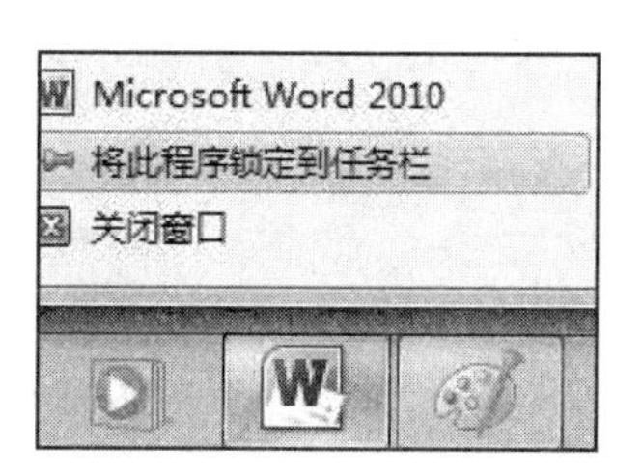

图 1-4-24　将程序锁定到任务栏

7. 创建桌面快捷方式

在桌面上创建一个指向“画图”程序（mspaint.exe）的快捷方式，有以下两种方法：

方法一：右击桌面空白处，在快捷菜单中选择“新建”→“快捷方式”命令，打开“创建快捷方式”对话框，在“请键入对象的位置”框中，键入 mspaint.exe 文件的路径“C:\Windows\system32\mspaint.exe”（或通过“浏览”按钮选择），如图 1-4-25 所示，单击“下一步”按钮，在“键入该快捷方式的名称”框中，输入“画图”，单击“完成”即可，如图 1-4-26 所示。

方法二：在资源管理器窗口中选定文件“C:\windows\system32\mspaint.exe”，用鼠标右键拖动该文件至桌面，在释放鼠标右键的同时弹出一个快捷菜单，从中选择“在当前位置创建快捷方式”命令；用鼠标右键单击所建快捷方式图标，选择“重命名”命令，将快捷方式名称改为“画图”。

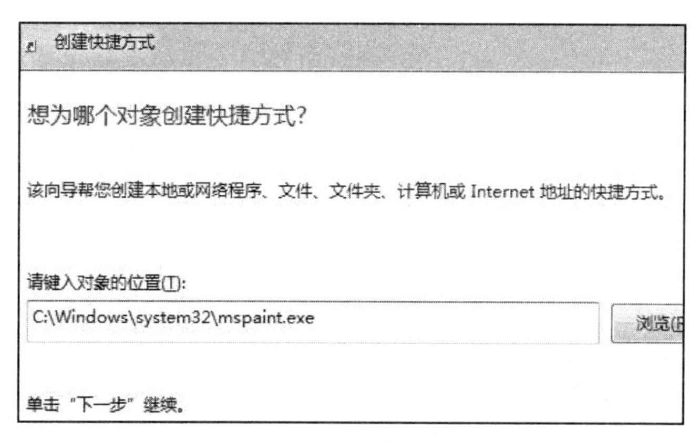

图 1-4-25　“创建快捷方式”对话框

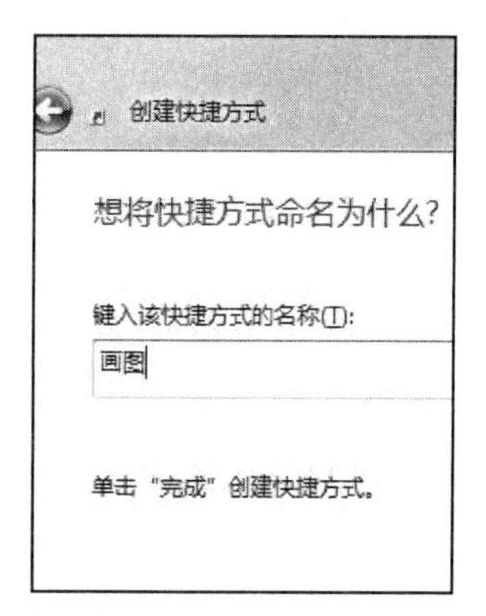

图 1-4-26　输入快捷方式的名称

8. “开始”菜单的使用

（1）程序列表的使用。打开“开始”菜单的“所有程序”列表，找到“桌面小工具”，单击运行一次。再次打开“开始”菜单，“桌面小工具”已经出现在程序列表中。

- 锁定程序项。在程序列表中选择“桌面小工具库”，右击，选择“附到「开始」菜单”，即可将“桌面小工具库”程序项锁定到上端固定程序列表项中。
- 解锁程序项。在锁定的“桌面小工具库”程序列表项的快捷菜单中选择“从「开始」菜单解锁”，即可解锁该程序项，返回程序列表下端显示。

（2）跳转列表的使用。用“记事本”程序创建 3 个文本文件，分别命名为 t1.txt、t2.txt、t3.txt，打开“开始”菜单，“记事本”程序显示在“开始”菜单的程序列表中，如图 1-4-27 所示，将鼠标定位在菜单项“记事本”右边的黑色箭头处，出现跳转列表。

图 1-4-27 “开始”菜单中的跳转列表

- 通过跳转列表打开文档。选择跳转列表中 t3.txt 项，即可打开 t3.txt 文档。
- 将程序锁定到跳转列表。在跳转列表中将鼠标停留在 t3.txt 项上，如图 1-4-27 所示，其右侧会出现锁定图标，单击该图标，即可将项目锁定到跳转列表；或者从右键快捷菜单中选择“锁定到此列表”，也可以实现此操作。
- 将程序从跳转列表中解锁。如图 1-4-28 所示，跳转列表中锁定了 t3.txt，将光标停留在 t3.txt 项上，单击该项右边的解锁图标，或者在快捷菜单中选择“从此列表解锁”，则 t3.txt 项回到“最近”列表中。

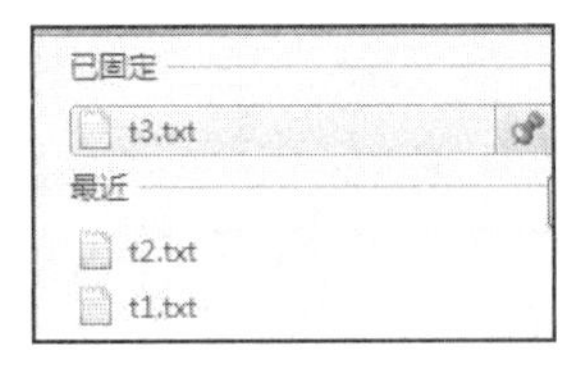

图 1-4-28 锁定了 t3.txt 后的跳转列表

- 删除跳转列表项。在跳转列表中将鼠标停留在 t1.txt 项上，右击，在快捷菜单中选择“从列表中删除”，即可将 t1.txt 项从跳转列表中删除。

（3）利用搜索框搜索。在“开始”菜单下方搜索框中键入“记事本”，然后按回车键，搜索结果显示在搜索框上方，其中包含“记事本”程序和其他用“记事本”程序创建的文档，选中“记事本”程序并按回车键即可打开“记事本”程序。

实训 5　Windows 7 文件操作

实训目的

- 了解资源管理器的功能及组成；
- 掌握文件及文件夹的概念；
- 掌握文件及文件夹的使用，包括创建、移动、复制、删除等；
- 掌握文件夹属性的设置及查看方式；
- 掌握运行程序的方法。

实训内容

1. 打开资源管理器

右击桌面左下角“开始”按钮，在出现的快捷菜单中选择“Windows 资源管理器”，打开资源管理器窗口，也可以通过任务栏中的图标或“开始”菜单中的“所有程序”→“附件”→“Windows 资源管理器”打开资源管理器窗口。

2. 设置文件及文件夹的显示方式及排列方式

（1）改变文件夹及文件的图标排列方式。在资源管理器中打开“查看”菜单，如图 1-5-1 所示，或在资源管理器右边窗格的空白处右击，选择“查看”菜单，分别选择“大图标”“中等图标”“小图标”“平铺”“内容”“列表”“详细信息”菜单项，可以改变文件夹及文件的排列方式。图 1-5-1 中的文件夹按“详细信息”方式显示。

图 1-5-1　在资源管理器中打开“查看”菜单

（2）改变文件夹及文件的显示方式。选择菜单项“查看”→“排序方式”，或右击，在快捷菜单中选择“排序方式”，出现如图 1-5-2 所示的菜单，选择“名称”或“大小”“类型”等，图标的排列顺序随之改变。

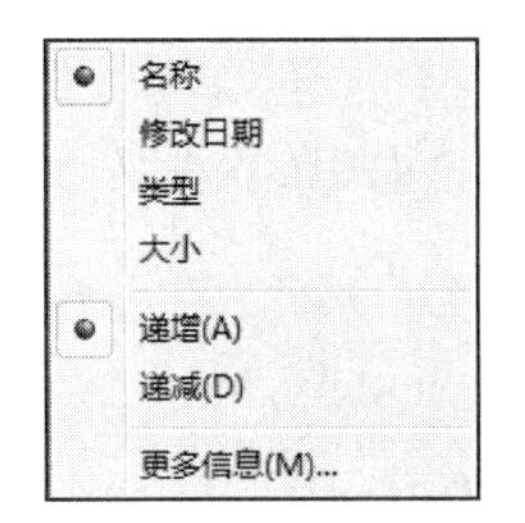

图 1-5-2 排列图标菜单

3. 创建文件夹

在 C 盘上创建一个名为 XS 的文件夹，再在 XS 文件夹下创建两个并列的二级文件夹，其名为 XS1 和 XS2。

方法一：在资源管理器窗口，在导航窗格选定 C:\为当前文件夹，使用菜单命令“文件”→“新建”→“文件夹”，右窗格出现一个新建文件夹，名称为“新建文件夹”。将其改名为 XS 即可。

方法二：在资源管理器窗口，在左窗格选定 C:\为当前文件夹，在右窗格任一空白位置处，右击，在弹出的快捷菜单中选择“新建”→“文件夹”，出现一个新建文件夹， 名称为“新建文件夹”。将“新建文件夹”改名为 XS 即可。

双击 XS 文件夹，进入该文件夹，用上述同样方法创建文件夹 XS1 和 XS2。

4. 复制、剪切、移动文件

（1）不连续文件的复制。在 C 盘中任选 3 个不连续的文件，复制到 C:\XS 文件夹中。

方法一：

1）选中多个不连续的文件：按住 Ctrl 键不放手，单击需要的文件（或文件夹），即可同时选中多个不连续的文件（或文件夹）。

2）复制文件：选中“编辑”→“复制”菜单，或者右击，在快捷菜单中选“复制”，或者按 Ctrl+C 组合键。

3）粘贴文件：单击 XS 文件夹，进入 XS 文件夹，选择“编辑”→“粘贴”菜单命令，或者右击，在快捷菜单中选“粘贴”，或者按 Ctrl+V 组合键，即可将复制的文件粘贴到当前文件夹中。

方法二：

1）打开左窗格的 C 盘文件目录，使目标文件夹 XS 在左窗格可见。

2）选中 3 个不连续文件，按住 Ctrl 键，拖拽选中的文件到左窗格目标文件夹 XS。特别要注意的是，由于源文件和目标文件在同一磁盘，如果不按住 Ctrl 键拖拽文件，将是移动文件而不是复制文件。

（2）连续文件的复制。在 C 盘中任选 3 个连续的文件，复制到 C:\XS\XS1 文件夹中。

1）选中多个连续的文件：按住 Shift 键不放手，单击需复制的第一个文件及最后一个文件，即可同时选中这两个文件之间的所有文件。

2）用菜单命令或快捷键复制粘贴这些文件。

（3）剪切和移动。将 C:\XS 文件夹中的一个文件移动到 XS2 二级子文件夹中。

在资源管理器右窗格打开 XS 文件夹，选择一个文件，在左窗格展开 XS 文件夹，直接移动该文件到左窗格的 XS2 文件夹处。

5. 查看并设置文件和文件夹的属性

选定文件夹 XS2，右击，在弹出的菜单中选择“属性”，出现属性对话框，在“常规”选项卡中，可以看到类型、位置、大小、占用空间、包含的文件夹及文件数等信息，如图 1-5-3 所示。选中“只读”项，XS2 文件夹成为只读文件，选中“隐藏”项，XS2 成为隐藏文件夹。

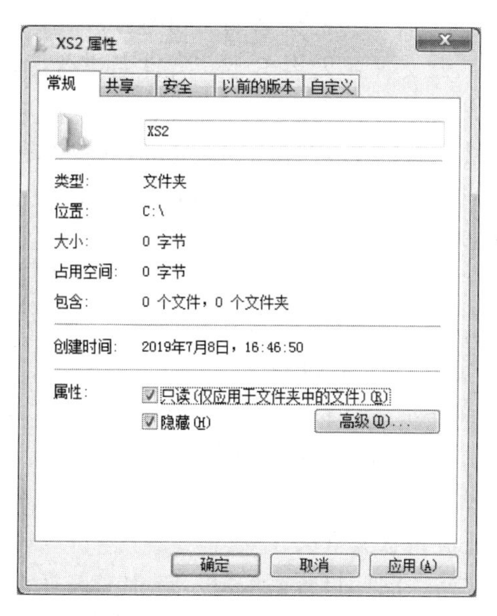

图 1-5-3　文件夹属性对话框

6. 控制窗口内显示/不显示隐藏文件（夹）

选择“工具”→“文件夹选项”菜单，出现如图 1-5-4 所示的对话框，在“隐藏文件和文件夹”下选择“不显示隐藏的文件、文件夹或驱动器”，单击“确定”按钮。打开 XS 文件夹，XS2 文件夹不可见。

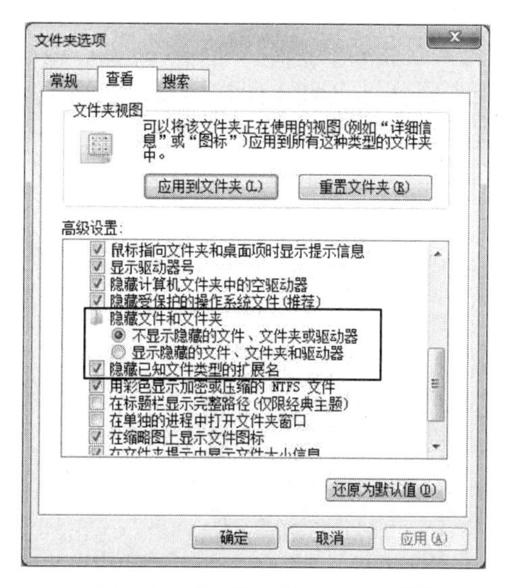

图 1-5-4　“文件夹选项”对话框

在图 1-5-4 中选择“显示隐藏的文件、文件夹或驱动器”，单击“确定”按钮。再次打开

XS 文件夹，XS2 文件夹可见。

7. 文件的改名

（1）改主文件名。打开 C:\XS 文件夹，在任意空白处右击，在快捷菜单中选择“新建”→“文本文档”，出现一个新文件，名为“新建文本文档”，而且文件名处于编辑状态，输入新文件名 LX1，按回车键确认即可（文件的全名为 LX1.txt）。

单击选中文件 LX1.txt，在文件名处再单击，文件名进入编辑状态，此时可再次修改文件名。

（2）改扩展名。在如图 1-5-4 所示的窗口中，取消选中“隐藏已知文件类型的扩展名”选项，资源管理器中将显示文件的全名（主文件名+扩展名），此时即可修改文件的扩展名（文件类型），如将 LX1.txt 改名为 LX1.doc。

8. 文件及文件夹的删除与恢复

（1）删除文件至“回收站”。

1）打开文件夹 C:\XS，选中文件 LX1.txt。

2）按 Delete 键或选择菜单命令“文件”→“删除”或在右键快捷菜单中选择“删除”，显示确认删除信息框，单击“是”按钮，确认删除。

（2）删除文件夹 C:\XS\XS2。步骤方法同上，但对象文件夹在左、右窗格都可选择。

（3）从“回收站”恢复被删除文件夹及文件。

1）双击桌面上的“回收站”图标打开回收站，选中文件夹 XS2。

2）选择菜单命令“文件”→“还原”，或右键菜单中选择“还原”命令，即可恢复。

同理，可恢复被删除的文件 LX1.txt。

（4）永久删除一个文件夹或文件。选中待删除的文件（夹），按 Shift+Delete 组合键，在确认删除框中单击“是”，即可彻底删除该文件（夹）。

9. 文件和文件夹的搜索

（1）设置搜索方式。在资源管理器窗口中打开“组织”下拉列表，选择“文件夹和搜索选项”，出现如图 1-5-5 所示的对话框，在“搜索内容”部分选择“始终搜索文件名和内容”，在“搜索方式”部分勾选“在搜索文件夹时在搜索结果中包括子文件夹”和“查找部分匹配”，将可以根据文件名或文件内容进行文件搜索。

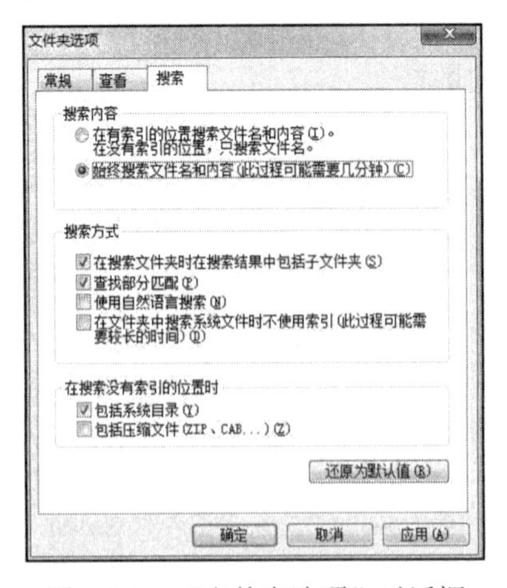

图 1-5-5 “文件夹选项”对话框

（2）文件名搜索。搜索 C 盘及其子文件夹下所有文件名以 LX 开头的文本文件（扩展名为.txt）。

打开资源管理器，在左窗格选择 C 盘，在窗口右上角的搜索栏中输入 LX*.TXT，搜索结果显示在右侧窗格，如图 1-5-6 所示。

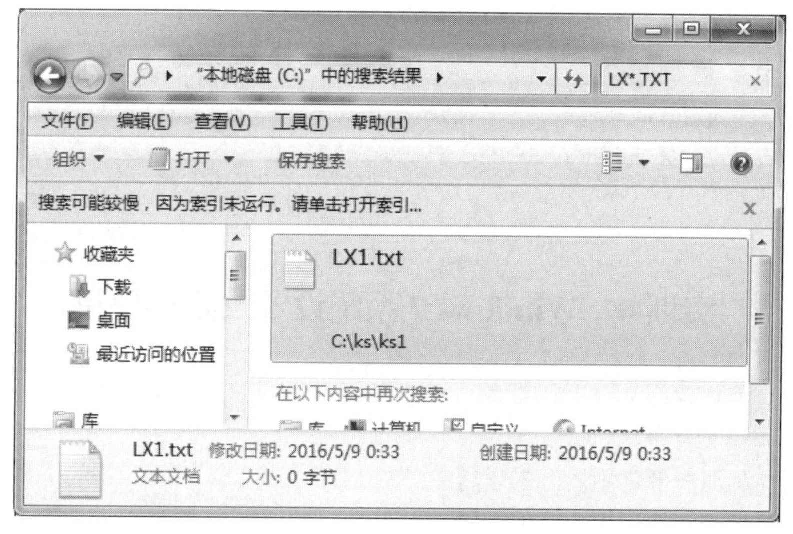

图 1-5-6 按文件名搜索结果

（3）多条件搜索。搜索 KS 文件夹及其子文件夹下所有包含文字“My god”且文件大小超过 10KB，在 2013-6-1 至 2013-6-25 之间修改的文本文件（扩展名为.txt）。

1）在资源管理器中选择 C:\KS 文件夹，在搜索框中输入“My god”，如图 1-5-7（a）所示。

2）在“添加搜索筛选器”下选择“大小”为“微小(0-10KB)”，如图 1-5-7（b）所示。

3）在“添加搜索筛选器”下选择“修改日期”为 2013-6-1 至 2013-6-25，方法是首先选择 2013-6-1，按住 Shift 键，再选择 2013-6-25 即可，如图 1-5-7（c）所示。

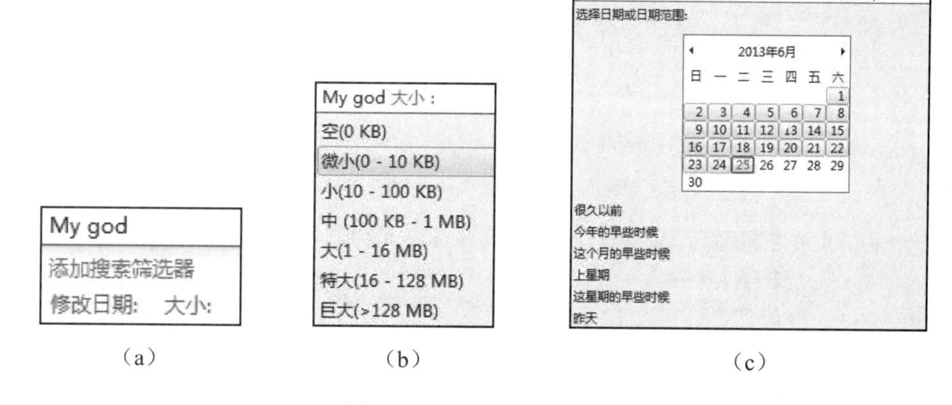

图 1-5-7 添加筛选条件

4）搜索结果显示在右侧窗格，如图 1-5-8 所示。

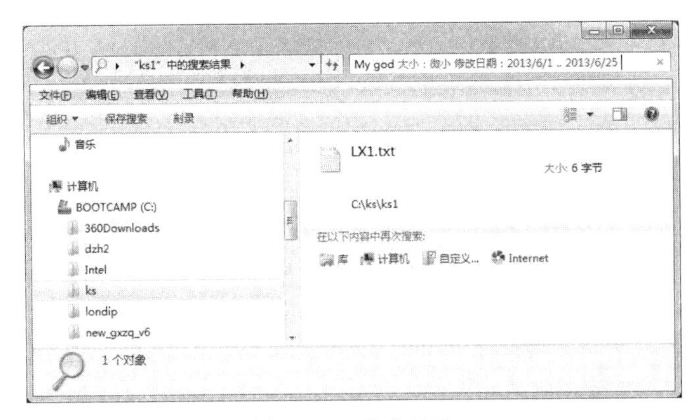

图 1-5-8 搜索结果

实训 6 Windows 7 系统设置及附件使用

实训目的

- 掌握控制面板中常用资源的设置；
- 掌握添加和删除应用程序的方法；
- 了解附件中常用的小程序的使用。

实训内容

1. 控制面板的使用

控制面板（control panel）是 Windows 图形用户界面一部分，它允许用户查看并进行基本的系统设置和控制，如添加硬件、添加/删除软件、控制用户账户、更改辅助功能选项等。

打开“开始”菜单下的“控制面板”，出现“控制面板”窗口，图 1-6-1 是以小图标方式显示的“控制面板”窗口。

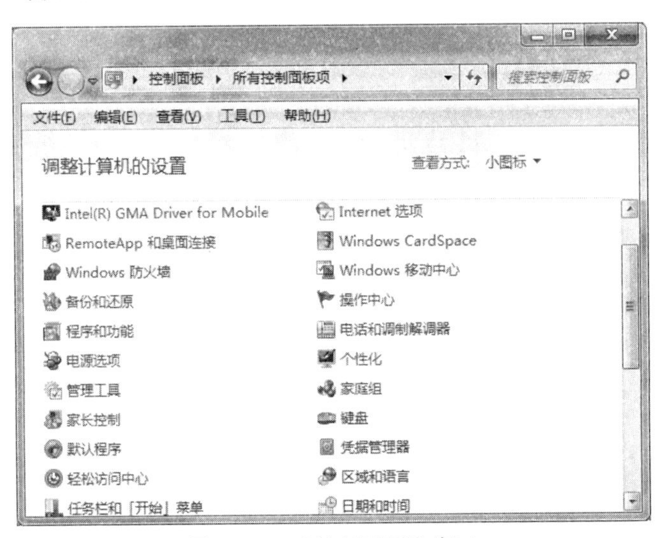

图 1-6-1 “控制面板”窗口

（1）查看“系统”设置。单击“控制面板”窗口中的“系统”图标（或者右击“计算机”图标，在菜单中选择“属性”），出现“系统”窗口，如图 1-6-2 所示。

图 1-6-2 “系统”窗口

可以在该窗口查看并更改基本的系统设置。例如显示用户计算机的常规信息，编辑位于工作组中的计算机名，管理并配置硬件设备，启用自动更新等。

（2）添加或删除程序。在“控制面板”窗口中单击“程序和功能”图标，进入“程序和功能”窗口。此时用户可以从系统中删除或更改程序。“程序和功能”窗口也会显示程序的版本、安装的时间以及程序占用的磁盘空间，如图 1-6-3 所示。

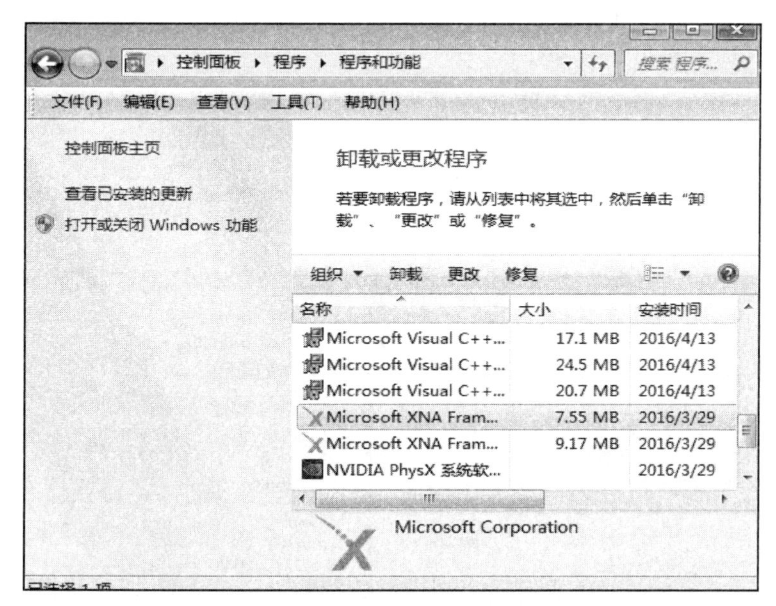

图 1-6-3 “程序和功能”窗口

如果需要删除（卸载）一个已经安装的应用程序，选中该程序，单击“卸载”按钮即可按提示的步骤卸载一个应用程序。

（3）设置日期和时间。单击“控制面板”窗口中的“日期和时间”图标（或双击桌面最右下角的时间），进入“日期和时间”对话框，如图 1-6-4 所示，单击“更改日期和时间”按钮，出现“日期和时间设置”对话框，用户可以在此调整系统日期和时间。

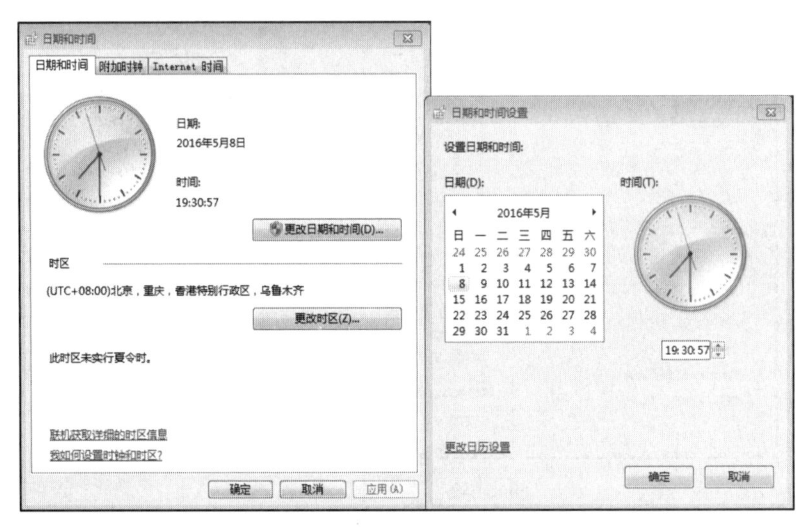

图 1-6-4 日期和时间设置对话框

（4）设置“区域和语言选项”，添加或删除输入法。“区域和语言选项”可改变多种区域设置，例如：数字显示的方式（例如十进制分隔符）、默认的货币符号、时间和日期符号、用户计算机的位置、安装输入法等。

1）在“控制面板”窗口中单击“区域和语言选项”，打开“区域与语言”对话框，如图 1-6-5 所示，在这里可以设置日期和时间的格式。

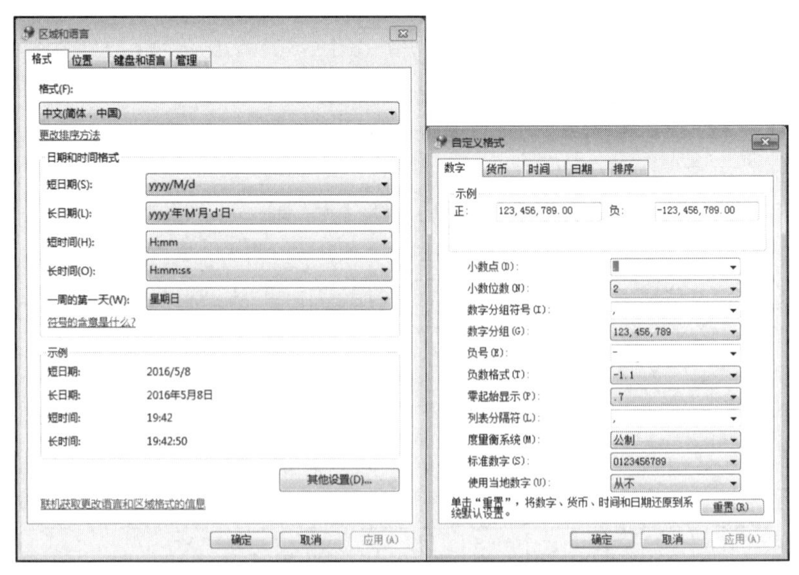

图 1-6-5 “区域和语言”及“自定义格式”对话框

2）单击“其他设置”按钮，打开如图 1-6-5 所示的“自定义格式”对话框，在这里可以设置数字、货币、日期和时间等格式。

3）在“区域和语言”对话框中选择“键盘和语言”选项卡，如图 1-6-6 所示。

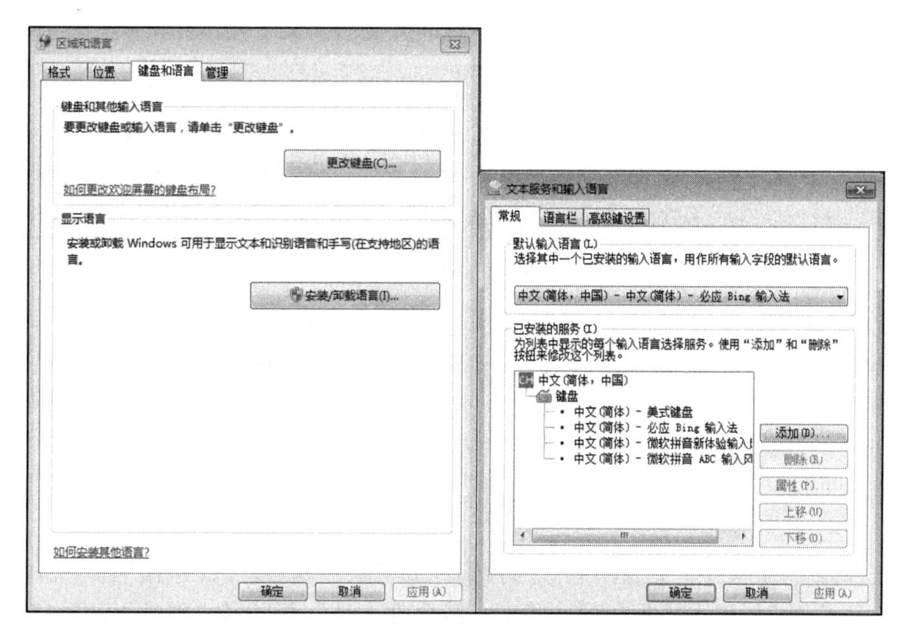

图 1-6-6　“键盘和语言”选项卡及“文字服务和输入语言”对话框

4）单击图 1-6-6 中的“键盘和语言”选项卡的“更改键盘”按钮，出现“文本服务和输入语言”对话框，其中显示已安装的中文输入法。

5）单击图 1-6-6 中的“文本服务和输入语言”对话框的“添加”按钮，出现“添加输入语言”对话框，如图 1-6-7 所示，在列表中选择“中文（简体，中国）”下的“微软拼音输入法 2007”，然后单击“确定”按钮。

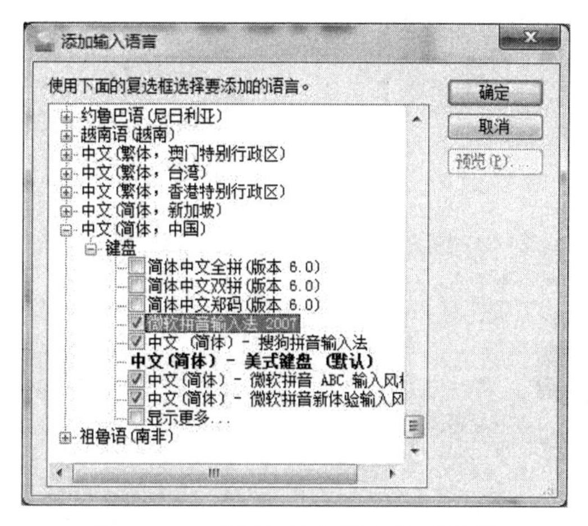

图 1-6-7　“添加输入语言”对话框

2. 附件的使用

（1）“画图”程序。单击“开始”→“所有程序”→“附件”→“画图”，启动“画图”

程序，制作一张贺年片并保存为 JPG 文件，命名为“贺年片”文件，保存在桌面。

（2）“记事本”程序。单击“开始”→“所有程序”→“附件”→“记事本”，启动“记事本”程序，录入如图 1-6-8 所示的文字，然后选择菜单命令“文件”→“保存”，将录入的内容存入“库”中的“文档”，文件名为 LX1-6-1.txt。

> 在计算机没有 file 管理系统的时期，file 的使用是相当复杂，极为烦琐的。特别是 file 的组织和管理常常要用户亲自干预，稍不小心，就会破坏已存入介质的 file。为了用户方便地使用 file，当然也正是操作系统本身的需要，现代计算机的操作系统中都配备了 file 文件系统，由它负责存取和管理 file 信息。

图 1-6-8　录入文字

汉字输入时的键盘切换说明：

- Ctrl+Space 组合键：在英文状态和汉字输入状态间切换。
- Ctrl+Shift 或 Alt+Shift 组合键：在各种中文输入法间切换。
- Ctrl+.组合键：在中英文标点符号间切换。
- Shift+Space 组合键：在全角/半角间切换。

（3）系统工具的使用。

1）运行磁盘清理程序。磁盘清理程序搜索计算机的驱动器，然后列出临时文件、Internet 缓存文件等。可以使用磁盘清理程序删除部分或全部文件，帮助释放硬盘驱动器空间。

方法一：双击桌面上“计算机”图标，打开“计算机”窗口，选择一个硬盘驱动器，如 C:盘，在右键菜单中选择“属性”，在如图 1-6-9 所示的对话框中单击“磁盘清理”按钮，即开始磁盘清理。

方法二：打开“开始”菜单，选择菜单命令“所有程序”→“附件”→“系统工具”→“磁盘清理”，选择待清理的驱动器，即可进入磁盘清理程序。如图 1-6-10 所示，选择需要清理删除的文件，单击“确定”按钮即可删除这些文件。

图 1-6-9　磁盘属性对话框

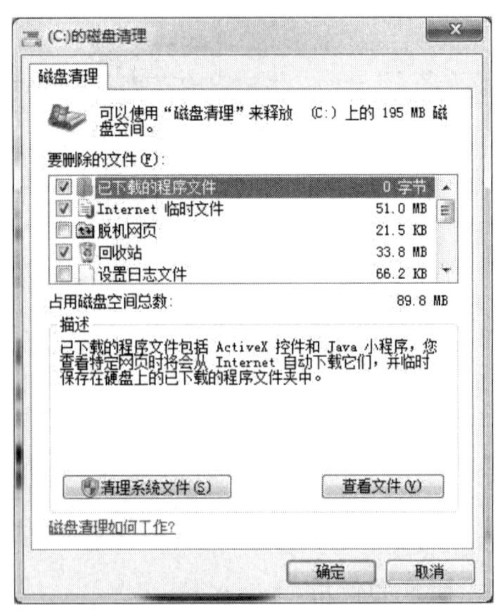

图 1-6-10　磁盘清理对话框

2）运行磁盘碎片整理程序。硬盘经过长时间使用后，如果经常存盘和删除文件，那么文件的存放位置就可能变得七零八碎，不是连续在一起，使硬盘读取文件变慢，因此有必要定期（如每月一次）对磁盘碎片进行分析和整理。

方法一：选择一个磁盘，在属性对话框中选择“工具”选项卡，如图 1-6-11，单击“立即进行碎片整理”按钮。

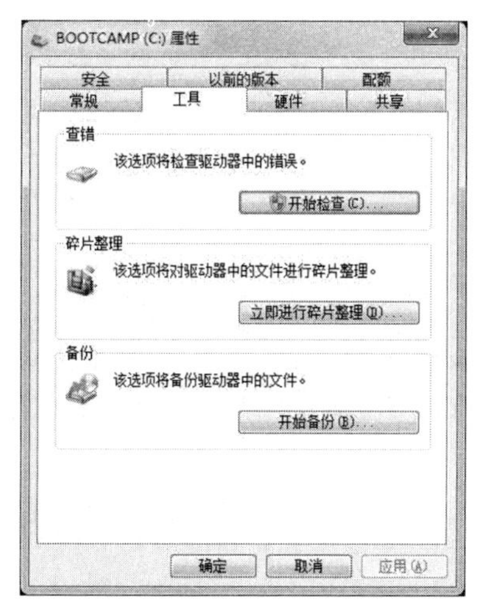

图 1-6-11　“工具”选项卡

方法二：选择菜单命令“开始”→“所有程序”→“附件”→“系统工具”→“磁盘碎片整理程序”，也可以运行磁盘碎片整理程序。

如图 1-6-12 所示，单击“磁盘碎片整理”按钮，即开始磁盘碎片整理。该功能需要花费比较多的时间，用户可以随时终止，也可以单击“配置计划”按钮，在如图 1-6-13 所示的对话框中配置碎片整理计划，如每月第一天的 1 点自动进行碎片整理。

图 1-6-12　磁盘碎片整理对话框

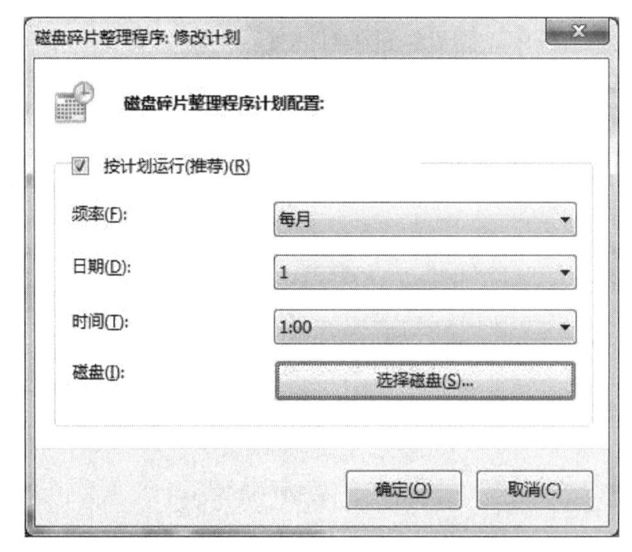

图 1-6-13 磁盘碎片整理程序的配置计划对话框

实训 7 Word 2010 基础操作

实训 7.1 Word 2010 文档的建立与编辑

实训目的

- 掌握 Word 文档的建立、保存、打开；
- 掌握 Word 文档的编辑，字符格式化；
- 掌握项目符号和编号的使用。

实训内容

1. 建立、保存文档及文字输入

（1）单击“开始”→“所有程序”→“Microsoft Office” →“Microsoft Word 2010”启动 Word 2010。Word 2010 启动后，自动建立名为“文档 1”的空白文档。

（2）在文档编辑区输入药品说明书的内容，单击“插入”选项卡“符号”组中的“符号”，可插入“【”和“】”，文字内容如图 1-7-1 所示。

（3）单击“文件”→“另存为”，在对话框的“保存位置”栏中选择“库”→“文档”为保存位置，在“文件名”栏中输入“药品说明书”作为文件名，单击“确定”，文档以“药品说明书”为文件名保存在“文档”中，如图 1-7-2 所示。

（4）单击“关闭”按钮，退出 Word 2010。

2. 项目符号插入及文档的编辑

（1）打开文档“药品说明书”，选中标题“胃蛋白酶颗粒说明书”，单击“开始”选项卡“字体”功能组中设置字体为“微软雅黑”，字号为“小四”，字体“加粗”，对齐方式为“居中”，如图 1-7-3 所示。

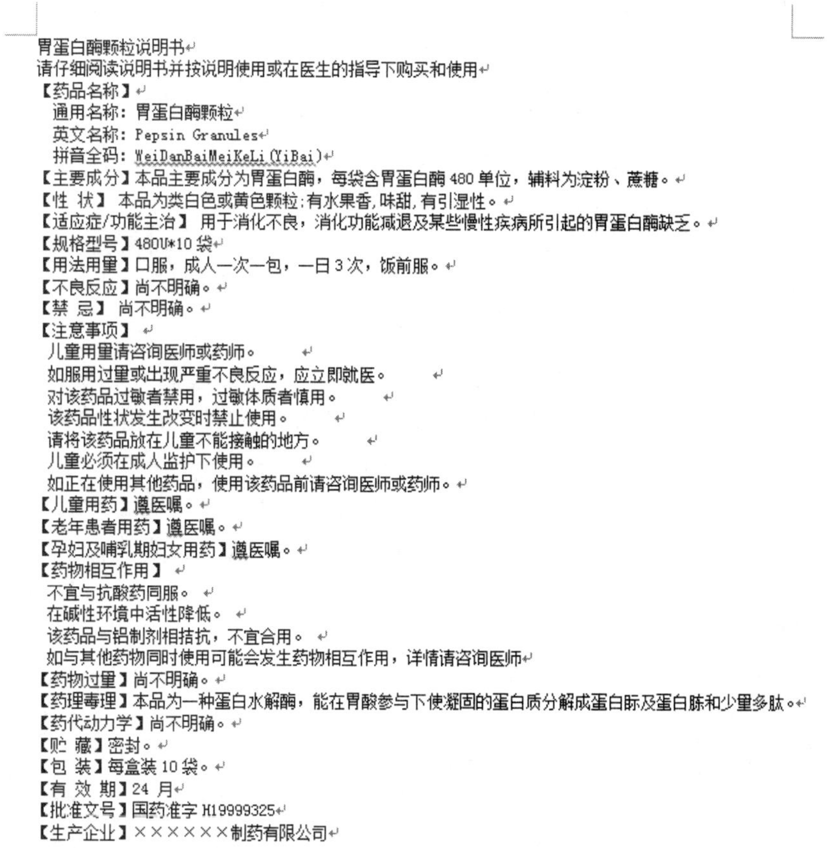

胃蛋白酶颗粒说明书
请仔细阅读说明书并按说明使用或在医生的指导下购买和使用
【药品名称】
通用名称：胃蛋白酶颗粒
英文名称：Pepsin Granules
拼音全码：WeiDanBaiMeiKeLi(YiBai)
【主要成分】本品主要成分为胃蛋白酶，每袋含胃蛋白酶 480 单位，辅料为淀粉、蔗糖。
【性 状】 本品为类白色或黄色颗粒;有水果香,味甜,有引湿性。
【适应症/功能主治】 用于消化不良，消化功能减退及某些慢性疾病所引起的胃蛋白酶缺乏。
【规格型号】480U*10 袋
【用法用量】口服，成人一次一包，一日 3 次，饭前服。
【不良反应】尚不明确。
【禁 忌】 尚不明确。
【注意事项】
儿童用量请咨询医师或药师。
如服用过量或出现严重不良反应，应立即就医。
对该药品过敏者禁用，过敏体质者慎用。
该药品性状发生改变时禁止使用。
请将该药品放在儿童不能接触的地方。
儿童必须在成人监护下使用。
如正在使用其他药品，使用该药品前请咨询医师或药师。
【儿童用药】遵医嘱。
【老年患者用药】遵医嘱。
【孕妇及哺乳期妇女用药】遵医嘱。
【药物相互作用】
不宜与抗酸药同服。
在碱性环境中活性降低。
该药品与铝制剂相拮抗，不宜合用。
如与其他药物同时使用可能会发生药物相互作用，详情请咨询医师
【药物过量】尚不明确。
【药理毒理】本品为一种蛋白水解酶，能在胃酸参与下使凝固的蛋白质分解成蛋白胨及蛋白胨和少量多肽。
【药代动力学】尚不明确。
【贮 藏】密封。
【包 装】每盒装 10 袋。
【有 效 期】24 月
【批准文号】国药准字 H19999325
【生产企业】××××××制药有限公司

图 1-7-1　文档编辑区输入文字

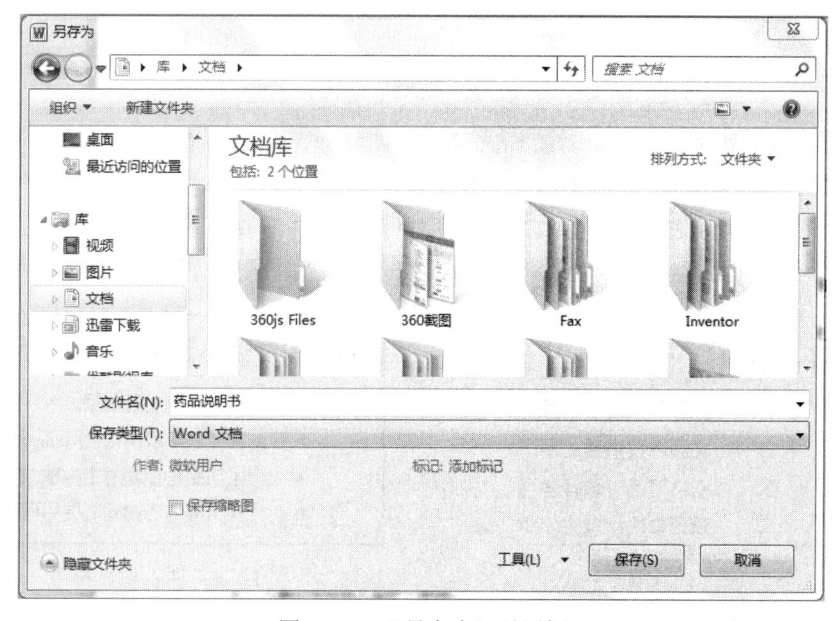

图 1-7-2　“另存为”对话框

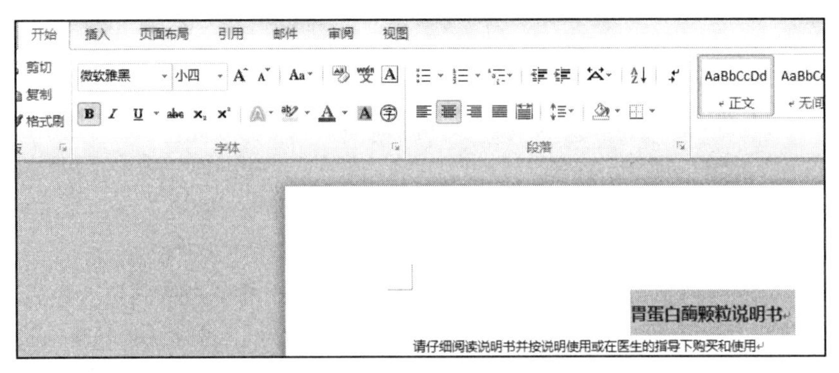

图 1-7-3 设置标题格式

（2）选中正文，设置字体为“微软雅黑”，字号为“小五”。选中正文第一段设置为“居中”，选中“【】”中的文本，设置字体为“微软雅黑”，字号为“小四”，加粗，如图 1-7-4 所示。

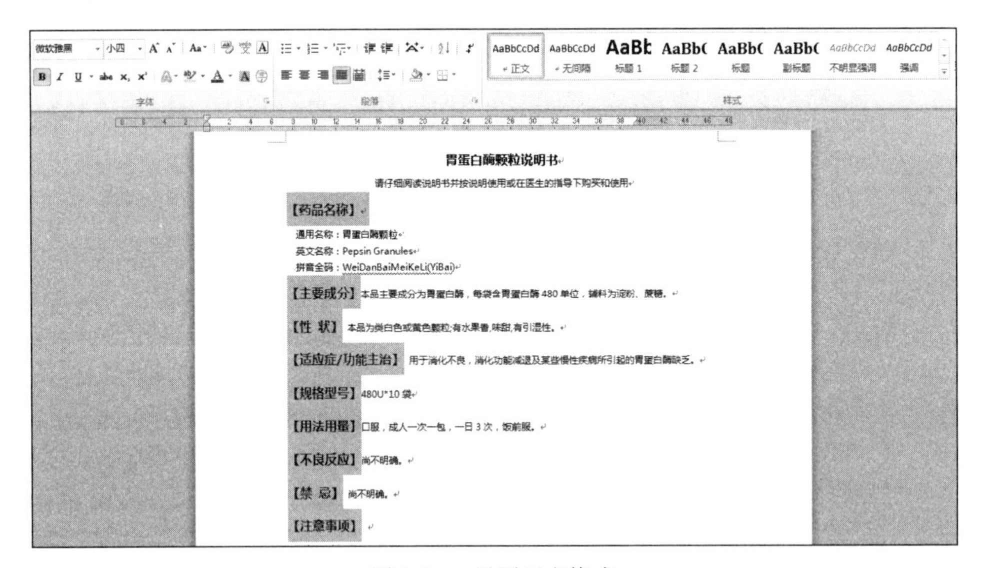

图 1-7-4 设置正文格式

（3）为“注意事项”下方文字添加编号，先选择要添加编号文字，再单击“开始”选项卡“段落”组中“编号”命令按钮，选择相应编号如图 1-7-5 所示。

（4）为“药物相互作用”下方文字添加项目符号，先选择要添加项目符号文字，再单击“开始”选项卡“段落”组中“项目符号”命令按钮，选择相应符号如图 1-7-6 所示。

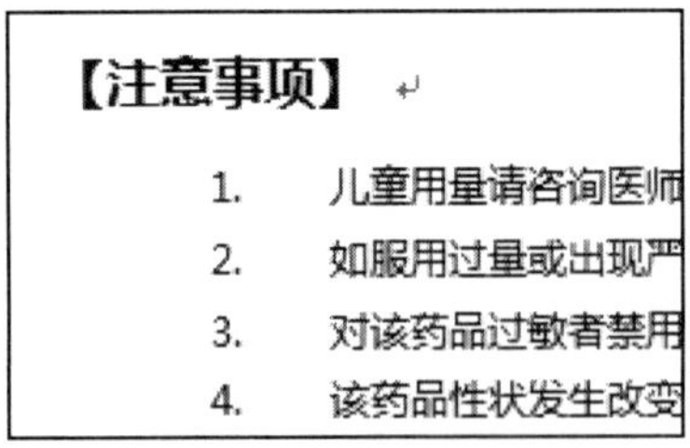

【注意事项】

1. 儿童用量请咨询医师
2. 如服用过量或出现严
3. 对该药品过敏者禁用
4. 该药品性状发生改变

图 1-7-5 插入编号

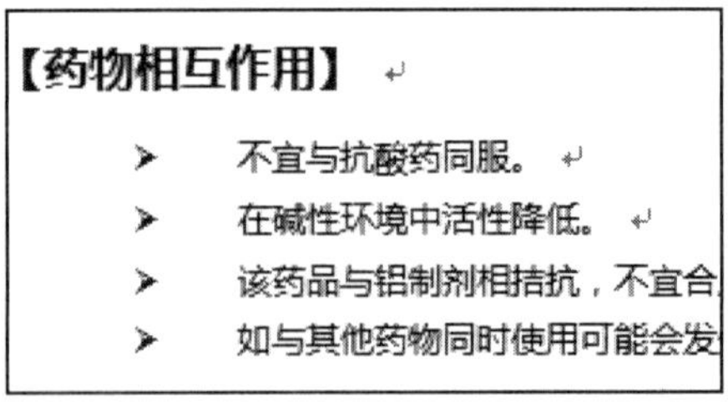

【药物相互作用】

➢ 不宜与抗酸药同服。
➢ 在碱性环境中活性降低。
➢ 该药品与铝制剂相拮抗，不宜合
➢ 如与其他药物同时使用可能会发

图 1-7-6 插入项目符号

（5）“药品说明书”文档最终效果如图 1-7-7 所示。

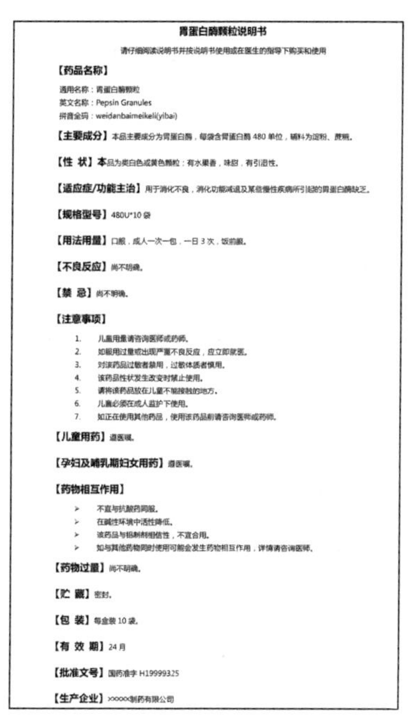

胃蛋白酶颗粒说明书

请仔细阅读说明书并按说明书使用或在医生的指导下购买和使用

【药品名称】

通用名称：胃蛋白酶颗粒
英文名称：Pepsin Granules
拼音全码：weidanbaimeikeli(yibai)

【主要成分】本品主要成分为胃蛋白酶，每袋含胃蛋白酶 480 单位，辅料为淀粉、蔗糖。

【性 状】本品为类白色或黄色颗粒；有水果香，味甜，有引湿性。

【适应症/功能主治】用于消化不良，消化功能减退及某些慢性疾病所引起的胃蛋白酶缺乏。

【规格型号】480U*10 袋

【用法用量】口服，成人一次一包，一日 3 次，饭前服。

【不良反应】尚不明确。

【禁 忌】尚不明确。

【注意事项】

1. 儿童用量请咨询医师或药师。
2. 如服用过量或出现严重不良反应，应立即就医。
3. 对该药品过敏者禁用，过敏体质者慎用。
4. 该药品性状发生改变时禁止使用。
5. 请将该药品放在儿童不能接触的地方。
6. 儿童必须在成人监护下使用。
7. 如正在使用其他药品，使用该药品前请咨询医师或药师。

【儿童用药】遵医嘱。

【孕妇及哺乳期妇女用药】遵医嘱。

【药物相互作用】

➢ 不宜与抗酸药同服。
➢ 在碱性环境中活性降低。
➢ 该药品与铝制剂相信性，不宜合用。
➢ 如与其他药物同时使用可能会发生药物相互作用，详情请咨询医师。

【药物过量】尚不明确。

【贮 藏】密封。

【包 装】每盒装 10 袋。

【有 效 期】24 月

【批准文号】国药准字 H19999325

【生产企业】×××××制药有限公司

图 1-7-7 “药品说明书”完成效果

实训 7.2 Word 2010 文档的格式设置

实训目的

- 掌握 Word 文档的选定，内容的查找和替换的方法；
- 掌握 Word 文档的编辑，段落格式化及分栏的使用；
- 掌握 Word 文档页眉、页脚和页码的编辑。

实训内容

1. 文本的选定及内容查找与替换

（1）打开素材“房屋租赁合同.docx”。

（2）文本选择练习。

1）选中文中“第一条”至“第四条”之间的连续文本，如图 1-7-8 所示；选中“第五条”所在的整行文本，如图 1-7-9 所示。

根据《中华人民共和国合同法》及其他相关法律、法规规定，甲乙双方在平等、自愿、协商一致的基础上，就下列房屋的租赁达成如下协议：
第一条：房屋基本情况
甲方将自有的坐落在_____市_____街道_____小区_____栋_____号的房屋出租给乙方使用。
第二条：租赁期限
租赁期共_____个月，甲方从_____年_____月_____日起将出租房屋交付乙方使用，至_____年_____月_____日收回。
第三条：租金
该房屋租金为（人民币）__万__千__百__拾__元整。租赁期间，如遇到市场变化，双方可另行协商调整租金标准；除此之外，出租方不得以任何理由任意调整租金。
第四条：付款方式
乙方应于本合同生效之日向甲方支付定金（人民币）__万__千__百__拾__元整。租金按（月）（季）（年）结算，由乙方于每（月）（季）（年）的第__个月的__日交付给甲方。

图 1-7-8 选中连续文本

乙方应于本合同生效之日向甲方支付定金（人民币）__万__千__百__拾__元整。租金按（月）（季）（年）结算，由乙方于每（月）（季）（年）的第__个月的__日交付给甲方。
第五条：交付房屋期限
乙方应于本合同生效之日起__日内，将该房屋交付给甲方。
第六条：房屋租赁期间相关费用说明
乙方租赁期间，水、电、取暖、燃气、电话、物业以及其他由乙方居住而产生的费用由乙方负担。租赁结束时，乙方须交清欠费。
第六条：房屋维护养护责任
租赁期间，乙方不得随意损坏房屋设施，如需装修或改造，需先征得甲方同意，并承担装修改造费用。租赁结束时，乙方须将房屋设施恢复原状。
第七条：租赁期满
租赁期满后，如乙方要求继续租赁，则须提前__个月向甲方提出，甲方收到乙方要求后__
第八条：提前终止合同

图 1-7-9 选取一行

2）选择正文的第一段，如图 1-7-10 所示；选择不连续文本，如图 1-7-11 所示。

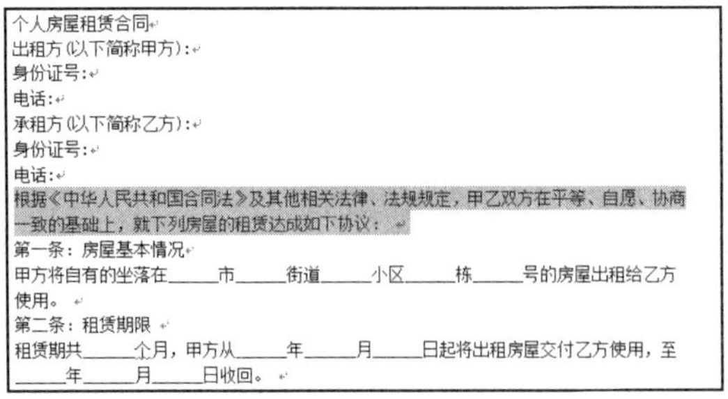

个人房屋租赁合同
出租方(以下简称甲方)：
身份证号：
电话：
承租方(以下简称乙方)：
身份证号：
电话：
根据《中华人民共和国合同法》及其他相关法律、法规规定，甲乙双方在平等、自愿、协商一致的基础上，就下列房屋的租赁达成如下协议：
第一条：房屋基本情况
甲方将自有的坐落在_____市_____街道_____小区_____栋_____号的房屋出租给乙方使用。
第二条：租赁期限
租赁期共_____个月，甲方从_____年_____月_____日起将出租房屋交付乙方使用，至_____年_____月_____日收回。

图 1-7-10 选取一段

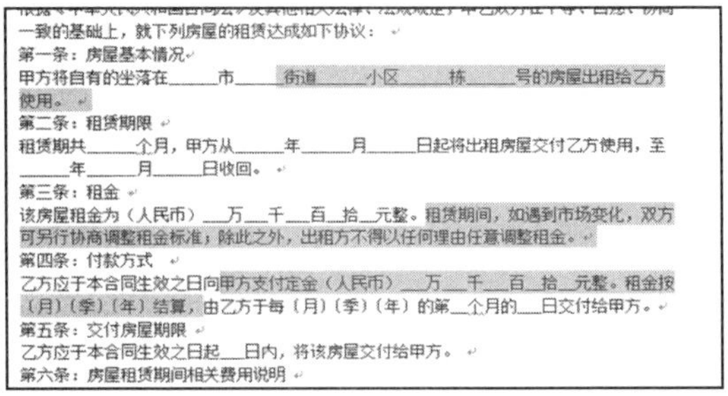

一致的基础上，就下列房屋的租赁达成如下协议：
第一条：房屋基本情况
甲方将自有的坐落在_____市_____街道_____小区_____栋_____号的房屋出租给乙方使用。
第二条：租赁期限
租赁期共_____个月，甲方从_____年_____月_____日起将出租房屋交付乙方使用，至_____年_____月_____日收回。
第三条：租金
该房屋租金为（人民币）__万__千__百__拾__元整。租赁期间，如遇到市场变化，双方可另行协商调整租金标准；除此之外，出租方不得以任何理由任意调整租金。
第四条：付款方式
乙方应于本合同生效之日向甲方支付定金（人民币）__万__千__百__拾__元整。租金按（月）（季）（年）结算，由乙方于每（月）（季）（年）的第__个月的__日交付给甲方。
第五条：交付房屋期限
乙方应于本合同生效之日起__日内，将该房屋交付给甲方。
第六条：房屋租赁期间相关费用说明

图 1-7-11 选取不连续的文本

（3）查找文档中的“甲方”，注意匹配项的个数，同时查看匹配项的状态。单击“开始”选项卡“编辑”组中“查找”命令按钮，打开导航窗格，在搜索栏中输入“甲方”，右边文档显示搜索结果，且在文档中查找到的“甲方”都会被标记为黄色，如图 1-7-12 所示。

13 个匹配项
此文档不包含标题。
要创建导航选项卡，请通过应用标题样式在您的文档中创建标题。
个人房屋租赁合同
出租方(以下简称甲方)：
身份证号：
电话：
承租方(以下简称乙方)：
身份证号：
电话：
根据《中华人民共和国合同法》及其他相关法律、法规规定，甲乙双方在平等、自愿、协商一致的基础上，就下列房屋的租赁达成如下协议：
第一条：房屋基本情况
甲方将自有的坐落在_____市_____街道_____小区_____栋_____号的房屋出租给乙方使用。
第二条：租赁期限
租赁期共_____个月，甲方从_____年_____月_____日起将出租房屋交付乙方使用，至_____年_____月_____日收回。
第三条：租金
该房屋租金为（人民币）__万__千__百__拾__元整。租赁期间，如遇到市场变化，双方可另行协商调整租金标准；除此之外，出租方不得以任何理由任意调整租金。
第四条：付款方式
乙方应于本合同生效之日向甲方支付定金（人民币）__万__千__百__拾__元整。租金按（月）（季）（年）结算，由乙方于每（月）（季）（年）的第__个月的__日交付给甲方。

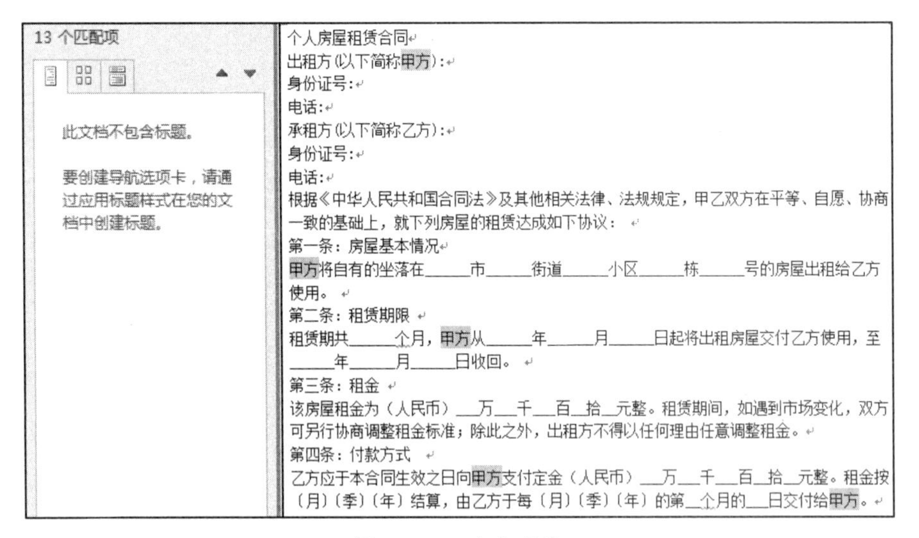

图 1-7-12 文字查找

（4）将文档中的“乙方”全部替换为“承租方”，单击“开始”选项卡“编辑”组中“替换”按钮，打开“查找和替换”对话框，在“查找内容”栏中输入“乙方”，“替换为”栏中输入“承租方”，单击“全部替换”按钮，结果如图 1-7-13 所示。

查找和替换
查找(D)
替换(P)
定位(G)
查找内容(N)：
乙方
选项：
区分全/半角
替换为(I)：
承租方
Microsoft Word
Word 已完成对 文档 的搜索并已完成 19 处替换。
确定
帮助(H)
更多(M) >>
替换(R)
全部替换(A)
查找下一处(F)
取消

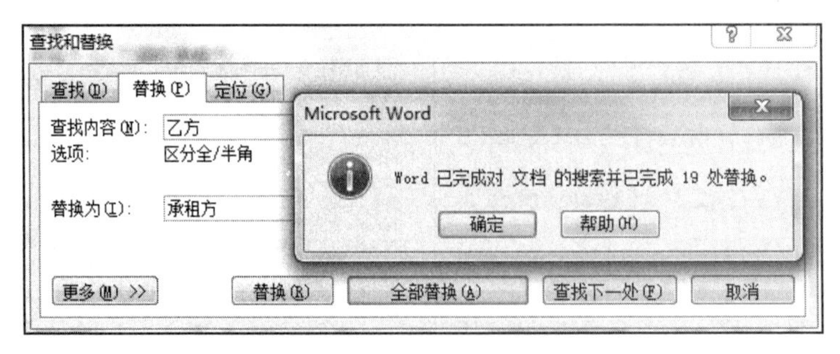

图 1-7-13 文字全部替换

2. 分栏及页眉页脚设置

（1）打开文档“房屋租赁合同”，将标题设为“宋体”“三号”“居中”。

（2）将正文“根据《中华人民共和国合同法》……甲、乙双方各执一份，均具有同等效力”设置为左对齐首行缩进两个字符，段前段后间距为“自动”，单倍行距。单击“开始”选项卡“段落”组中右下角按钮，打开“段落”对话框，在相应选项处设置好段落格式，再单击“确定”按钮，结果如图 1-7-14 所示。

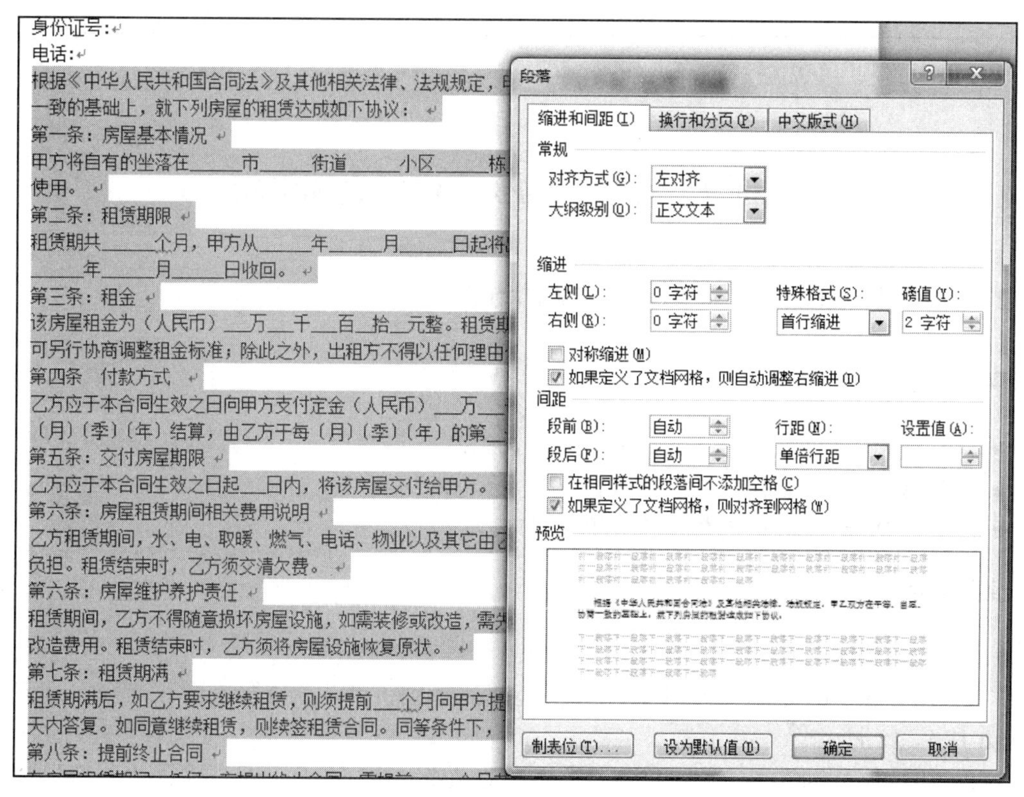

图 1-7-14　设置段落格式

（3）将甲乙双方签字处分为两栏，单击“页面布局”选项卡“页面设置”组中“分栏”按钮，选择“两栏”命令（若需进行其他设置可选择“更多分栏”），结果如图 1-7-15 所示。

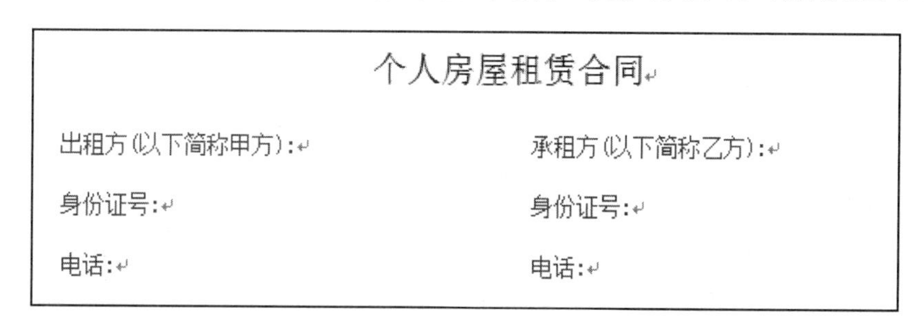

个人房屋租赁合同

出租方(以下简称甲方):	承租方(以下简称乙方):
身份证号:	身份证号:
电话:	电话:

图 1-7-15　设置分栏

（4）设置页眉为“房屋租赁合同”，在页脚设置页码，页面底端居中，完成结果如图 1-7-16 所示。

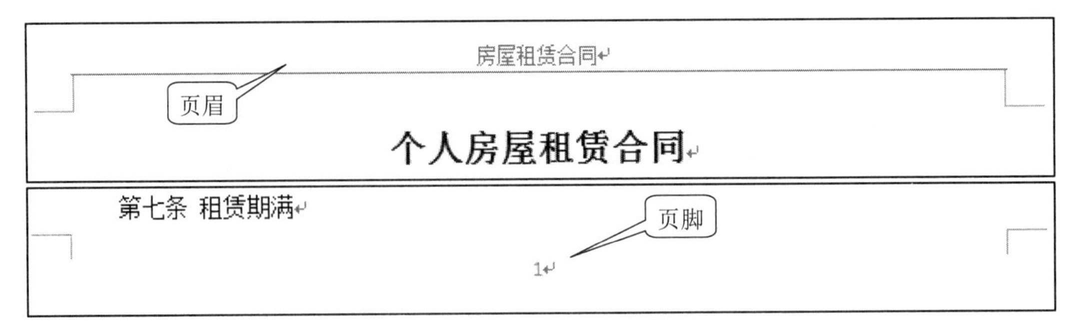

图 1-7-16 设置页眉、页脚、页码

实训 8 Word 2010 表格建立和编辑

实训 8.1 Word 2010 表格的插入、编辑及排序

实训目的

- 掌握 Word 中表格的插入、编辑及格式化；
- 掌握 Word 中表格内文字的编辑；
- 掌握 Word 中表格内数据的计算及排序。

实训内容

1. 表格的插入

（1）新建 Word 文档，在文档编辑区首行输入标题“员工工资发放表”，按 Enter 键换行输入 2018 年 12 月。

（2）将光标移动到下一行，单击“插入”选项卡中“表格”功能组中的“表格”按钮，在网格中拖动鼠标，创建一个 9 列 8 行的表格，如图 1-8-1 所示。

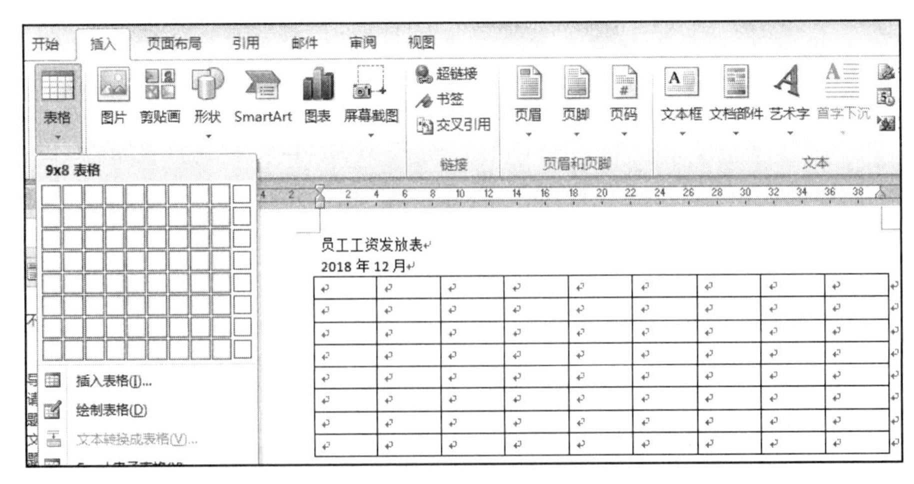

图 1-8-1 插入表格

2. 表格的内容输入及格式修改

插入一个基本表格后，需要对表格进行相应的行、列、单元格的增删及调整等修改才能制作完成最终表格。当插入一个表格并单击表格时，功能区上会自动出现“表格工具”功能区，其中包含“布局”和“设计”两个选项卡。可边输入表格的内容边进行表格的编辑和修改。

（1）输入表格中的文字如图 1-8-2 所示。

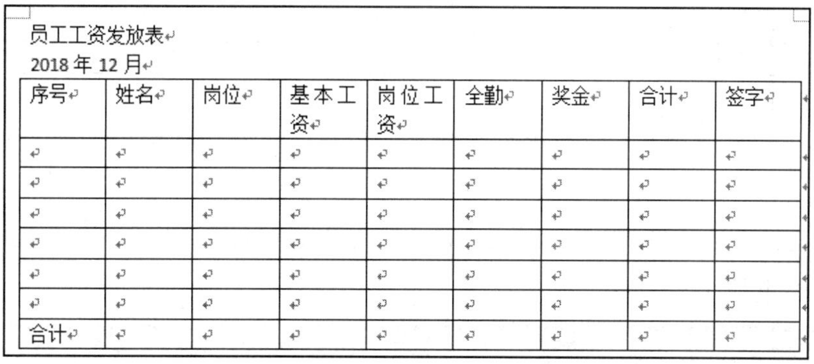

员工工资发放表

2018 年 12 月

序号	姓名	岗位	基本工资	岗位工资	全勤	奖金	合计	签字
合计								

图 1-8-2 表格内文字输入

（2）选择表格最后一行，右击，在快捷菜单中选择“插入”→“在上方插入行”命令，如图 1-8-3 所示。

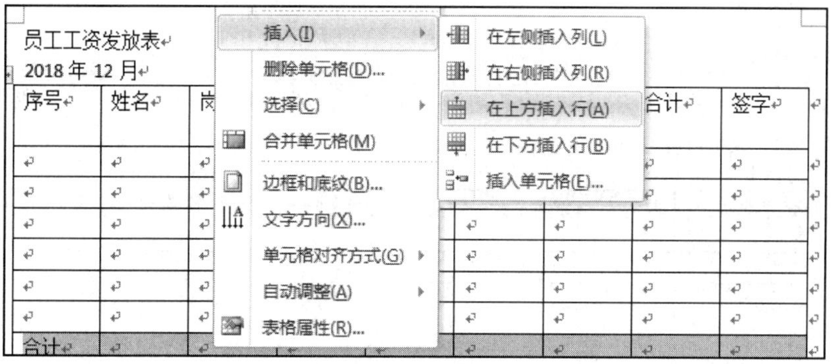

图 1-8-3 插入行

（3）将鼠标停留在第一列与第二列之间的列线上，鼠标指针变成拖动图标时拖动列线，用以改变整个列的宽度，如图 1-8-4 所示；用同样的方法，改变其他列宽，在序号列中输入序号结果如图 1-8-5 所示。

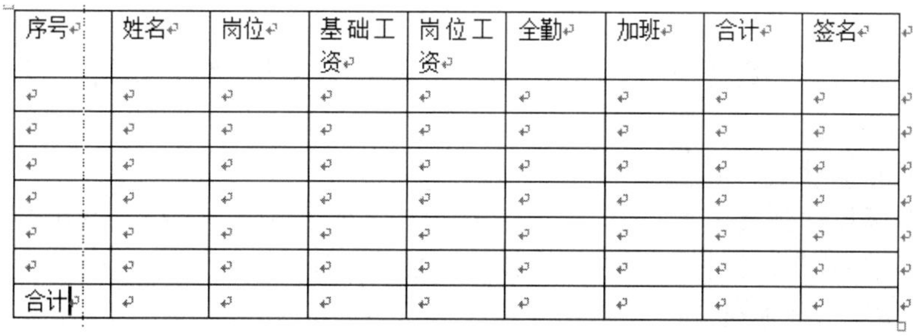

序号	姓名	岗位	基础工资	岗位工资	全勤	加班	合计	签名
合计								

图 1-8-4 改变第一列列宽

序号	姓名	岗位	基本工资	岗位工资	全勤	奖金	合计	签字
1								
2								
3								
4								
5								
6								
7								
合计								

图 1-8-5　改变所有列宽及输入序号

（4）拖动鼠标选择整个表格，单击“表格工具/布局”选项卡“对齐方式”组“水平居中”按钮，如图 1-8-6 所示。

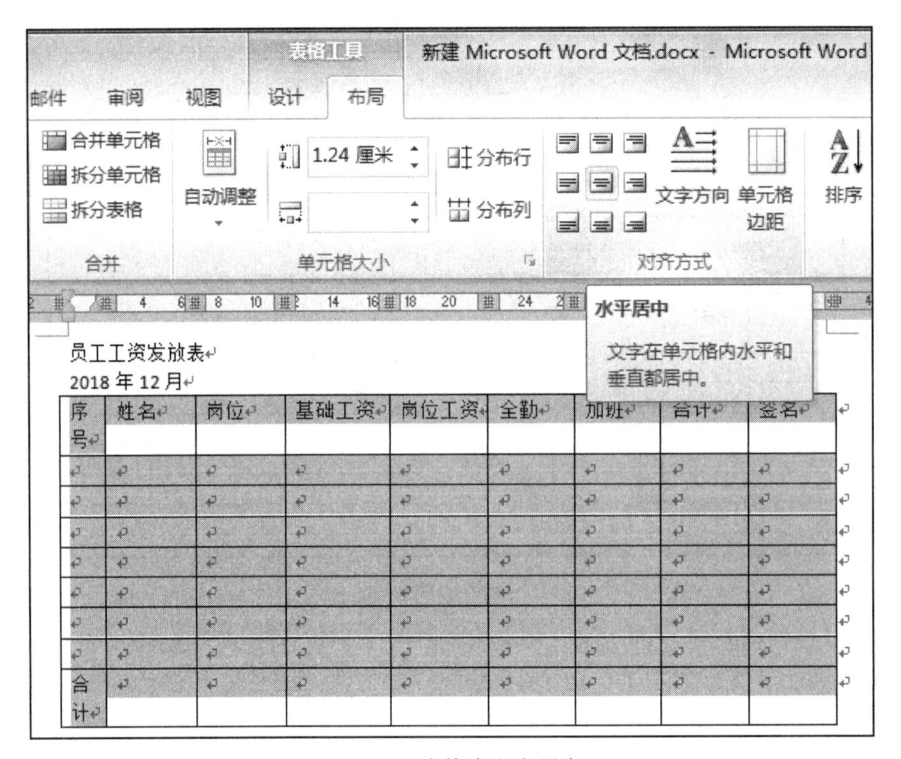

图 1-8-6　表格内文字居中

（5）将标题文字设置为宋体、小二、加粗、居中；年月设置为宋体，小四右对齐；输入员工信息如图 1-8-7 所示。

3. 表格内数据计算及排序

（1）将光标移动到员工“张巧”的“合计”单元格，单击“表格工具/布局”选项卡“公式”按钮，在“公式”对话框中，输入“SUM（LEFT）”，编号格式选择“0.00”，如图 1-8-8 所示，同样方法算出其他员工的合计数。

员工工资发放表

2018年12月

序号	姓名	岗位	基本工资	岗位工资	全勤	奖金	合计	签字
1	张巧	营销经理	1400.00	600.00	600.00	500.00		
2	宁波	营销助理	1200.00	400.00	600.00	500.00		
3	董勇	技术主管	1500.00	800.00	400.00	500.00		
4	李明	工程师	1700.00	1000.00	400.00	500.00		
5	王兵	高级技师	1500.00	700.00	500.00	500.00		
6	吕雪	中级技师	1400.00	600.00	600.00	500.00		
7	杨伟	高级技师	1500.00	700.00	500.00	500.00		
合计								

图 1-8-7　标题文字设置及员工信息输入

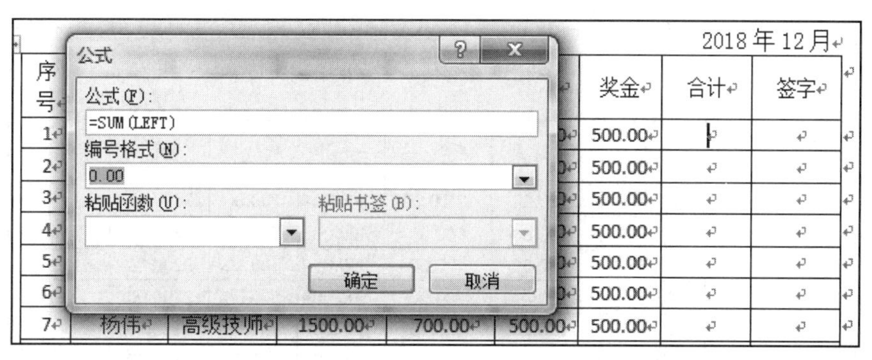

图 1-8-8　个人工资合计

（2）将光标移动到“基本工资”的“合计”单元格，单击“表格工具/布局”选项卡“公式”按钮，在“公式”对话框中输入“SUM（ABOVE）”，编号格式选择“0.00”如图 1-8-9 所示。同样方法算出其他项的合计数。

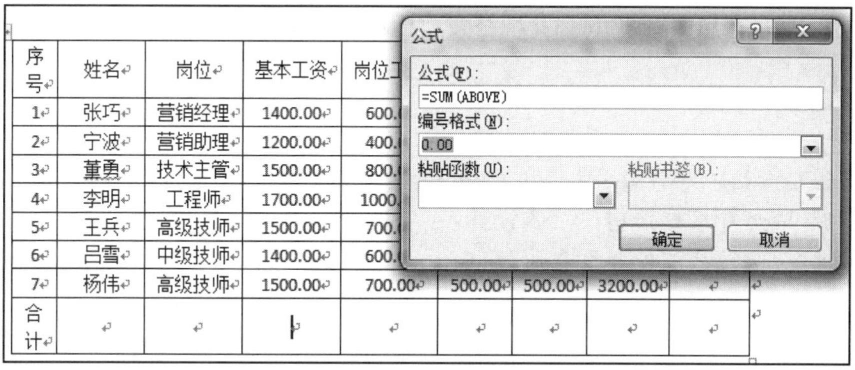

图 1-8-9　每项合计

（3）选中“合计”列，单击“表格工具/布局”选项卡“排序”按钮，在对话框“主要关键字”中选择“降序”，如图 1-8-10 所示，将员工按工资从高到低排列，结果如图 1-8-11 所示。

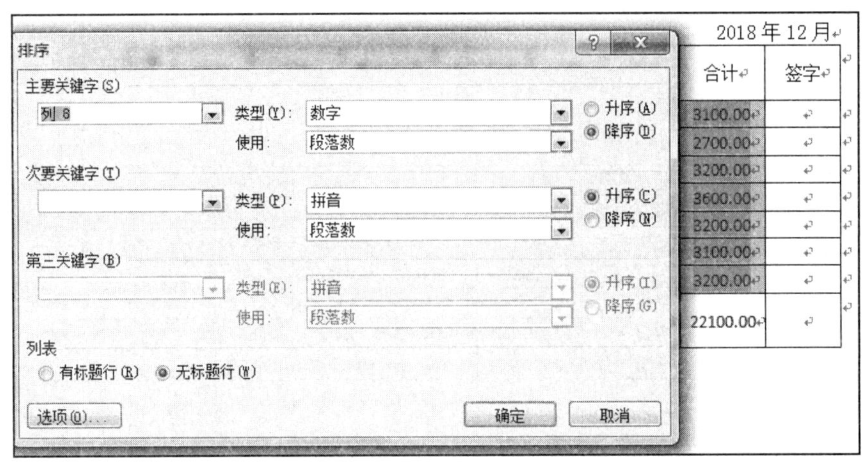

图 1-8-10 “排序”对话框

员工工资发放表

2018年12月

序号	姓名	岗位	基本工资	岗位工资	全勤	奖金	合计	签字
4	李明	工程师	1700.00	1000.00	400.00	500.00	3600.00	
3	董勇	技术主管	1500.00	800.00	400.00	500.00	3200.00	
5	王兵	高级技师	1500.00	700.00	500.00	500.00	3200.00	
7	杨伟	高级技师	1500.00	700.00	500.00	500.00	3200.00	
1	张巧	营销经理	1400.00	600.00	600.00	500.00	3100.00	
6	吕雪	中级技师	1400.00	600.00	600.00	500.00	3100.00	
2	宁波	营销助理	1200.00	400.00	600.00	500.00	2700.00	
合计			10200.00	4800.00	3600.00	3500.00	22100.00	

图 1-8-11 排序结果

实训 8.2 Word 2010 表格的合并拆分及整体布局

实训目的

- 掌握 Word 中表格的绘制，单元格的合并与拆分；
- 掌握 Word 中表格边框底纹的设置；
- 掌握 Word 中表格的整体布局调整。

实训内容

1．表格的绘制及编辑

（1）新建 Word 文档，在文档编辑区首行输入标题“个人简历”。将光标移动到下一行，单击“插入”选项卡“表格”按钮的倒三角按钮，选择“绘制表格”，如图 1-8-12 所示，此时鼠标会变成一只铅笔的形状。

图 1-8-12 “绘制表格”命令

（2）先用鼠标拖动铅笔绘制一个方框，再用铅笔绘制表格行和列，绘制出一个基本的表格样式如图 1-8-13 所示。

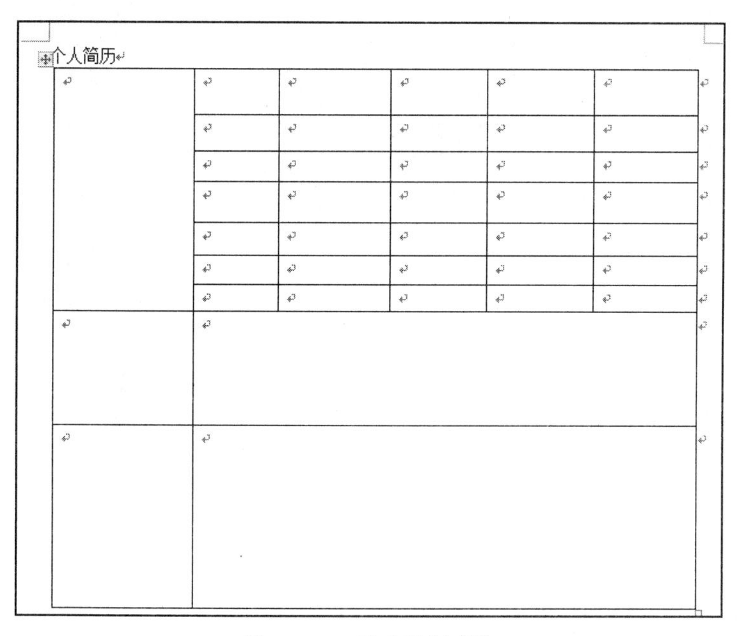

图 1-8-13 手动绘制表格

（3）选中右上角所有行，单击“表格工具/布局”选项卡“分布行”按钮，如图 1-8-14 所示，所选行之间会平均分布高度，再选择“分布列”命令，将所选列之间平均分布宽度。

（4）将最后一列的前五个单元格合成一个。单击“表格工具/设计”选项卡“擦除”按钮，当鼠标变成橡皮擦形状后，单击要擦除的线将其擦除，如图 1-8-15 所示，继续将其余线条擦除，结果如图 1-8-16 所示。

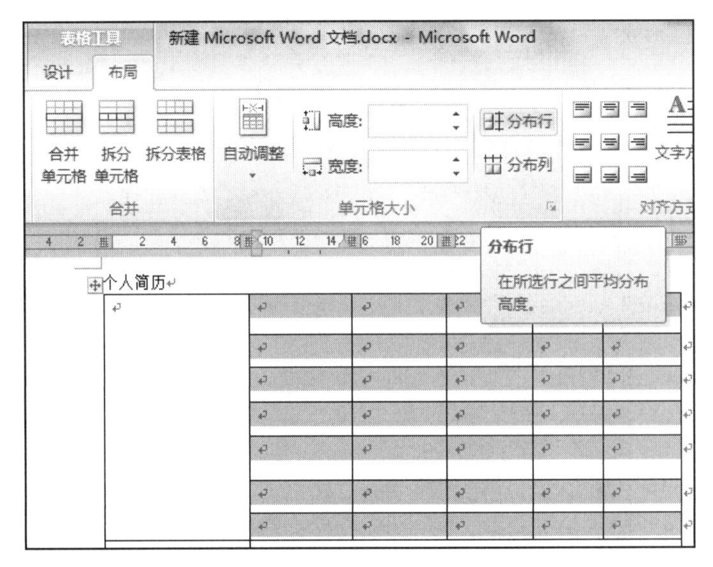

图 1-8-14　“分布行”命令

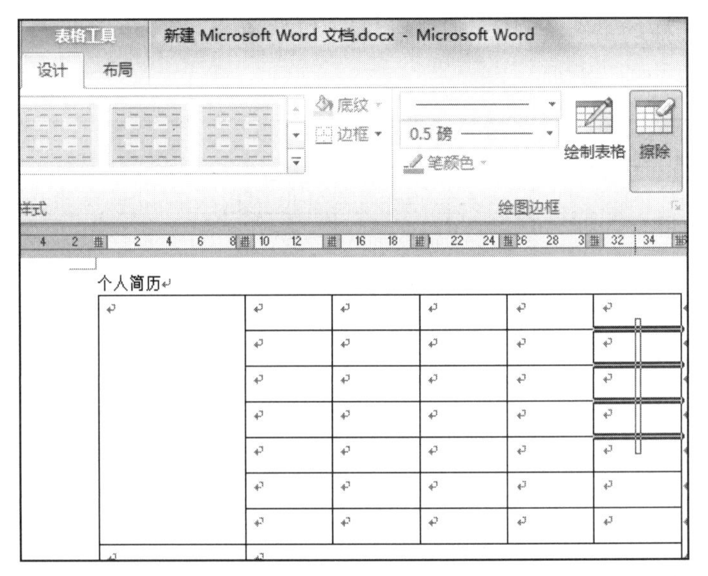

图 1-8-15　擦除线条合并单元格

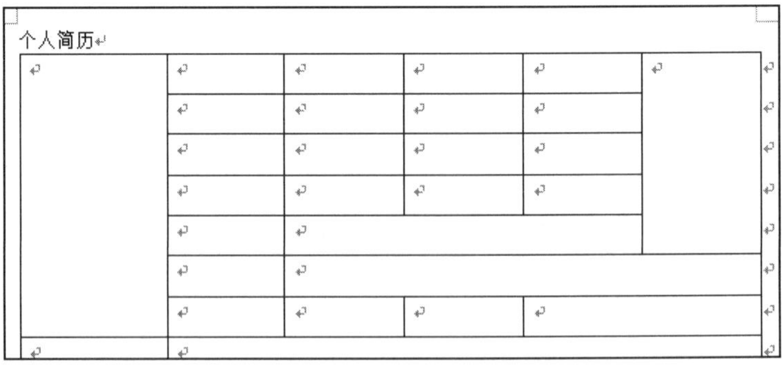

个人简历

图 1-8-16　擦除其余线条

2. 表格内文字的输入编辑及表格的合并拆分

（1）将标题“个人简历”设置为宋体、三号、加粗；输入文字“基本资料”，字体为宋体、小四、加粗；输入其余文字，字体为宋体、五号，如图 1-8-17 所示。

个人简历

基本资料	姓名		性别		
	民族		籍贯		
	出生日期		政治面貌		
	学历		身体情况		
	毕业学校				
	专业				
	联系电话		E-mail		

图 1-8-17　表格文字输入

（2）输入“个人技能”“教育培训经历”，设置为宋体、小四、加粗。选中“教育培训经历”右边单元格，选择“表格工具/布局”选项卡“合并”组“拆分单元格”按钮，如图 1-8-18 所示，将单元格分为 4 行 3 列，输入文字如图 1-8-19 所示。

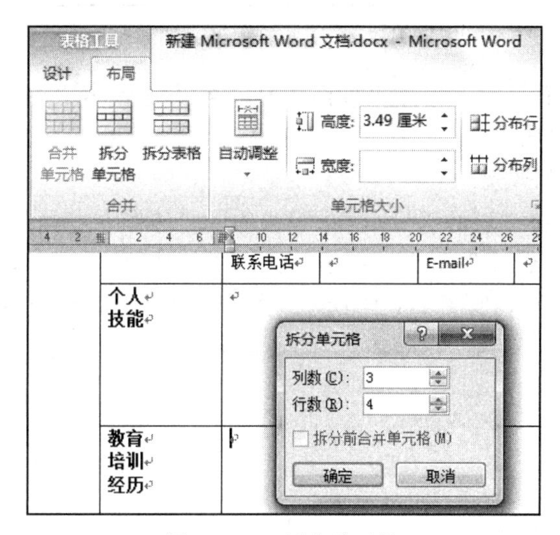

图 1-8-18　拆分单元格

教育培训经历	年月	学校/机构	专业

图 1-8-19　单元格拆分后文字输入

（3）单击“表格”→“插入”→“绘制表格”，当鼠标变成铅笔形状再次绘制，在原表格下增加几行，然后选择“分布行”将新增行平均分布高度，输入文字，设置为宋体、小四、加粗，如图 1-8-20 所示。

主修课程			
计算机水平			
语言能力			
社会实践			
获奖情况			
自我评价			

图 1-8-20　新增加行以及文字输入

（4）选择表格内所有文字，单击“表格工具/布局”选项卡“对齐方式”组“水平居中”按钮，将表格内文字水平居中。

3. 表格的边框和底纹设置

（1）选中表格，单击“表格工具/设计”选项卡“边框”右侧的倒三角按钮，在弹出的下拉列表中选择“边框和底纹”命令，单击对话框中“边框”选项卡，将所有边框线设置为宽度 1.5 磅，颜色为“灰色”，如图 1-8-21 所示（若表格跨页，调整表格大小，保持在同一页）。

图 1-8-21　边框设置

（2）选择表格最左边一列，单击“表格工具/设计”选项卡“边框”右侧的倒三角按钮，在弹出的下拉列表中选择“边框和底纹”命令，单击“底纹”选项卡，将其填充为“水绿色”，如图 1-8-22 所示。

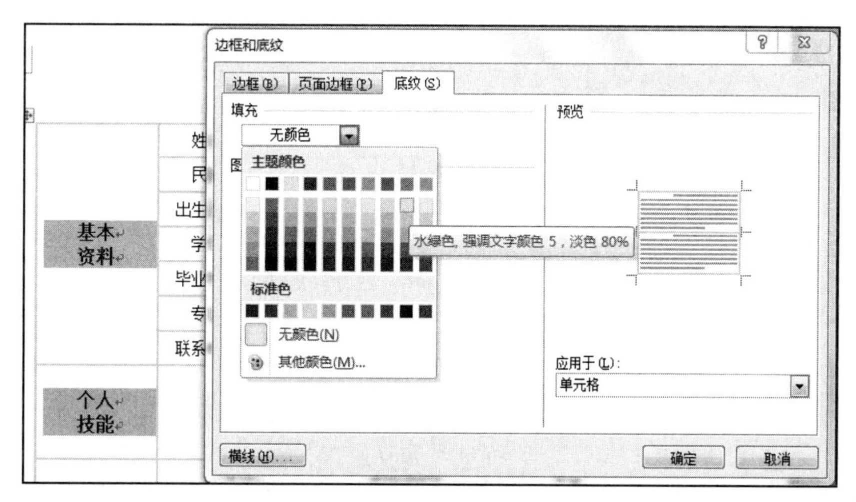

图 1-8-22　底纹设置

（3）最终完成效果如图 1-8-23 所示。

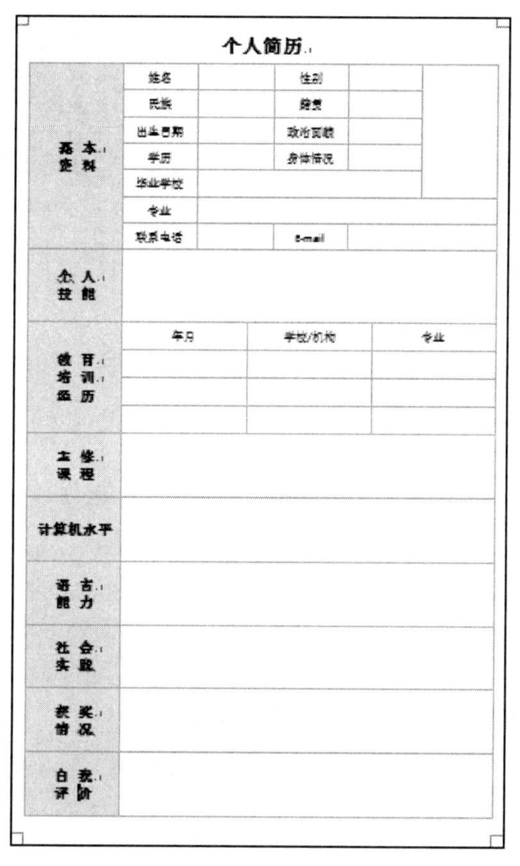
个人简历

基本资料
姓名
性别
民族
籍贯
出生日期
政治面貌
学历
身体状况
毕业学校
专业
联系电话
E-mail
个人技能
教育培训经历
年月
学校/机构
专业
主修课程
计算机水平
语言能力
社会实践
获奖情况
自我评价

图 1-8-23　完成效果

实训9 Word 2010图文混排

实训9.1 Word 2010页面设置

实训目的

- 掌握Word中页面大小及页面边距的设置；
- 掌握Word中图形的绘制及编辑；
- 掌握Word中文本框的使用。

实训内容

1. 页面大小、边距和颜色设置

（1）设置页面大小，单击“页面布局”选项卡“页面设置”组“纸张大小”→“其他页面大小”，弹出“页面设置”对话框，设置宽度为9厘米，高度为5.4厘米，如图1-9-1所示。

（2）设置页边距，单击“页面布局”选项卡“页边距”→“自定义边距”，弹出“页面设置”对话框，设置上下左右边距为0厘米，纸张方向为“横向”，如图1-9-2所示。

图1-9-1 页面大小设置

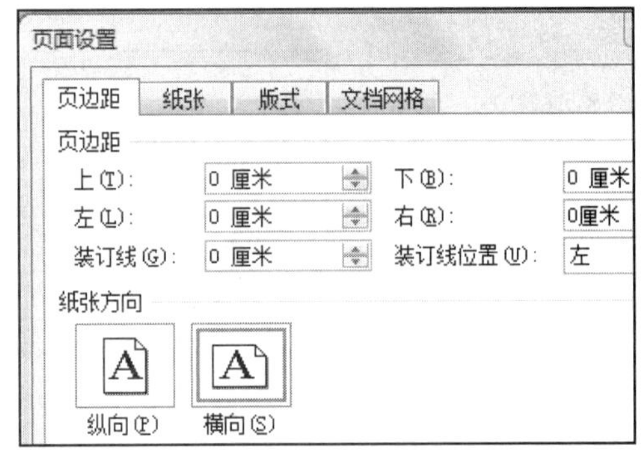

图1-9-2 页边距设置

（3）设置页面颜色，单击“页面布局”选项卡“页面颜色”按钮，选择“蓝色”如图1-9-3所示。

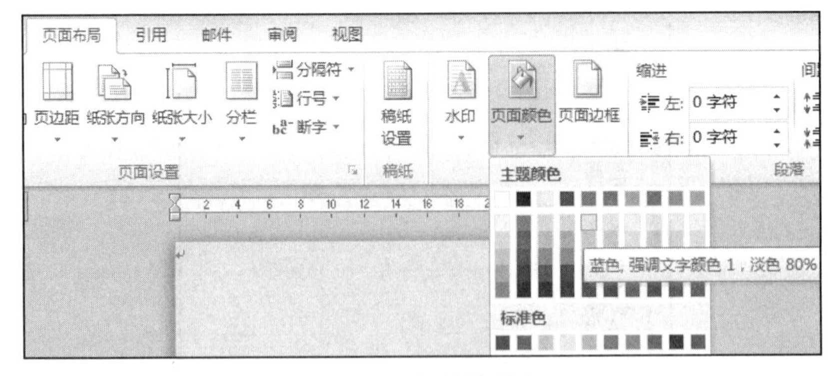

图1-9-3 页面颜色填充

2. 插入形状及文本框

（1）单击“插入”选项卡“形状”按钮，选择矩形，按住 Shift 键不放绘制一个正方形，形状填充为黄色，无轮廓，同样方法绘制出其余正方形并填充颜色，如图 1-9-4 所示。

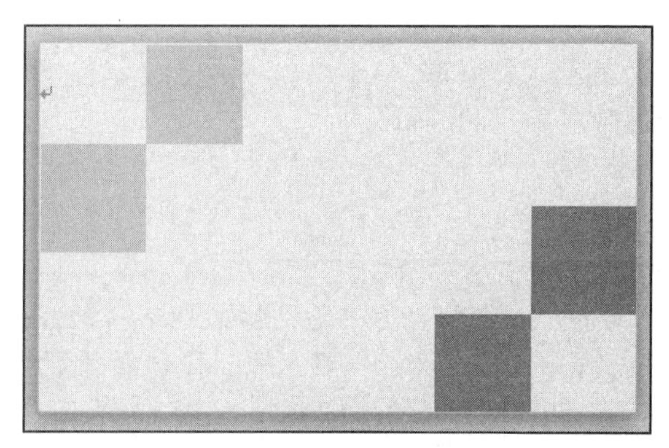

图 1-9-4　名片内形状绘制

（2）单击“插入”选项卡“文本框”→“绘制文本框”，按住鼠标左键不放，拖动绘制出文本框，输入文字“×××制药公司”，设置字体为宋体、小五，如图 1-9-5 所示。

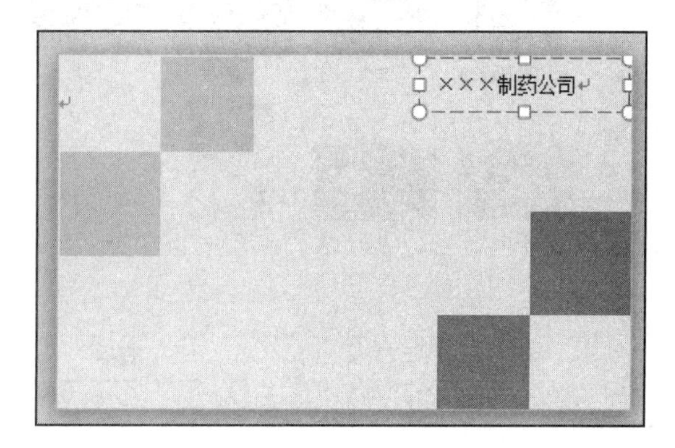

图 1-9-5　插入文本框

（3）用同样方法绘制另外两个文本框，分别输入文字“胡图图营销部经理”及“地址：”“电话：”“email：”（胡图图字体为华文行楷，二号，其余为宋体，小五），完成效果如图 1-9-6 所示。

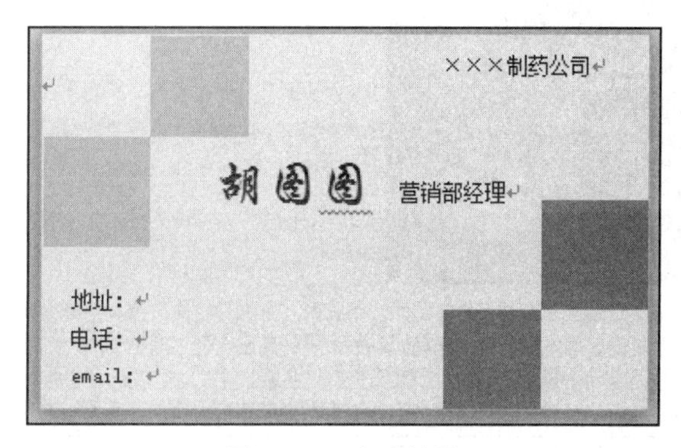

图 1-9-6　完成效果

实训 9.2 Word 2010 图片和艺术字处理

实训目的

- 掌握 Word 中图片的插入和编辑；
- 掌握 Word 中艺术字的插入和编辑。

实训内容

1. 图片的插入及编辑

（1）打开素材“丽江文字介绍”，将光标移动到起始位置，按 Enter 键另起一行，单击“插入”选项卡“图片”按钮，弹出“插入图片”对话框，找到素材图片所存位置，选中“大研古城四方街”和“玉龙雪山”两张图片单击“插入”，如图 1-9-7 所示。

图 1-9-7 插入图片

（2）选中插入的图片，在图片四周出现八个句柄，将鼠标移动到右下角句柄上，按住 Shift 键同时拖动鼠标，等比例缩小图片。缩小后将两个图并排，如图 1-9-8 所示。

丽江古城位于中国西南部云南省的丽江市，丽江古城又名大研镇，坐落在丽江坝中部，北依象山、金虹山，西枕狮子山，东南面临数十里的良田沃野。海拔 2400 米，是丽江行政公署和丽江纳西族自治县所在地，为国家历史文化名城，世界文化遗产。古城以江南水乡般的美景，别具风貌的布局及建筑风格特色，被誉为“东方威尼斯”“高原姑苏”等称号。

图 1-9-8 图片缩小排列

（3）选中图片，单击“图片工具/格式”选项卡“自动换行”→“四周型环绕”，如图 1-9-9 所示，将两张图片均设置为“四周型环绕”。按住 Ctrl 键选中两张图片，右击，将图片组合，如图 1-9-10 所示。

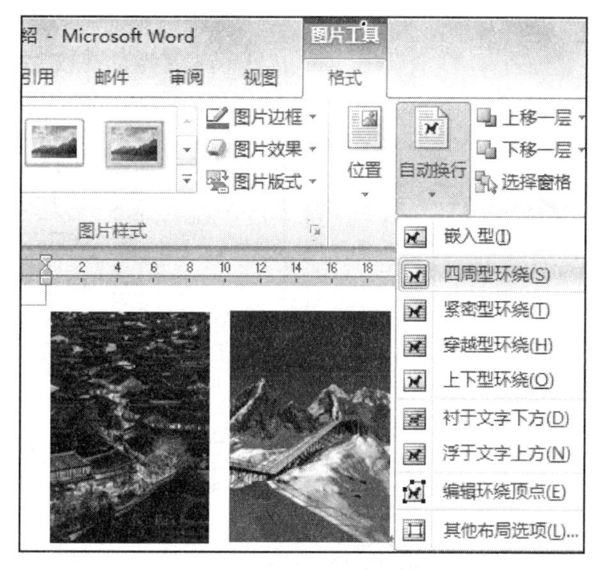

图 1-9-9　图片格式设置

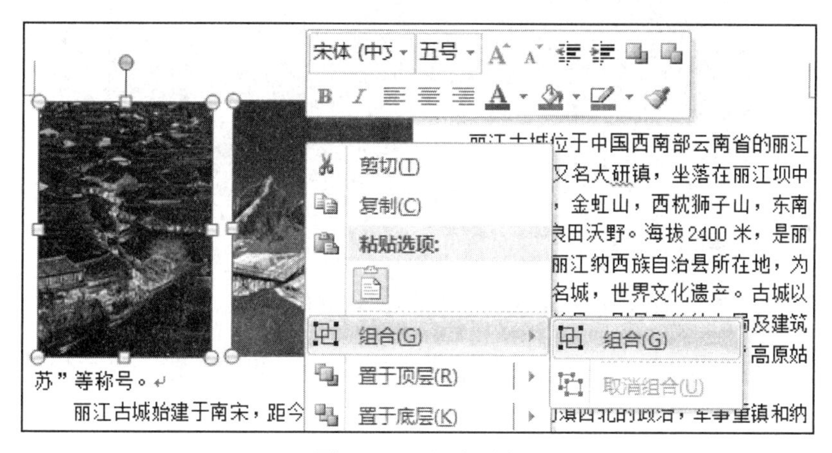

图 1-9-10　组合图片

2. 文字的编辑及其余图片的排列

（1）选中前三段文字，单击“页面布局”选项卡“分栏”→“两栏”，将文字分为两栏，段落格式设置如图 1-9-11 所示。

（2）将图片与文字间隔一行，选中“丽”字，单击“插入”选项卡“首字下沉”→“首字下沉选项”，将首字下沉两行，如图 1-9-12 所示，调整图片大小位置。

在“文化遗产”前插入素材图片“丽江全景”，调整图片大小如图 1-9-13 所示。

（3）将光标移动到图片的上一行，单击“插入”选项卡“艺术字”按钮，选择第五种艺术字，如图 1-9-14 所示。将文字方向设置为垂直，输入文字“丽江古城”，设置字体为华文行楷、初号，调整位置。

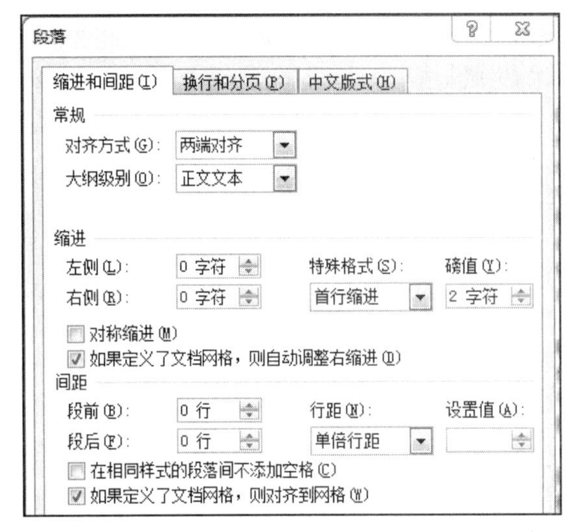

图 1-9-11 段落格式设置

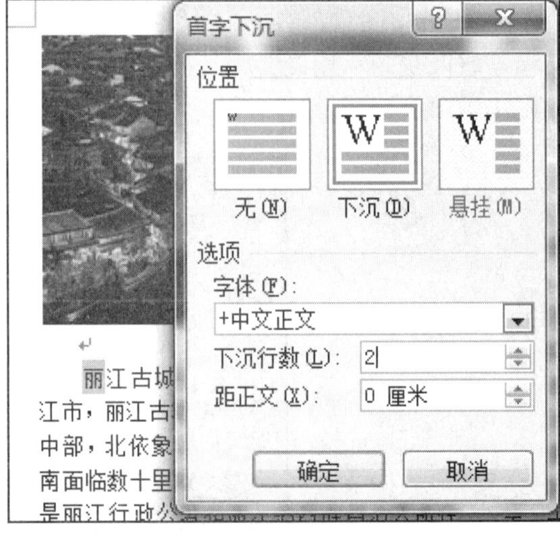

图 1-9-12 设置首字下沉

图 1-9-13 插入丽江全景图

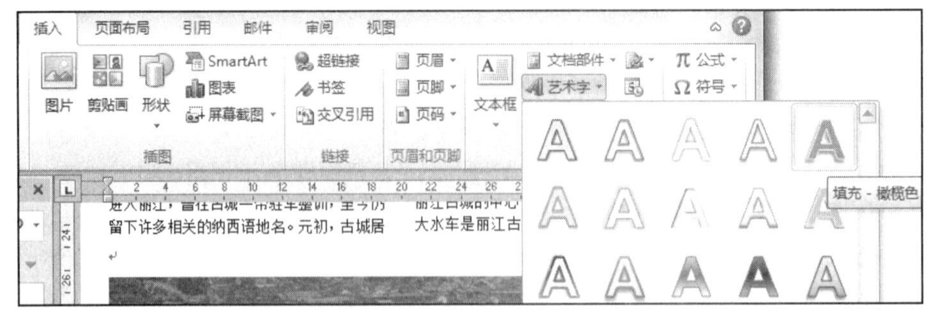

图 1-9-14 插入艺术字

（4）选中“文化遗产”，将其设置为华文新魏、二号，“古街”“古桥”“木府”设置为宋体、四号、加粗。选中此页所有文字，单击“页面布局”选项卡“分栏”→“更多分栏”，弹出“分栏”对话框，进行分栏设置，如图 1-9-15 所示。

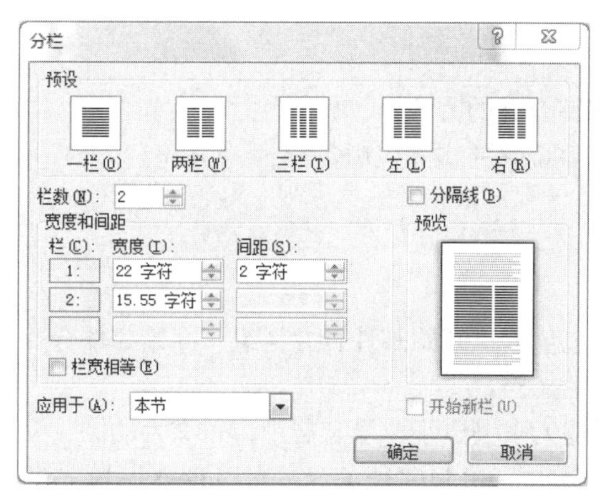

图 1-9-15　分栏设置

（5）将光标移动到文字末尾，单击“插入”选项卡“图片”按钮，选中素材“水车”“古街”“古街 2”“古桥”“木府”并打开，5 张图片将会垂直排列，设置图片格式为“四周型环绕”，调整图片位置。

（6）最后将古街、古桥、木府的文字介绍，设置段落格式首行缩进 2 个字符，“文化遗产”文字居中，完成效果如图 1-9-16 所示。

图 1-9-16　完成效果

实训10　Word 2010邮件合并

实训目的

- 理解Word中邮件合并的方式；
- 掌握Word中邮件合并的实际应用。

实训内容

1. 建立主文档

（1）单击“邮件”选项卡“开始邮件合并”组“开始邮件合并”按钮，在弹出的下拉菜单中选择“信函”，创建主文档。

（2）设置主文档标题为隶书、小一号、居中；正文为幼圆、三号；落款和日期右对齐，在填充数据源位置增加下划线。并以“任务一主文档.docx”为文件名存于D盘。如图1-10-1所示。

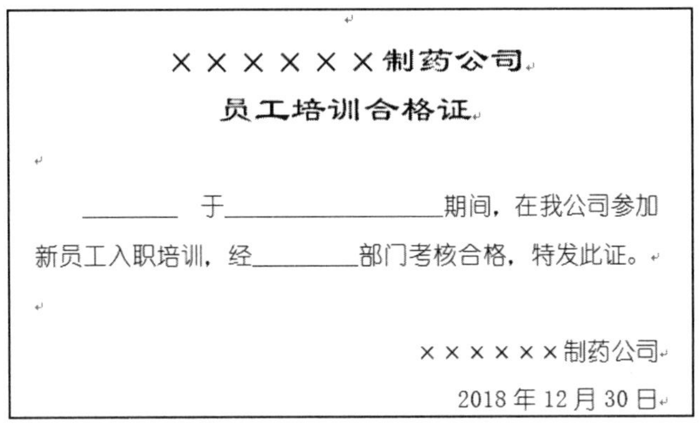

××××××制药公司

员工培训合格证

________于________________期间，在我公司参加新员工入职培训，经________部门考核合格，特发此证。

××××××制药公司

2018年12月30日

图1-10-1　创建主文档

2. 建立数据源

用如表1-10-1所示内容建立数据源，并以“任务一数据源.docx”为文件名存于D盘。

表1-10-1　表格数据源

姓名	培训日期	部门
李明	2018-12-1至2018-12-7	工程部
董勇	2018-12-8至2018-12-14	技术部
王兵	2018-12-8至2018-12-14	技术部
杨伟	2018-12-8至2018-12-14	技术部
张巧	2018-12-15至2018-12-21	营销部
吕雪	2018-12-8至2018-12-14	技术部
宁波	2018-12-15至2018-12-21	营销部

3. 将数据合并到主文档

（1）单击“邮件”选项卡“开始邮件合并”组“选择收件人”按钮，在下拉列表中选择“使用现有列表”命令，弹出如图 1-10-2 所示的“选取数据源”对话框，选择“任务一数据源.docx”。

图 1-10-2 “选取数据源”对话框

（2）如图 1-10-3 所示，在主文档中插入合并域。单击“邮件”选项卡“编写和插入域”组“插入合并域”按钮，按要求插入合并域。

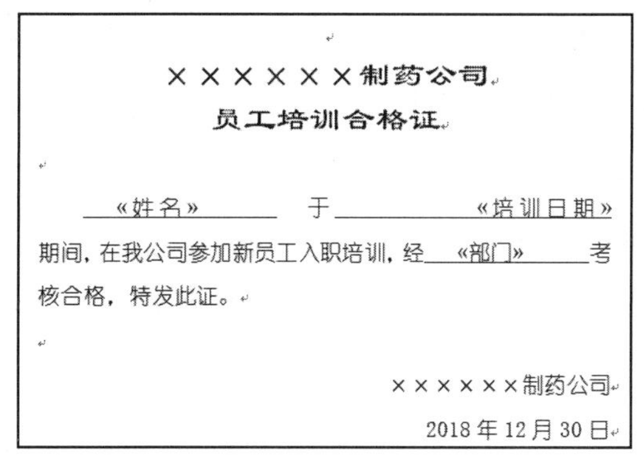

图 1-10-3 插入合并域

（3）完成邮件合并。单击“邮件”选项卡“完成”组“完成并合并”按钮，在下拉列表中选择“编辑单个文档”命令，弹出“合并到新文档”对话框，如图 1-10-4 所示，选择合并记录为“全部”，单击“确定”按钮即可。

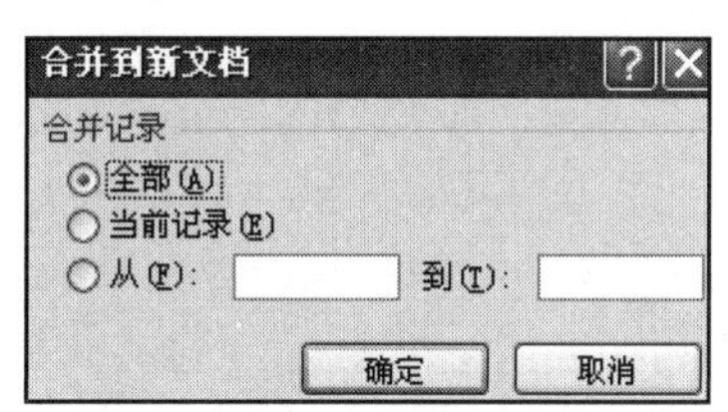

图 1-10-4 “合并到新文档”对话框

（4）将所建立的 7 个文档用“任务一完成.docx”为文件名另存于 D 盘，完成合并后如图 1-10-5 所示。

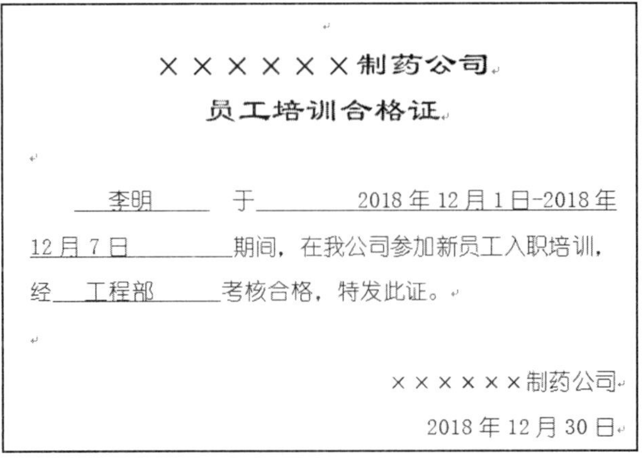

××××××制药公司

员工培训合格证

李明 于 2018 年 12 月 1 日-2018 年 12 月 7 日 期间，在我公司参加新员工入职培训，经 工程部 考核合格，特发此证。

××××××制药公司

2018 年 12 月 30 日

图 1-10-5　邮件合并结果预览

实训 11　Excel 2010 基本数据录入

实训目的

- 熟悉 Excel 2010 中工作簿、工作表和单元格的概念；
- 掌握 Excel 2010 工作簿的建立、打开和保存；
- 掌握工作表中各种常用数据的输入、编辑与基本格式设置操作。

实训内容

1. 新建“员工基本信息”工作表

（1）启动 Excel 2010，在工作表 Sheet1 中输入如图 1-11-1 所示内容。其中部门、姓名、职务、身份证号、政治面貌、毕业学校、学历、联系方式、电子邮箱数据类型为文本型数据，工号为数值型，出生年月日为日期型。

	A	B	C	D	E	F	G	H	I	J	K	L
1	华伟科技员工基本信息表											
2	部门	工号	姓名	职务	身份证号	出生年月日	政治面貌	毕业学校	学历	联系方式	电子邮箱	备注
3	技术部	10001	程启德	经理	513426198609081203	1986/9/8	党员	清华大学	研究生	199850556001	cdq@qq.com	
4	技术部	10002	李朝三	员工	513425198509012202	1985/9/1	党员	北京大学	研究生	177850556002	lcs@qq.com	
5	技术部	10003	戴彬	员工	513424198905083414	1989/5/9	党员	深圳大学	研究生	188850556003	daibing@163.com	
6	技术部	10004	黄东兴	员工	513422199209084626	1992/9/8	群众	中国人大	研究生	199850556412	hdx@qq.com	
7	技术部	10005	陈光大	员工	513422199107085838	1991/7/8	群众	浙江大学	本科	199850556055	12345678@163.com	
8	市场部	20001	黄小强	经理	513425198310117050	1983/10/11	党员	四川大学	本科	199850556008	19986008@qq.com	
9	市场部	20002	陈美凤	员工	513424198405088262	1984/5/8	群众	郑州大学	本科	199850556007	cmf@hotmai.com	
10	市场部	20003	任公允	员工	513423198612089474	1986/12/8	党员	中国科大	研究生	188850556008	rgy@qq.com	
11	市场部	20004	李文明	员工	513426199005160225	1990/5/16	群众	清华大学	博士	199850556009	lwm@qq.com	
12	市场部	20005	江小平	员工	513423198901161437	1989/1/16	群众	北京大学	本科	177850556010	jxp@qq.com	
13	市场部	20006	郑大勇	员工	513422199102162649	1991/10/21	群众	四川大学	研究生	188850556011	zdy@qq.com	
14	售后部	30001	刘近平	经理	513423198308163861	1983/8/16	党员	湖北大学	本科	199850556012	ljp@qq.com	
15	售后部	30002	刘德平	员工	513426198805165073	1988/5/16	群众	成都大学	专科	166850556013	ldp@163.com	
16	售后部	30003	张学无	员工	513422199904166285	1999/4/16	党员	西安交大	研究生	133850556014	zxw@126.com	
17	售后部	30004	范近通	员工	513425199809167497	1998/9/16	群众	四川大学	本科	177850556015	fjt@qq.com	

图 1-11-1　表格数据

（2）设置标题格式。选择 A1:L1，在图 1-11-2 中单击“开始”选项卡“对齐方式”组“合并后居中”按钮，使标题居中显示。单击标题，在“字体”组中设置字体为“黑体”，字号大小为“18 磅”，颜色为标准色“蓝色”，适当调整行高。标题背景色设置为“橙色，强调文字颜色 6，淡色 40%”。

（3）设置字段名格式。选择 A2：L2，单击“对齐方式”组中的“居中”按钮，字体加粗，颜色设置为标准色“深蓝”，背景色设置为“水绿色，强调文字颜色 5，淡色 40%”。

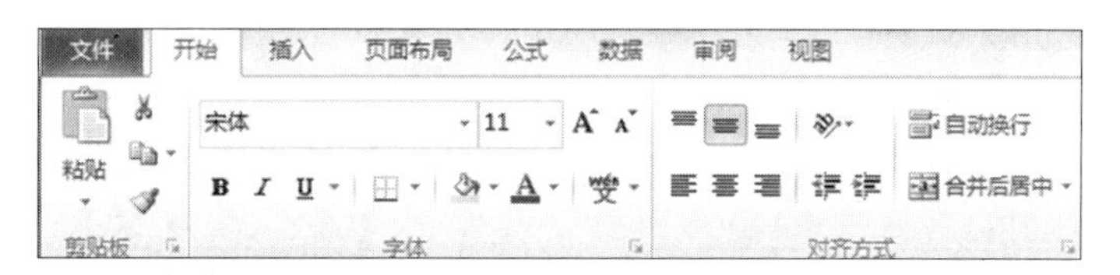

图 1-11-2　命令按钮

（4）设置数据格式。选择 A3:L17，单击“对齐方式”组中的“居中”按钮，背景色设置为“深蓝，文字 2，淡色 60%”，结果如图 1-11-3 所示。

	A	B	C	D	E	F	G	H	I	J	K	L
1	华伟科技员工基本信息表											
2	部门	工号	姓名	职务	身份证号	出生年月日	政治面貌	毕业学校	学历	联系方式	电子邮箱	备注
3	技术部	10001	程启德	经理	513426198609081203	1986/9/8	党员	清华大学	研究生	199850556001	cdq@qq.com	
4	技术部	10002	李朝三	员工	513425198509012202	1985/9/1	党员	北京大学	研究生	177850556002	lcs@qq.com	
5	技术部	10003	戴彬	员工	513424198905083414	1989/5/9	党员	深圳大学	研究生	188850556003	daibing@163.com	
6	技术部	10004	黄东兴	员工	513422199209084626	1992/9/8	群众	中国人大	研究生	199850556412	hdx@qq.com	
7	技术部	10005	陈光大	员工	513422199107085838	1991/7/8	群众	浙江大学	本科	199850556055	12345678@163.com	
8	市场部	20001	黄小强	经理	513425198310117050	1983/10/11	党员	四川大学	本科	199850556008	19986008@qq.com	
9	市场部	20002	陈美凤	员工	513424198405088262	1984/5/8	群众	郑州大学	本科	199850556007	cmf@hotmai.com	
10	市场部	20003	任公允	员工	513423198612089474	1986/12/8	党员	中国科大	研究生	188850556008	rgy@qq.com	
11	市场部	20004	李文明	员工	513426199005160225	1990/5/16	群众	清华大学	博士	199850556009	lwm@qq.com	
12	市场部	20005	江小平	员工	513423198901161437	1989/1/16	群众	北京大学	本科	177850556010	jxp@qq.com	
13	市场部	20006	郑大勇	员工	513422199102162649	1991/10/21	群众	四川大学	研究生	188850556011	zdy@qq.com	
14	售后部	30001	刘近平	经理	513423198308163861	1983/8/16	党员	湖北大学	本科	199850556012	ljp@qq.com	
15	售后部	30002	刘德平	员工	513426198805165073	1988/5/16	群众	成都大学	专科	166850556013	ldp@163.com	
16	售后部	30003	张学无	员工	513422199904166285	1999/4/16	党员	西安交大	研究生	133850556014	zxw@126.com	
17	售后部	30004	范近通	员工	513425199809167497	1998/9/16	群众	四川大学	本科	177850556015	fjt@qq.com	

图 1-11-3　表格数据格式

（5）保存文件。以文件名“华伟科技员工基本信息表.xlsx”保存文件。

实训 12　Excel 2010 数据的基本计算

实训目的

- 理解 Excel 2010 中公式和函数的含义；
- 掌握 Excel 2010 中各种运算符在计算中的使用方法；
- 掌握公式和函数在实际运算中的应用。

实训内容

（1）利用公式或函数计算“华伟科技员工月度工资表（8 月空表）”中每个人的提成奖金、应付工资、五险扣除、公积金扣除、税前小计、应税所得、个税扣除、实发金额。如图 1-12-1 所示。

	A	B	C	D	E	F	G	H	I	J	K	L	M	N	O	P	Q
1	华伟科技员工月度工资表（8月）																
2	部门	姓名	职务	基本工资	销售金额	提成比例	提成奖金	加班奖金	应付工资（A）	五险扣除（B）	公积金扣除（C）	税前小计（D=A-B-C）	应税所得（E=D-5000）	税率（H）	个税扣除（I=E*H）	实发金额（J=D-I）	备注
3	技术部	程启德	经理	5000	15000	10%		1000						5%			
4	技术部	李朝三	员工	4500	18000	10%		800						5%			
5	技术部	戴彬	员工	4501	17000	10%		600						5%			
6	技术部	黄东兴	员工	4502	20000	10%								5%			
7	技术部	陈光大	员工	4503	19000	10%								5%			
8	市场部	黄小强	经理	5000	25000	10%		300						5%			
9	市场部	陈美凤	员工	4500	23000	10%								5%			
10	市场部	任公允	员工	4500	26000	10%		300						5%			
11	市场部	李文明	员工	4500	30000	10%								5%			
12	市场部	江小平	员工	4500	29000	10%								5%			
13	市场部	郑大勇	员工	4500	19000	10%								5%			
14	售后部	刘近平	经理	5000	19000	10%		600						5%			
15	售后部	刘德平	员工	4500	20000	10%		400						5%			
16	售后部	张学无	员工	4500	16000	10%								5%			
17	售后部	范近通	员工	4500	19000	10%		1000						5%			
18		合计															

图 1-12-1　华伟科技员工月度工资表（8 月）

1）求提成奖金。打开“EXCEL 实训文件”中的“华伟科技员工月度工资表(8 月空表).xlsx”。提成奖金=销售金额×提成比例。具体方法为：单击 G3 单元格，在单元格或编辑栏中输入“=E3*F3”，按回车键确定；再次单击 G3，拖动填充句柄至 G17。

2）求应付工资。应付工资=基本工资+提成奖金+加班奖金。具体方法为：单击 I3 单元格，在单元格或编辑栏中输入“=D3+G3+H3”或输入“=SUM(D3,G3,H3)”，按回车键确定；再次单击 I3，拖动填充句柄至 I17。

3）求五险扣除金额。五险按照基本工资的 11%扣除。具体方法为：单击 J3 单元格，输入“=D3*11%”，按回车键确定；再次单击 J3，拖动填充句柄至 J17。

4）求公积金扣除金额。公积金按照基本工资的 12%扣除。具体的方法与步骤 3）类似。

5）求税前小计金额。税前小计=应付工资−五险扣除−公积金扣除。具体方法为：单击 L3 单元格，输入“=I3-J3-K3”，按回车键确定；再次单击 L3，拖动填充句柄至 L17。

6）求应税所得金额。应税所得金额=税前小计−5000。具体方法为：单击 M3 单元格，输入“=L3-5000”，按回车键确定；再次单击 M3，拖动填充句柄至 M17。

7）求个税扣除金额。个税扣除金额此处都按 5%税率扣除。方法与步骤 3）类似。

8）求实发金额。实发金额=税前小计−个税扣除。具体方法为：单击 P3 单元格，输入“=L3-O3”，按回车键确定；再次单击 P3，拖动填充句柄至 P17。结果如图 1-12-2 所示。

（2）利用函数计算“华伟科技员工月度工资表（8 月空表）”中用颜色标记部分的合计值。

1）以基本工资求和举例讲解，具体方法为：单击 D18 单元格，输入“=SUM(D3:D17)”按回车键确定，或单击“开始”选项卡“编辑”组中的“Σ自动求和”按钮计算，其他各项方法类似。结果如图 1-12-3 所示。

2）文件另存为“华伟科技员工月度工资表（8 月）.xlsx”。

（3）利用选择性粘贴进行计算。例如：把“华伟科技员工月度工资表（8 月）.xlsx”中所有人员的基本工资提高 200 元。

1）打开文件“华伟科技员工月度工资表（8 月）.xlsx”，在数据列表以外任一空白单元格中输入 200 并复制。

2）选择 D3:D17 区域，右击，选择“选择性粘贴”，在对话框中选择“运算”中的“加”，然后单击“确定”按钮。如图 1-12-4 所示。

华伟科技员工月度工资表（8月）

部门	姓名	职务	基本工资	销售金额	提成比例	提成奖金	加班奖金	应付工资（A）	五险扣除（B）	公积金扣除（C）	税前小计（D=A-B-C）	应税所得（E=D-5000）	税率（H）	个税扣除（I=E*H）	实发金额（J=D-I）	备注
技术部	程启德	经理	5000	15000	10%	1500.00	1000	7500.00	550.00	600	6350.00	1350.00	5%	67.50	6282.50	
技术部	李朝三	员工	4500	18000	10%	1800.00	800	7100.00	495.00	540	6065.00	1065.00	5%	53.25	6011.75	
技术部	戴彬	员工	4501	17000	10%	1700.00	600	6801.00	495.11	540.12	5765.77	765.77	5%	38.29	5727.48	
技术部	黄东兴	员工	4502	20000	10%	2000.00		6502.00	495.22	540.24	5466.54	466.54	5%	23.33	5443.21	
技术部	陈光大	员工	4503	19000	10%	1900.00		6403.00	495.33	540.36	5367.31	367.31	5%	18.37	5348.94	
市场部	黄小强	经理	5000	25000	10%	2500.00	300	7800.00	550.00	600	6650.00	1650.00	5%	82.50	6567.50	
市场部	陈美凤	员工	4500	23000	10%	2300.00		6800.00	495.00	540	5765.00	765.00	5%	38.25	5726.75	
市场部	任公允	员工	4500	26000	10%	2600.00	300	7400.00	495.00	540	6365.00	1365.00	5%	68.25	6296.75	
市场部	李文明	员工	4500	30000	10%	3000.00		7500.00	495.00	540	6465.00	1465.00	5%	73.25	6391.75	
市场部	江小平	员工	4500	29000	10%	2900.00		7400.00	495.00	540	6365.00	1365.00	5%	68.25	6296.75	
市场部	郑大勇	员工	4500	19000	10%	1900.00		6400.00	495.00	540	5365.00	365.00	5%	18.25	5346.75	
售后部	刘近平	经理	5000	19000	10%	1900.00	600	7500.00	550.00	600	6350.00	1350.00	5%	67.50	6282.50	
售后部	刘德平	员工	4500	20000	10%	2000.00	400	6900.00	495.00	540	5865.00	865.00	5%	43.25	5821.75	
售后部	张学无	员工	4500	16000	10%	1600.00		6100.00	495.00	540	5065.00	65.00	5%	3.25	5061.75	
售后部	范近通	员工	4500	19000	10%	1900.00	1000	7400.00	495.00	540	6365.00	1365.00	5%	68.25	6296.75	
	合计															

图 1-12-2　各分项计算结果

华伟科技员工月度工资表（8月）

部门	姓名	职务	基本工资	销售金额	提成比例	提成奖金	加班奖金	应付工资（A）	五险扣除（B）	公积金扣除（C）	税前小计（D=A-B-C）	应税所得（E=D-5000）	税率（H）	个税扣除（I=E*H）	实发金额（J=D-I）	备注
技术部	程启德	经理	5000	15000	10%	1500	1000	7500	550.00	600	6350.00	1350.00	5%	67.50	6282.50	
技术部	李朝三	员工	4500	18000	10%	1800	800	7100	495.00	540	6065.00	1065.00	5%	53.25	6011.75	
技术部	戴彬	员工	4501	17000	10%	1700	600	6801	495.11	540.12	5765.77	765.77	5%	38.29	5727.48	
技术部	黄东兴	员工	4502	20000	10%	2000		6502	495.22	540.24	5466.54	466.54	5%	23.33	5443.21	
技术部	陈光大	员工	4503	19000	10%	1900		6403	495.33	540.36	5367.31	367.31	5%	18.37	5348.94	
市场部	黄小强	经理	5000	25000	10%	2500	300	7800	550.00	600	6650.00	1650.00	5%	82.50	6567.50	
市场部	陈美凤	员工	4500	23000	10%	2300		6800	495.00	540	5765.00	765.00	5%	38.25	5726.75	
市场部	任公允	员工	4500	26000	10%	2600	300	7400	495.00	540	6365.00	1365.00	5%	68.25	6296.75	
市场部	李文明	员工	4500	30000	10%	3000		7500	495.00	540	6465.00	1465.00	5%	73.25	6391.75	
市场部	江小平	员工	4500	29000	10%	2900		7400	495.00	540	6365.00	1365.00	5%	68.25	6296.75	
市场部	郑大勇	员工	4500	19000	10%	1900		6400	495.00	540	5365.00	365.00	5%	18.25	5346.75	
售后部	刘近平	经理	5000	19000	10%	1900	600	7500	550.00	600	6350.00	1350.00	5%	67.50	6282.50	
售后部	刘德平	员工	4500	20000	10%	2000	400	6900	495.00	540	5865.00	865.00	5%	43.25	5821.75	
售后部	张学无	员工	4500	16000	10%	1600		6100	495.00	540	5065.00	65.00	5%	3.25	5061.75	
售后部	范近通	员工	4500	19000	10%	1900	1000	7400	495.00	540	6365.00	1365.00	5%	68.25	6296.75	
	合计		69006	315000		31500	5000	105506	7590.66	8280.7	89634.62	14634.62		731.73	88902.89	

图 1-12-3　合计计算结果

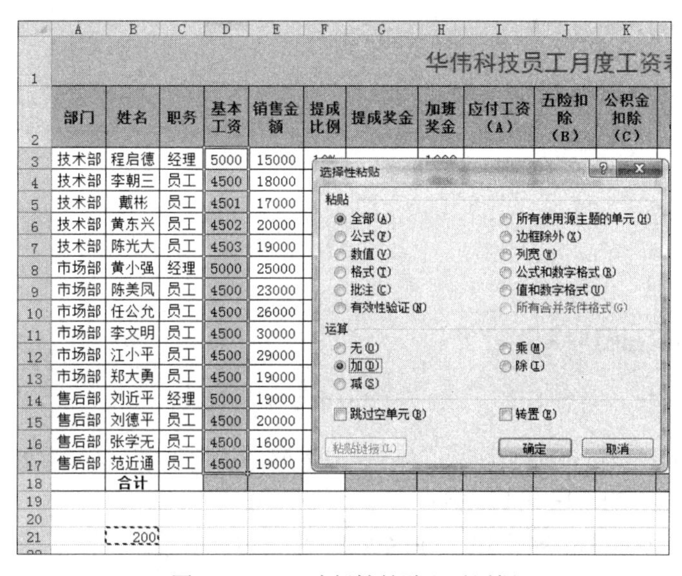

图 1-12-4　“选择性粘贴”对话框

实训 13　Excel 2010 图表的建立和编辑

实训目的

- 理解 Excel 2010 中图表的概念和作用；
- 了解 Excel 2010 中各种常见图表的类型；
- 掌握图表的建立方法和编辑方式。

实训内容

（1）通过“插入”选项卡插入图表，对已有数据按要求建立相应类型图表。如需要建立“三维簇状柱形图”查看“华伟科技员工月度工资表（8 月）”表中员工提成奖金和实发金额的情况。

1）打开实训素材中“华伟科技员工月度工资表（8 月）.xlsx”，单击“插入”选项卡“图表”组“柱形图”按钮，选择“三维簇状柱形图”。

2）选择空白图表，单击“设计”选项卡“选择数据”按钮（如图 1-13-1 所示），打开“选择数据源”对话框（如图 1-13-2）。

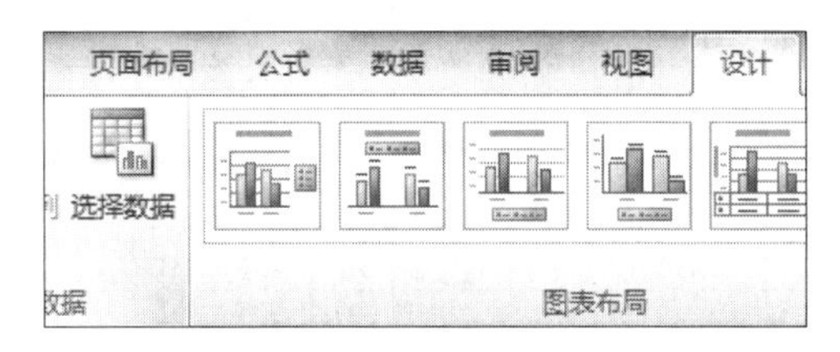

图 1-13-1　单击“选择数据”命令按钮

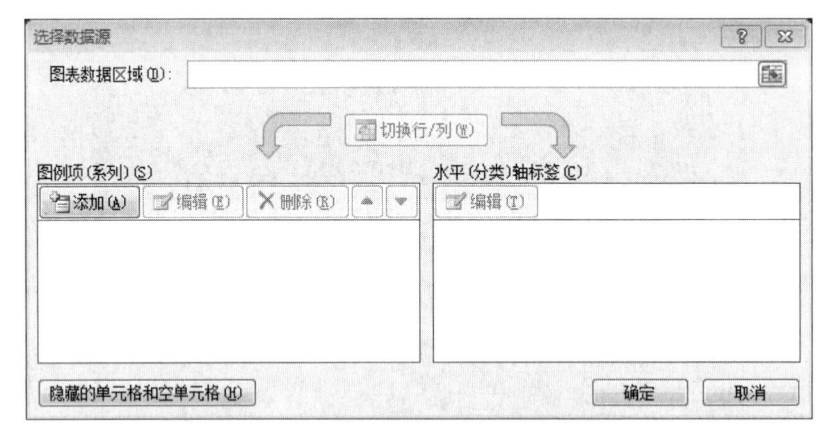

图 1-13-2　“选择数据源”对话框

3）按住 Ctrl 键，用鼠标拖动选择“姓名”“提成奖金”“实发金额”列，包括字段名，然后单击“确定”。结果如图 1-13-3 所示。

（2）在图表上方加上标题“员工提成奖金和实发金额对照图表”，文字设置为黑体、蓝色、15 磅。

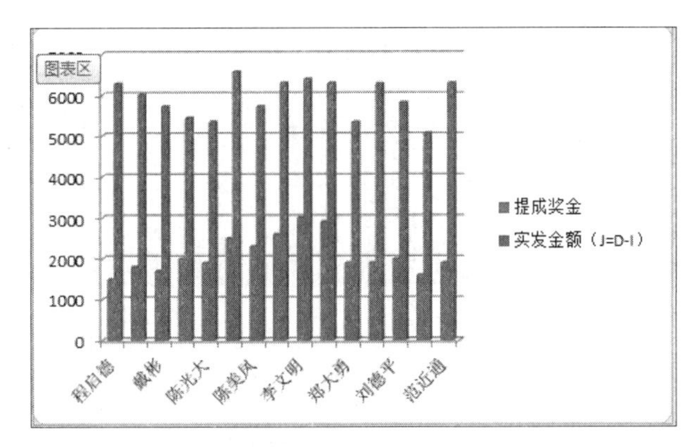

图 1-13-3　插入图表

1）选择图表，单击“布局”选项卡“标签”组中的“图表标题”命令按钮，再选择“图表上方”，如图 1-13-4 所示。

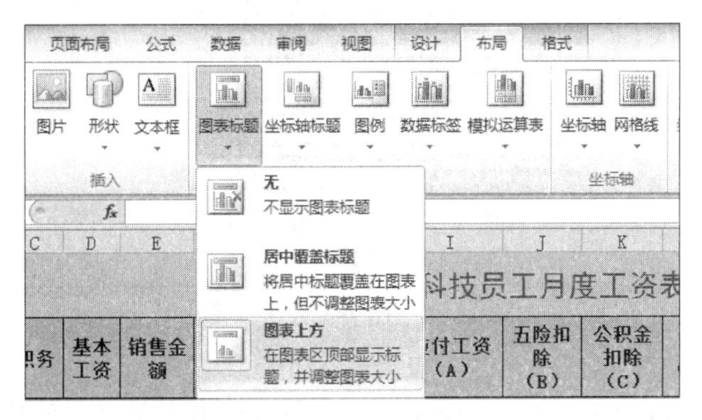

图 1-13-4　添加图表标题

2）在图表上方文本框中输入标题“员工提成奖金和实发金额对照图表”，并按照要求设置标题格式，结果如图 1-13-5 所示。

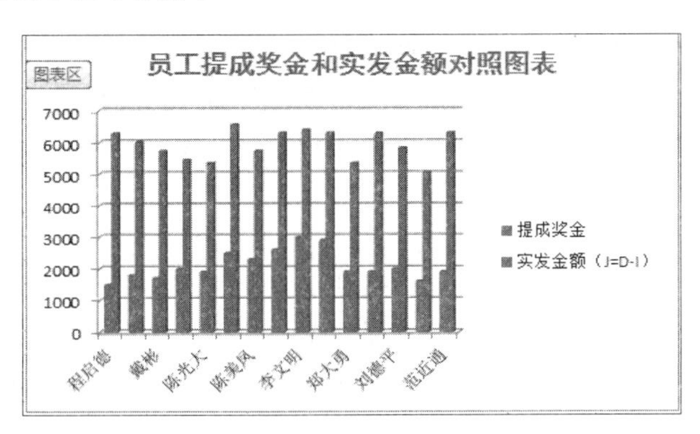

图 1-13-5　图表标题修改结果

（3）修改图表图例显示到图表下方。步骤如下：选择图表，单击“布局”选项卡“标签”组中的“图例”命令按钮，再选择“在底部显示图例”，结果如图 1-13-6 所示。

（4）修改图表类型为“堆积水平圆柱图”。步骤如下：右击图表，选择“更改图表类型”，在对话框“条形图”中单击“堆积水平圆柱图”，结果如图 1-13-7 所示。

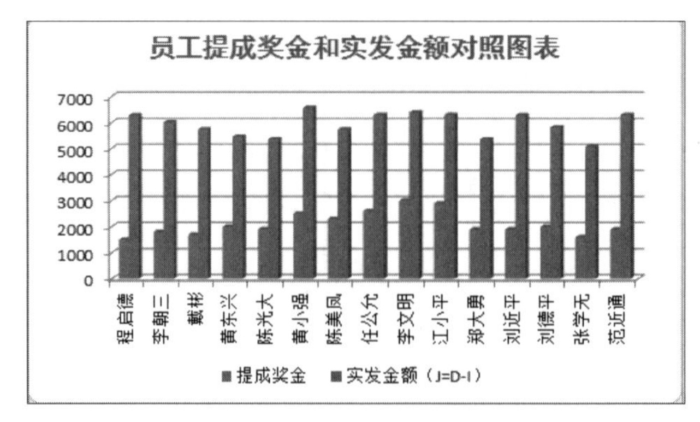

图 1-13-6　图表图例修改结果

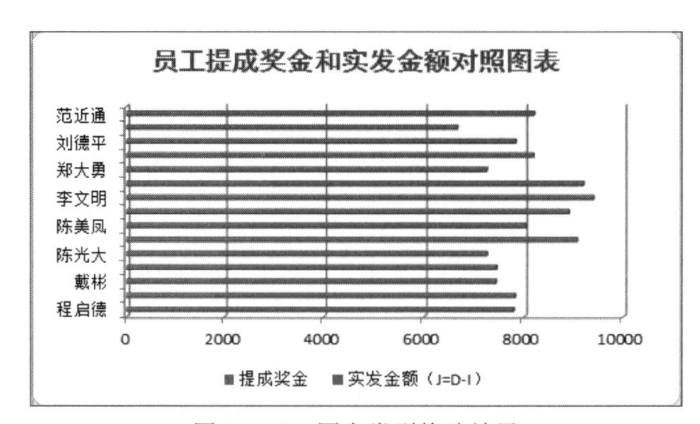

图 1-13-7　图表类型修改结果

实训 14　Excel 2010 工作表基本数据管理

实训目的

- 理解 Excel 2010 工作表中数据排序、筛选、分类汇总等功能的作用；
- 掌握 Excel 2010 工作表中数据排序、筛选、分类汇总及数据透视表的基本操作；
- 能够在实际中使用 Excel 2010 工作表对数据进行基本管理。

实训内容

（1）数据列表的排序。对“华伟科技员工月度工资表（8 月）”表中主要关键字按照实发工资降序排序，第一次要关键字按基本工资降序排列，第二次要关键字按职务排列。

1）打开实训素材“华伟科技员工月度工资表（8 月）.xlsx”文件，选择 A2:Q17 数据区域，如图 1-14-1 所示。

2）单击“数据”选项卡“排序和筛选”组“排序”按钮，在弹出的“排序”对话框中的“主要关键字”下拉列表中，选择“实发金额”“降序”；第一“次要关键字”选择“基本工资”“降序”排列，第二“次要关键字”选择“职务”“降序”排列。结果如图 1-14-2 和图 1-14-3 所示。

（2）数据列表的筛选。在“华伟科技员工月度工资表（8 月）”表中筛选出职务为“员工”，并且实发工资为 6000 元及以上的人员，并在原表后面显示。

2	部门	姓名	职务	基本工资	销售金额	提成比例	提成奖金	加班奖金	应付工资（A）	五险扣除（B）	公积金扣除（C）	税前小计（D=A-B-C）	应税所得（E=D-5000）	税率（H）	个税扣除（I=E*H）	实发金额（J=D-I）	备注
3	技术部	程启德	经理	5000	15000	10%	1500	1000	7500	550.00	600.00	6350.00	1350.00	5%	67.50	6282.50	
4	技术部	李朝三	员工	4500	18000	10%	1800	800	7100	495.00	540.00	6065.00	1065.00	5%	53.25	6011.75	
5	技术部	戴彬	员工	4501	17000	10%	1700	600	6801	495.11	540.12	5765.77	765.77	5%	38.29	5727.48	
6	技术部	黄东兴	员工	4502	20000	10%	2000		6502	495.22	540.24	5466.54	466.54	5%	23.33	5443.21	
7	技术部	陈光大	员工	4503	19000	10%	1900		6403	495.33	540.36	5367.31	367.31	5%	18.37	5348.94	
8	市场部	黄小强	经理	5000	25000	10%	2500	300	7800	550.00	600.00	6650.00	1650.00	5%	82.50	6567.50	
9	市场部	陈美凤	员工	4500	23000	10%	2300		6800	495.00	540.00	5765.00	765.00	5%	38.25	5726.75	
10	市场部	任公允	员工	4500	26000	10%	2600	300	7400	495.00	540.00	6365.00	1365.00	5%	68.25	6296.75	
11	市场部	李文明	员工	4500	30000	10%	3000		7500	495.00	540.00	6465.00	1465.00	5%	73.25	6391.75	
12	市场部	江小平	员工	4500	29000	10%	2900		7400	495.00	540.00	6365.00	1365.00	5%	68.25	6296.75	
13	市场部	郑大勇	员工	4500	19000	10%	1900		6400	495.00	540.00	5365.00	365.00	5%	18.25	5346.75	
14	售后部	刘近平	经理	5000	19000	10%	1900	600	7500	550.00	600.00	6350.00	1350.00	5%	67.50	6282.50	
15	售后部	刘德平	员工	4500	20000	10%	2000	400	6900	495.00	540.00	5865.00	865.00	5%	43.25	5821.75	
16	售后部	张学无	员工	4500	16000	10%	1600		6100	495.00	540.00	5065.00	65.00	5%	3.25	5061.75	
17	售后部	范近通	员工	4500	19000	10%	1900	1000	7400	495.00	540.00	6365.00	1365.00	5%	68.25	6296.75	
18		合计		69006	315000		31500	5000	105506	7590.66	8280.72	89634.62	14634.62		731.73	88902.89	

图 1-14-1　选择排序数据区域

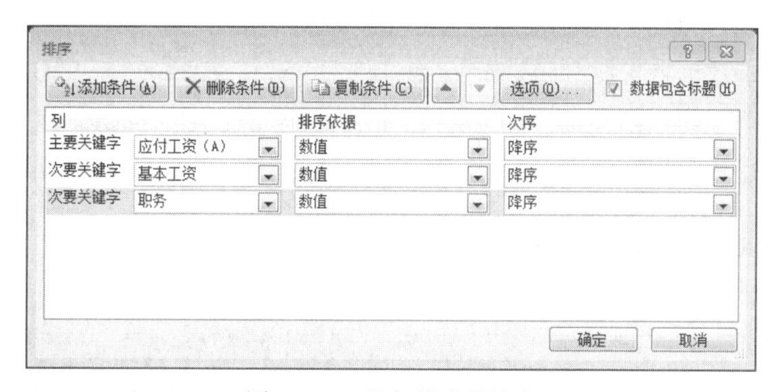

图 1-14-2　添加排序关键字

2	部门	姓名	职务	基本工资	销售金额	提成比例	提成奖金	加班奖金	应付工资（A）	五险扣除（B）	公积金扣除（C）	税前小计（D=A-B-C）	应税所得（E=D-5000）	税率（H）	个税扣除（I=E*H）	实发金额（J=D-I）	备注
3	市场部	黄小强	经理	5000	25000	10%	2500	300	7800	550.00	600.00	6650.00	1650.00	5%	82.50	6567.50	
4	技术部	程启德	经理	5000	15000	10%	1500	1000	7500	550.00	600.00	6350.00	1350.00	5%	67.50	6282.50	
5	售后部	刘近平	经理	5000	19000	10%	1900	600	7500	550.00	600.00	6350.00	1350.00	5%	67.50	6282.50	
6	市场部	李文明	员工	4500	30000	10%	3000		7500	495.00	540.00	6465.00	1465.00	5%	73.25	6391.75	
7	市场部	任公允	员工	4500	26000	10%	2600	300	7400	495.00	540.00	6365.00	1365.00	5%	68.25	6296.75	
8	市场部	江小平	员工	4500	29000	10%	2900		7400	495.00	540.00	6365.00	1365.00	5%	68.25	6296.75	
9	售后部	范近通	员工	4500	19000	10%	1900	1000	7400	495.00	540.00	6365.00	1365.00	5%	68.25	6296.75	
10	技术部	李朝三	员工	4500	18000	10%	1800	800	7100	495.00	540.00	6065.00	1065.00	5%	53.25	6011.75	
11	售后部	刘德平	员工	4500	20000	10%	2000	400	6900	495.00	540.00	5865.00	865.00	5%	43.25	5821.75	
12	技术部	戴彬	员工	4501	17000	10%	1700	600	6801	495.11	540.12	5765.77	765.77	5%	38.29	5727.48	
13	市场部	陈美凤	员工	4500	23000	10%	2300		6800	495.00	540.00	5765.00	765.00	5%	38.25	5726.75	
14	技术部	黄东兴	员工	4502	20000	10%	2000		6502	495.22	540.24	5466.54	466.54	5%	23.33	5443.21	
15	技术部	陈光大	员工	4503	19000	10%	1900		6403	495.33	540.36	5367.31	367.31	5%	18.37	5348.94	
16	市场部	郑大勇	员工	4500	19000	10%	1900		6400	495.00	540.00	5365.00	365.00	5%	18.25	5346.75	
17	售后部	张学无	员工	4500	16000	10%	1600		6100	495.00	540.00	5065.00	65.00	5%	3.25	5061.75	
18		合计		69006	315000		31500	5000	105506	7590.66	8280.72	89634.62	14634.62		731.73	88902.89	

图 1-14-3　排序结果

1）打开实训素材“华伟科技员工月度工资表（8 月）.xlsx”文件，在旁边空白单元格处输入筛选条件（注意条件的输入方式），如图 1-14-4 所示。再单击“数据”选项卡“排序和筛选”组中的“高级”按钮，如图 1-14-5 所示。

2）在如图 1-14-6 所示的对话框中选择“将筛选结果复制到其他位置”，并用鼠标拖动的方式分别选择“列表区域”“条件区域”“复制到”区域，然后单击“确定”按钮即可。结果如图 1-14-7 所示。

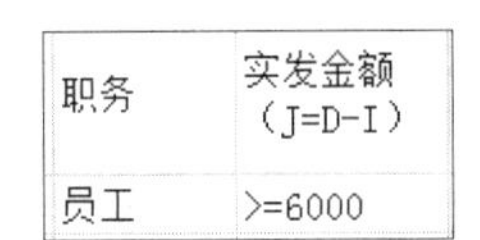

职务	实发金额（J=D-I）
员工	>=6000

图 1-14-4　添加筛选条件

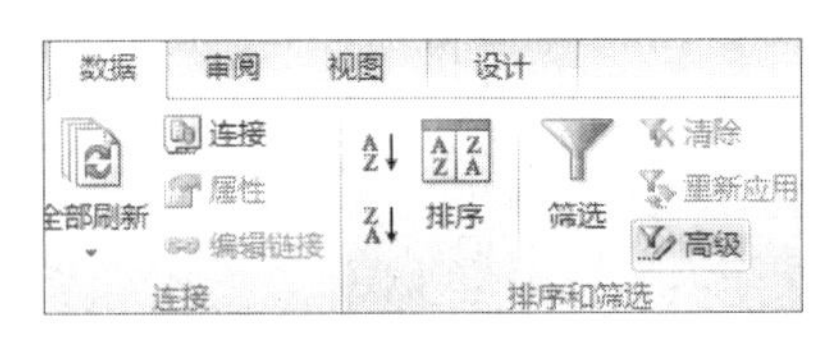

图 1-14-5　选择“高级”筛选

华伟科技员工月度工资表（8月）

部门	姓名	职务	基本工资	销售金额	提成比例	提成奖金	加班奖金	应付工资（A）	五险扣除（B）	公积金扣除（C）	税前小计（D=A-B-C）	应税所得（E=D-5000）	税率（H）	个税扣除（I=E*H）	实发金额（J=D-I）	备注
技术部	程启德	经理	5000	15000	10%	1500	1000	7500	550.00	600.00	6350.00	1350.00	5%	67.50	6282.50	
技术部	李朝三	员工	4500	18000	10%	1800	800	7100	495.00	540.00	6065.00	1065.00	5%	53.25	6011.75	
技术部	戴彬	员工	4501	17000	10%	1700	600	6801	495.11	540.12	5765.77	765.77	5%	38.29	5727.48	
技术部	黄东兴	员工	4502	20000	10%	2000		6502	495.22	540.24	5466.54	466.54	5%	23.33	5443.21	
技术部	陈光大	员工	4503	19000	10%	1900		6403	495.33	540.36	5367.31	367.31				
市场部	黄小强	经理	5000	25000	10%	2500	300	7800	550.00	600.00	6650.00	1650.00				
市场部	陈美凤	员工	4500	23000	10%	2300		6800	495.00	540.00	5765.00	765.00				
市场部	任公允	员工	4500	26000	10%	2600	300	7400	495.00	540.00	6365.00	1365.00				
市场部	李文明	员工	4500	30000	10%	3000		7500	495.00	540.00	6465.00	1465.00				
市场部	江小平	员工	4500	29000	10%	2900		7400	495.00	540.00	6365.00	1365.00				
市场部	郑大勇	员工	4500	19000	10%	1900		6400	495.00	540.00	5365.00	365.00				
售后部	刘近平	经理	5000	19000	10%	1900	600	7500	550.00	600.00	6350.00	1350.00				
售后部	刘德平	员工	4500	20000	10%	2000	400	6900	495.00	540.00	5865.00	865.00				
售后部	张学无	员工	4500	16000	10%	1600		6100	495.00	540.00	5065.00	65.00				
售后部	范近通	员工	4500	19000	10%	1900	1000	7400	495.00	540.00	6365.00	1365.00				
	合计		69006	315000		31500	5000	105506	7590.66	8280.72	89634.62	14634.62		731.73	88902.89	

高级筛选
方式
在原有区域显示筛选结果（F）
将筛选结果复制到其他位置（O）
列表区域（L）：$A$2:$Q$18
条件区域（C）：Sheet1!$S$2:$T$3
复制到（T）：.1!$A$20:$Q$30
选择不重复的记录（R）
确定　取消

图 1-14-6　高级筛选选项

华伟科技员工月度工资表（8月）

	部门	姓名	职务	基本工资	销售金额	提成比例	提成奖金	加班奖金	应付工资（A）	五险扣除（B）	公积金扣除（C）	税前小计（D=A-B-C）	应税所得（E=D-5000）	税率（H）	个税扣除（I=E*H）	实发金额（J=D-I）	备注
3	技术部	程启德	经理	5000	15000	10%	1500	1000	7500	550.00	600.00	6350.00	1350.00	5%	67.50	6282.50	
4	技术部	李朝三	员工	4500	18000	10%	1800	800	7100	495.00	540.00	6065.00	1065.00	5%	53.25	6011.75	
5	技术部	戴彬	员工	4501	17000	10%	1700	600	6801	495.11	540.12	5765.77	765.77	5%	38.29	5727.48	
6	技术部	黄东兴	员工	4502	20000	10%	2000		6502	495.22	540.24	5466.54	466.54	5%	23.33	5443.21	
7	技术部	陈光大	员工	4503	19000	10%	1900		6403	495.33	540.36	5367.31	367.31	5%	18.37	5348.94	
8	市场部	黄小强	经理	5000	25000	10%	2500	300	7800	550.00	600.00	6650.00	1650.00	5%	82.50	6567.50	
9	市场部	陈美凤	员工	4500	23000	10%	2300		6800	495.00	540.00	5765.00	765.00	5%	38.25	5726.75	
10	市场部	任公允	员工	4500	26000	10%	2600	300	7400	495.00	540.00	6365.00	1365.00	5%	68.25	6296.75	
11	市场部	李文明	员工	4500	30000	10%	3000		7500	495.00	540.00	6465.00	1465.00	5%	73.25	6391.75	
12	市场部	江小平	员工	4500	29000	10%	2900		7400	495.00	540.00	6365.00	1365.00	5%	68.25	6296.75	
13	市场部	郑大勇	员工	4500	19000	10%	1900		6400	495.00	540.00	5365.00	365.00	5%	18.25	5346.75	
14	售后部	刘近平	经理	5000	19000	10%	1900	600	7500	550.00	600.00	6350.00	1350.00	5%	67.50	6282.50	
15	售后部	刘德平	员工	4500	20000	10%	2000	400	6900	495.00	540.00	5865.00	865.00	5%	43.25	5821.75	
16	售后部	张学无	员工	4500	16000	10%	1600		6100	495.00	540.00	5065.00	65.00	5%	3.25	5061.75	
17	售后部	范近通	员工	4500	19000	10%	1900	1000	7400	495.00	540.00	6365.00	1365.00	5%	68.25	6296.75	
18		合计		69006	315000		31500	5000	105506	7590.66	8280.72	89634.62	14634.62		731.73	88902.89	
19																	
20	部门	姓名	职务	基本工资	销售金额	提成比例	提成奖金	加班奖金	应付工资（A）	五险扣除（B）	公积金扣除（C）	税前小计（D=A-B-C）	应税所得（E=D-5000）	税率（H）	个税扣除（I=E*H）	实发金额（J=D-I）	备注
21	技术部	李朝三	员工	4500	18000	10%	1800	800	7100	495.00	540.00	6065.00	1065.00	5%	53.25	6011.75	
22	市场部	任公允	员工	4500	26000	10%	2600	300	7400	495.00	540.00	6365.00	1365.00	5%	68.25	6296.75	
23	市场部	李文明	员工	4500	30000	10%	3000		7500	495.00	540.00	6465.00	1465.00	5%	73.25	6391.75	
24	市场部	江小平	员工	4500	29000	10%	2900		7400	495.00	540.00	6365.00	1365.00	5%	68.25	6296.75	
25	售后部	范近通	员工	4500	19000	10%	1900	1000	7400	495.00	540.00	6365.00	1365.00	5%	68.25	6296.75	

图 1-14-7　筛选结果

（3）数据列表的筛选。在“华伟科技员工月度工资表（8 月）”中筛选出职务为“经理”或者实发工资为 6000 元及以上的人员，并在原表后面显示。

1）打开实训素材“华伟科技员工月度工资表（8 月）.xlsx”文件，在旁边空白单元格处输入筛选条件（注意条件的输入方式），如图 1-14-8 所示。再单击“数据”选项卡“排序和筛选”组中的“高级”按钮，如图 1-14-9 所示。

职务	实发金额（J=D-I）
经理	
	>=6000

图 1-14-8　添加筛选条件

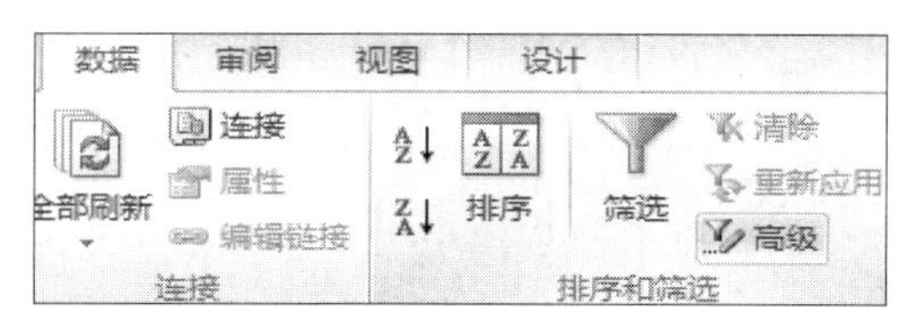

图 1-14-9　选择“高级”筛选

2）单击“高级”按钮，选择“将筛选结果复制到其他位置”，并用鼠标拖动的方式分别选择“列表区域”“条件区域”“复制到”区域，然后单击“确定”即可。结果如图 1-14-10 所示。

	A	B	C	D	E	F	G	H	I	J	K	L	M	N	O	P	Q
1	华伟科技员工月度工资表（8月）																
2	部门	姓名	职务	基本工资	销售金额	提成比例	提成奖金	加班奖金	应付工资（A）	五险扣除（B）	公积金扣除（C）	税前小计（D=A-B-C）	应税所得（E=D-5000）	税率（H）	个税扣除（I=E*H）	实发金额（J=D-I）	备注
3	技术部	程启德	经理	5000	15000	10%	1500	1000	7500	550.00	600.00	6350.00	1350.00	5%	67.50	6282.50	
4	技术部	李朝三	员工	4500	18000	10%	1800	800	7100	495.00	540.00	6065.00	1065.00	5%	53.25	6011.75	
5	技术部	戴彬	员工	4501	17000	10%	1700	600	6801	495.11	540.12	5765.77	765.77	5%	38.29	5727.48	
6	技术部	黄东兴	员工	4502	20000	10%	2000		6502	495.22	540.24	5466.54	466.54	5%	23.33	5443.21	
7	技术部	陈光大	员工	4503	19000	10%	1900		6403	495.33	540.36	5367.31	367.31	5%	18.37	5348.94	
8	市场部	黄小强	经理	5000	25000	10%	2500	300	7800	550.00	600.00	6650.00	1650.00	5%	82.50	6567.50	
9	市场部	陈美凤	员工	4500	23000	10%	2300		6800	495.00	540.00	5765.00	765.00	5%	38.25	5726.75	
10	市场部	任公允	员工	4500	26000	10%	2600	300	7400	495.00	540.00	6365.00	1365.00	5%	68.25	6296.75	
11	市场部	李文明	员工	4500	30000	10%	3000		7500	495.00	540.00	6465.00	1465.00	5%	73.25	6391.75	
12	市场部	江小平	员工	4500	29000	10%	2900		7400	495.00	540.00	6365.00	1365.00	5%	68.25	6296.75	
13	市场部	郑大勇	员工	4500	19000	10%	1900		6400	495.00	540.00	5365.00	365.00	5%	18.25	5346.75	
14	售后部	刘近平	经理	5000	19000	10%	1900	600	7500	550.00	600.00	6350.00	1350.00	5%	67.50	6282.50	
15	售后部	刘德平	员工	4500	20000	10%	2000	400	6900	495.00	540.00	5865.00	865.00	5%	43.25	5821.75	
16	售后部	张学无	员工	4500	16000	10%	1600		6100	495.00	540.00	5065.00	65.00	5%	3.25	5061.75	
17	售后部	范近通	员工	4500	19000	10%	1900	1000	7400	495.00	540.00	6365.00	1365.00	5%	68.25	6296.75	
18		合计		69006	315000		31500	5000	105506	7590.66	8280.72	89634.62	14634.62		731.73	88902.89	
19																	
20	部门	姓名	职务	基本工资	销售金额	提成比例	提成奖金	加班奖金	应付工资（A）	五险扣除（B）	公积金扣除（C）	税前小计（D=A-B-C）	应税所得（E=D-5000）	税率（H）	个税扣除（I=E*H）	实发金额（J=D-I）	备注
21	技术部	程启德	经理	5000	15000	10%	1500	1000	7500	550.00	600.00	6350.00	1350.00	5%	67.50	6282.50	
22	技术部	李朝三	员工	4500	18000	10%	1800	800	7100	495.00	540.00	6065.00	1065.00	5%	53.25	6011.75	
23	市场部	黄小强	经理	5000	25000	10%	2500	300	7800	550.00	600.00	6650.00	1650.00	5%	82.50	6567.50	
24	市场部	任公允	员工	4500	26000	10%	2600	300	7400	495.00	540.00	6365.00	1365.00	5%	68.25	6296.75	
25	市场部	李文明	员工	4500	30000	10%	3000		7500	495.00	540.00	6465.00	1465.00	5%	73.25	6391.75	
26	市场部	江小平	员工	4500	29000	10%	2900		7400	495.00	540.00	6365.00	1365.00	5%	68.25	6296.75	
27	售后部	刘近平	经理	5000	19000	10%	1900	600	7500	550.00	600.00	6350.00	1350.00	5%	67.50	6282.50	
28	售后部	范近通	员工	4500	19000	10%	1900	1000	7400	495.00	540.00	6365.00	1365.00	5%	68.25	6296.75	

图 1-14-10　筛选结果

（4）数据列表的分类汇总。在“华伟科技员工月度工资表（8 月）”中查看各部门平均工资情况。

1）打开实训素材“华伟科技员工月度工资表（8 月）.xlsx”文件，选择 A2:Q17 数据区域，单击“数据”选项卡，选择“排序”，主在关键字选择“部门”按升序或降序排列。

2）选择 A2:Q17 数据区域，单击“数据”选项卡，选择“分类汇总”，分类字段为“部门”，汇总方式为“平均值”，汇总项选择“实发金额”。如图 1-14-11 所示。

3）单击“确定”按钮，结果如图 1-14-12 所示。单击左上方的 1、2、3 选项可以按 3 种方式查看结果。若需按其他数据或多项数据汇总，操作方式类似。

（5）数据透视表的建立。通过数据透视表对比各部门员工和经理的平均工资。

1）打开实训素材“华伟科技员工月度工资表（8 月）.xlsx”文件，单击表格下面空白区域任意位置，选择“插入”选项卡中“数据透视表”，选择 A2:Q17 数据区域，打开对话框。如图 1-14-13 所示。

2）按图 1-14-14 拖动对话框中相应字段名到相应区域（“数值”框中是“平均值：实发金额[J=D-I]”）。得到如图 1-14-15 所示结果。

华伟科技员工月度工资表（8月）

部门	姓名	职务	基本工资	销售金额	提成比例	提成奖金	加班奖金	应付工资（A）	五险扣除（B）	公积金扣除（C）	税前小计（D=A-B-C）	应税所得（E=D-5000）	税率（H）	个税扣除（I=E*H）	实发金额（J=D-I）	备注
售后部	刘近平	经理	5000	19000	10%	1900	600	7500	550.00	600.00	6350.00	1350.00				
售后部	刘德平	员工	4500	20000	10%	2000	400	6900	495.00	540.00	5865.00	865.00				
售后部	张学无	员工	4500	16000	10%	1600		6100	495.00	540.00	5065.00	65.00				
售后部	范近通	员工	4500	19000	10%	1900	1000	7400	495.00	540.00	6365.00	1365.00				
市场部	黄小强	经理	5000	25000	10%	2500	300	7800	550.00	600.00	6650.00	1650.00				
市场部	陈美凤	员工	4500	23000	10%	2300		6800	495.00	540.00	5765.00	765.00				
市场部	任公允	员工	4500	26000	10%	2600	300	7400	495.00	540.00	6365.00	1365.00				
市场部	李文明	员工	4500	30000	10%	3000		7500	495.00	540.00	6465.00	1465.00				
市场部	江小平	员工	4500	29000	10%	2900		7400	495.00	540.00	6365.00	1365.00				
市场部	郑大勇	员工	4500	19000	10%	1900		6400	495.00	540.00	5365.00	365.00				
技术部	程启德	经理	5000	15000	10%	1500	1000	7500	550.00	600.00	6350.00	1350.00				
技术部	李朝三	员工	4500	18000	10%	1800	800	7100	495.00	540.00	6065.00	1065.00				
技术部	戴彬	员工	4501	17000	10%	1700	600	6801	495.11	540.12	5765.77	765.77				
技术部	黄东兴	员工	4502	20000	10%	2000		6502	495.22	540.24	5466.54	466.54				
技术部	陈光大	员工	4503	19000	10%	1900		6403	495.33	540.36	5367.31	367.31				
	合计		69006	315000		31500	5000	105506	7590.66	8280.72	89634.62	14634.62		731.73	88902.89	

分类汇总

分类字段(A)：部门

汇总方式(U)：平均值

选定汇总项(D)：

- 税前小计（D=A-B-C）
- 应税所得（E=D-5000）
- 税率（H）
- 个税扣除（I=E*H）
- ☑ 实发金额（J=D-I）
- 备注

☑ 替换当前分类汇总(C)

每组数据分页(P)

☑ 汇总结果显示在数据下方(S)

全部删除(R)　确定　取消

图 1-14-11 “分类汇总”选项

华伟科技员工月度工资表（8月）

部门	姓名	职务	基本工资	销售金额	提成比例	提成奖金	加班奖金	应付工资（A）	五险扣除（B）	公积金扣除（C）	税前小计（D=A-B-C）	应税所得（E=D-5000）	税率（H）	个税扣除（I=E*H）	实发金额（J=D-I）	备注
售后部	刘近平	经理	5000	19000	10%	1900	600	7500	550.00	600.00	6350.00	1350.00	5%	67.50	6282.50	
售后部	刘德平	员工	4500	20000	10%	2000	400	6900	495.00	540.00	5865.00	865.00	5%	43.25	5821.75	
售后部	张学无	员工	4500	16000	10%	1600		6100	495.00	540.00	5065.00	65.00	5%	3.25	5061.75	
售后部	范近通	员工	4500	19000	10%	1900	1000	7400	495.00	540.00	6365.00	1365.00	5%	68.25	6296.75	
后部 平均值															5865.69	
市场部	黄小强	经理	5000	25000	10%	2500	300	7800	550.00	600.00	6650.00	1650.00	5%	82.50	6567.50	
市场部	陈美凤	员工	4500	23000	10%	2300		6800	495.00	540.00	5765.00	765.00	5%	38.25	5726.75	
市场部	任公允	员工	4500	26000	10%	2600	300	7400	495.00	540.00	6365.00	1365.00	5%	68.25	6296.75	
市场部	李文明	员工	4500	30000	10%	3000		7500	495.00	540.00	6465.00	1465.00	5%	73.25	6391.75	
市场部	江小平	员工	4500	29000	10%	2900		7400	495.00	540.00	6365.00	1365.00	5%	68.25	6296.75	
市场部	郑大勇	员工	4500	19000	10%	1900		6400	495.00	540.00	5365.00	365.00	5%	18.25	5346.75	
场部 平均值															6104.38	
技术部	程启德	经理	5000	15000	10%	1500	1000	7500	550.00	600.00	6350.00	1350.00	5%	67.50	6282.50	
技术部	李朝三	员工	4500	18000	10%	1800	800	7100	495.00	540.00	6065.00	1065.00	5%	53.25	6011.75	
技术部	戴彬	员工	4501	17000	10%	1700	600	6801	495.11	540.12	5765.77	765.77	5%	38.29	5727.48	
技术部	黄东兴	员工	4502	20000	10%	2000		6502	495.22	540.24	5466.54	466.54	5%	23.33	5443.21	
技术部	陈光大	员工	4503	19000	10%	1900		6403	495.33	540.36	5367.31	367.31	5%	18.37	5348.94	
术部 平均值															5762.78	
计平均值															5926.86	
	合计		69006	315000		31500	5000	105506	7590.66	8280.72	89634.62	14634.62		731.73	100872.95	

图 1-14-12 “分类汇总”结果

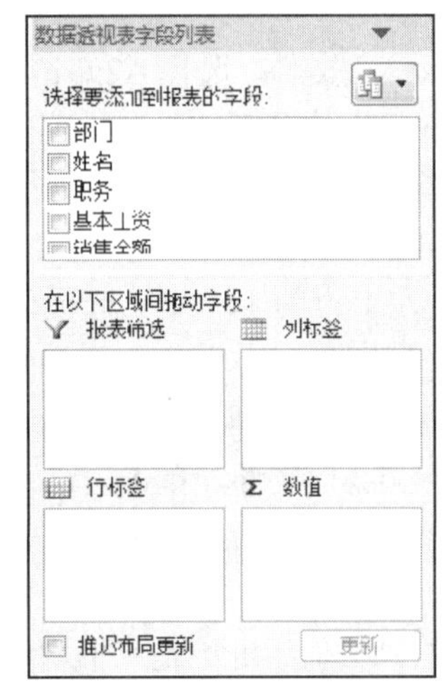

图 1-14-13 数据透视表字段列表

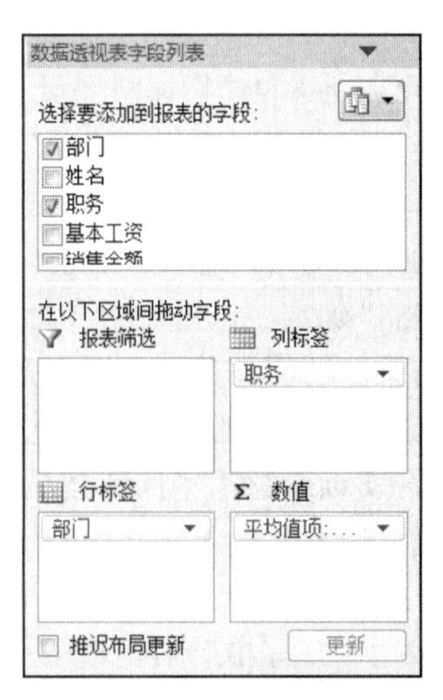

图 1-14-14 拖动字段名

平均值项:实发金额（J=D-I）	列标签		
行标签	经理	员工	总计
技术部	6282.5	5632.84725	5762.7778
市场部	6567.5	6011.75	6104.375
售后部	6282.5	5726.75	5865.6875
总计	6377.5	5814.199083	5926.859267

图 1-14-15　数据透视表结果

实训 15　Excel 2010 页面设置及打印输出

实训目的

- 掌握工作表页边距、纸张方向和纸张大小的设置；
- 掌握工作表页面标题打印和打印区域的选择设置。

实训内容

（1）页边距设置、纸张方向设置和纸张大小设置。

1）打开实训素材“华伟科技员工销售统计表.xlsx”，如图 1-15-1 所示。

	A	B	C	D	E	F	G	H	I
1	华伟科技员工销售统计表（8月）								
2	部门	姓名	职务	销售日期	产品型号	销售数量	销售单价	销售金额	备注
3	技术部	程启德	经理	2018/8/1	A001	10	1500	15000	
4	技术部	李朝三	员工	2018/8/1	A002	10	1800	18000	
5	技术部	彭天云	员工	2018/8/3	A003	10	1800	18000	
6	技术部	李顺珍	员工	2018/8/4	A004	10	1900	19000	
7	技术部	范春梅	员工	2018/8/5	A005	10	2300	23000	
8	技术部	戴彬	员工	2018/8/6	A006	10	1700	17000	
9	技术部	王天勇	员工	2018/8/7	A007	10	1800	18000	
10	技术部	黄东兴	员工	2018/8/8	A008	10	2000	20000	
11	技术部	陈光大	员工	2018/8/9	A009	10	1900	19000	
12	市场部	黄小强	经理	2018/8/10	A010	10	2500	25000	
13	市场部	陈美凤	员工	2018/8/11	A001	16	1500	24000	
14	市场部	任公允	员工	2018/8/12	A002	14	1800	25200	
15	市场部	李文明	员工	2018/8/13	A003	13	1800	23400	

图 1-15-1　销售统计表

2）纸张方向设置。单击“页面布局”选项卡，再单击“纸张方向”命令按钮，选择“纵向”或“横向”。如图 1-15-2 所示。

3）页边距设置。单击“页面布局”选项卡，单击“页边距”命令按钮，在图 1-15-3 中可以根据需要选择“上次的自定义设置”“普通”“宽”“窄”几种设置，或单击最下面的“自定义边距”自行根据需要设置上、下、左、右边距。如上下边距为 1.9，左右边距为 1.8。如图 1-15-4 所示。另外在该对话框“居中方式”处，还可设置打印内容在页面的水平和垂直方向居中打印显示。

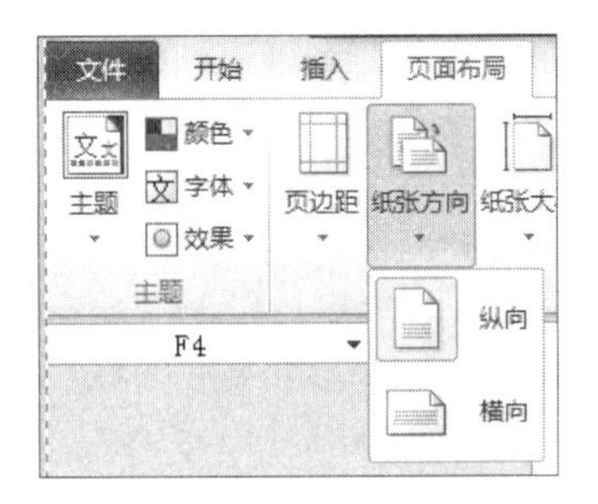

图 1-15-2 纸张方向设置

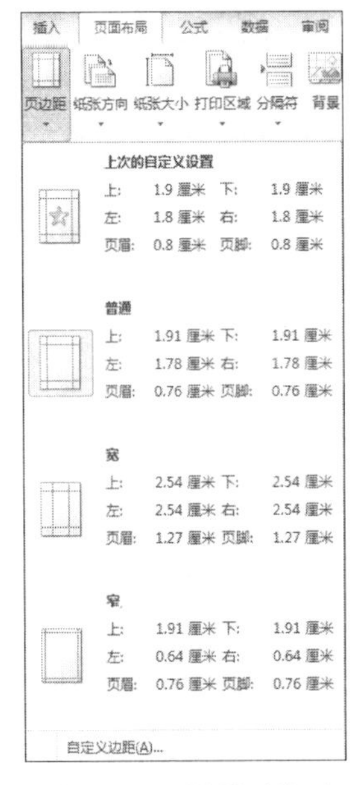

图 1-15-3 设置页边距

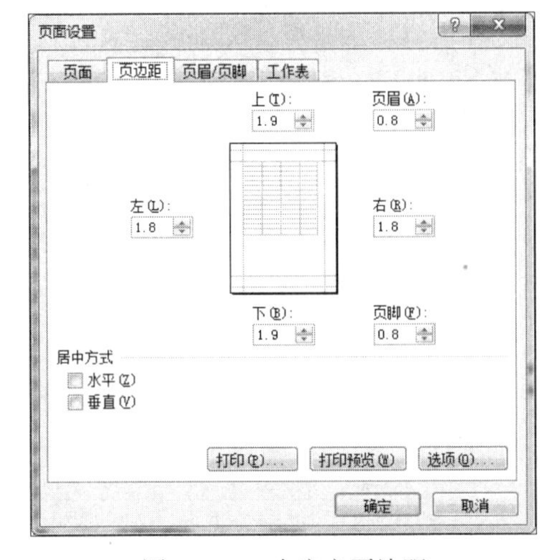

图 1-15-4 自定义页边距

4）纸张大小设置。单击“页面布局”选项卡，再单击“纸张大小”命令按钮，选择需要的纸张大小。

（2）打印标题、打印区域的设置。

1）打开实训素材“华伟科技员工销售统计表.xlsx”，单击“文件”命令按钮，选择“打印”命令，预览第 2 页打印效果，如图 1-15-5 所示。

市场部	陈镕	员工	2018/8/31	A001	8	1500	12000	
市场部	邓永清	员工	2018/8/11	A002	9	1800	16200	
市场部	代光福	员工	2018/8/12	A003	10	1800	18000	
市场部	刘朝静	员工	2018/8/13	A004	11	1900	20900	
市场部	徐兴平	员工	2018/8/14	A005	12	2300	27600	
市场部	江小平	员工	2018/8/15	A006	13	1700	22100	
市场部	郑大勇	员工	2018/8/16	A007	14	1800	25200	
市场部	陈金丽	员工	2018/8/17	A008	15	2000	30000	
市场部	王于森	员工	2018/8/18	A009	16	1900	30400	

图 1-15-5 预览

2）预览图中，第一页有标题，第二页无标题。为了便于查看，可以给每一页在打印时都加上标题。单击“页面布局”选项卡，再依次单击“打印标题”“顶端标题行”旁边的文本框或最左边的选择按钮，再拖动选择标题区域，如图 1-15-6 所示。单击“打印预览”按钮，可以预览到第一页和第二页都有标题，便于查看。

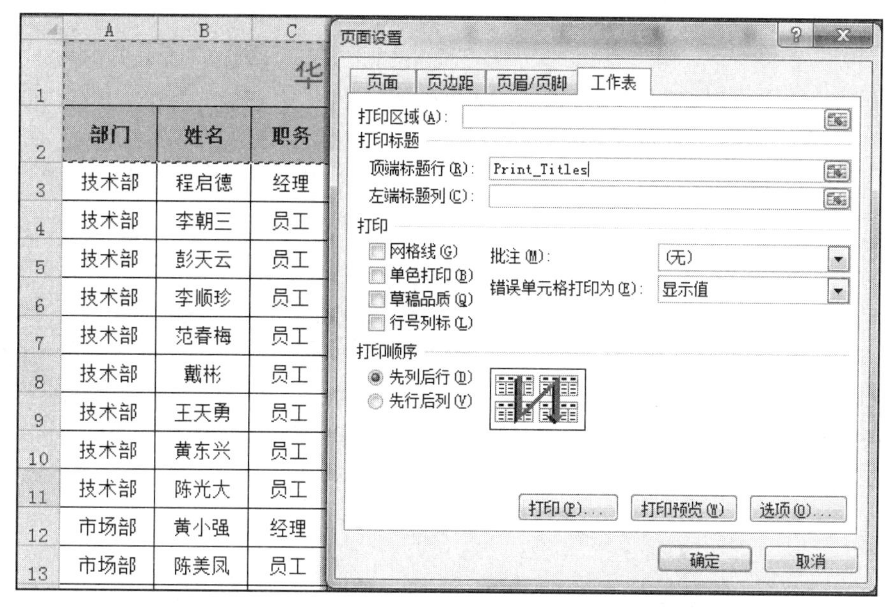

图 1-15-6　选择标题行

实训 16　PowerPoint 2010 基础操作

实训目的

- 掌握演示文稿的新建、保存、打开和浏览方法；
- 掌握演示文稿模板的创建；
- 掌握更改幻灯片的主题、版式、配色方案的方法；
- 掌握演示文稿中视图方式的切换。

实训内容

1. 创建、保存、打开和浏览演示文稿

双击桌面上的 Microsoft PowerPoint 快捷图标或单击“开始”→“程序”→“Microsoft Office”→“Microsoft PowerPoint”命令，启动 PowerPoint 2010。

（1）以“模板”方式创建。

1）单击“文件”→“新建”命令，弹出“新建”任务窗格，选择“样本模板”选项，再选择“培训”，如图 1-16-1 所示。单击“创建”按钮即可使用模板创建好演示文稿。

2）将幻灯片的标题改为“入职培训”，副标题改为“王明”，日期改为“2019 年 2 月 6 日”，如图 1-16-2 所示。

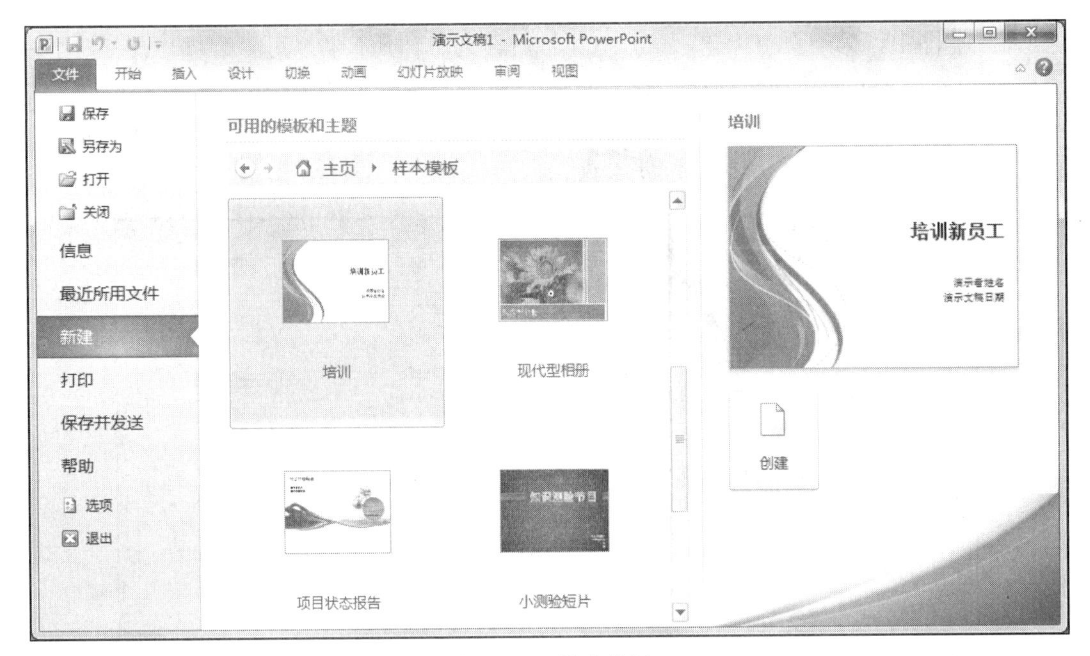

图 1-16-1　样本模板

图 1-16-2　创建培训模板

3）以“入职培训.pptx”为文件名保存在“我的文档”中，退出 PowerPoint 2010。

在资源管理器中打开“我的文档”，双击“入职培训.pptx”，打开演示文稿；拖动“幻灯片窗格”或幻灯片编辑区右侧垂直滚动条或单击滚动条上的按钮，可浏览幻灯片。使用“office.com 模板”和“我的模板”创建演示文稿方法与使用“样本模板”一致，可自行操作完成。

（2）以“主题”方式创建。

1）单击“文件”→“新建”命令，弹出“新建”任务窗格，选择“主题”选项，再选择“视点”，如图 1-16-3 所示，单击“创建”按钮即可使用主题创建演示文稿。

2）单击“开始”选项卡“幻灯片”组中的“版式”按钮，在展开的下拉列表中选择“标题幻灯片”，即默认的版式，如图 1-16-4 所示，输入标题“毕业论文报告”，副标题“传统零售业的发展现状及趋势 王明”。

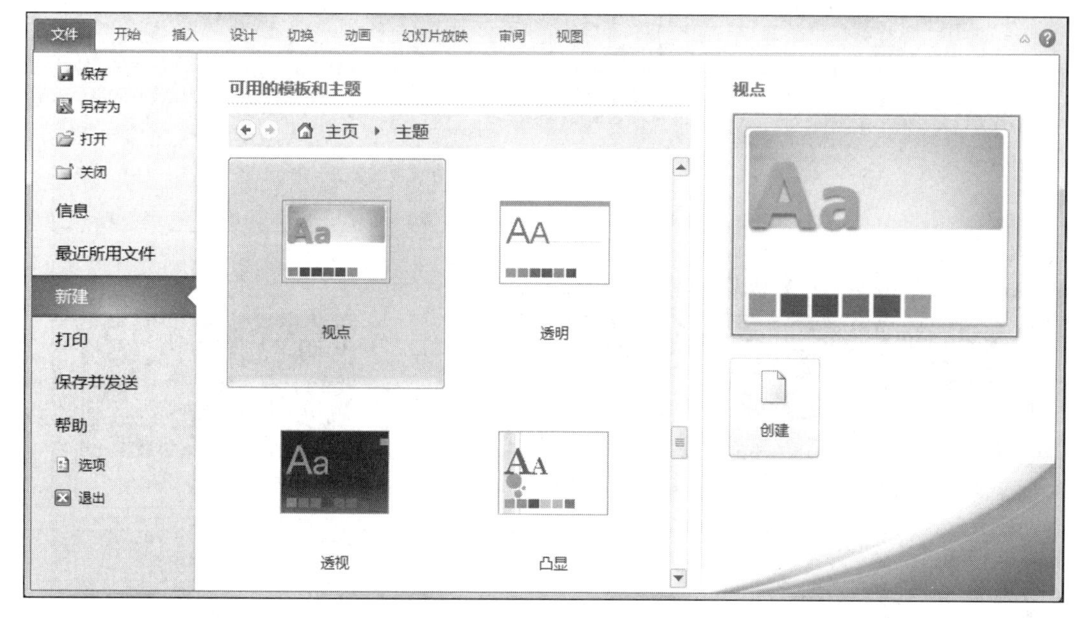

图 1-16-3　创建视点主题

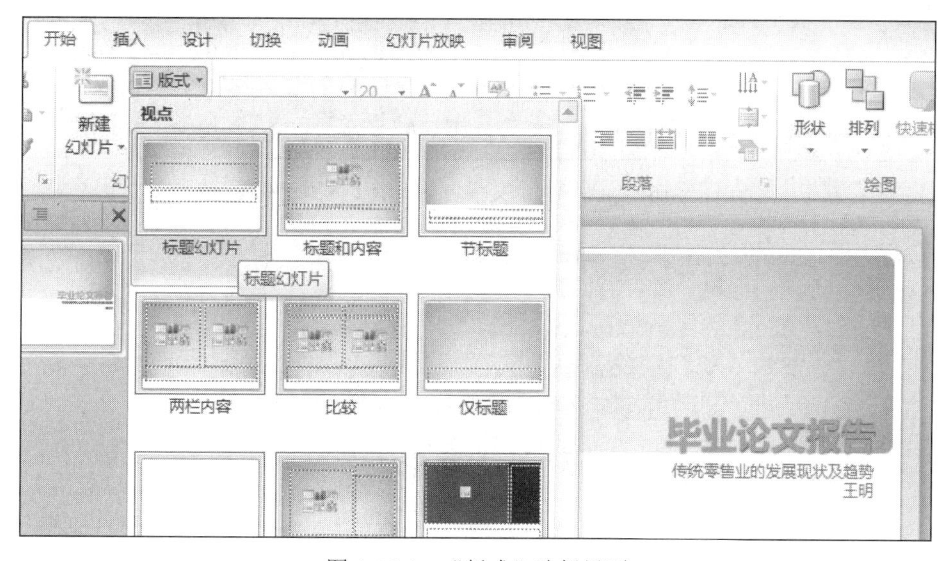

图 1-16-4　“版式”选择界面

3）单击“开始”选项卡“幻灯片”组中的“新建幻灯片”按钮，在展开的下拉列表中选择“标题和内容”，新建第二张幻灯片，标题处输入“目录”，内容处输入目录内容。

4）使用同样的方法再新建 6 张幻灯片，版式依次为“仅标题”“两栏内容”“标题和内容”“图片与标题”“仅标题”“仅标题”，依次在每张幻灯片的标题处输入相应内容，如图 1-16-5 所示。

5）若需更换主题可单击“设计”选项卡“主题”组中的快翻按钮，选择一种主题即可，若只为某张幻灯片切换主题则选中主题，右击，选择“应用于选定幻灯片”，如图 1-16-6 所示。

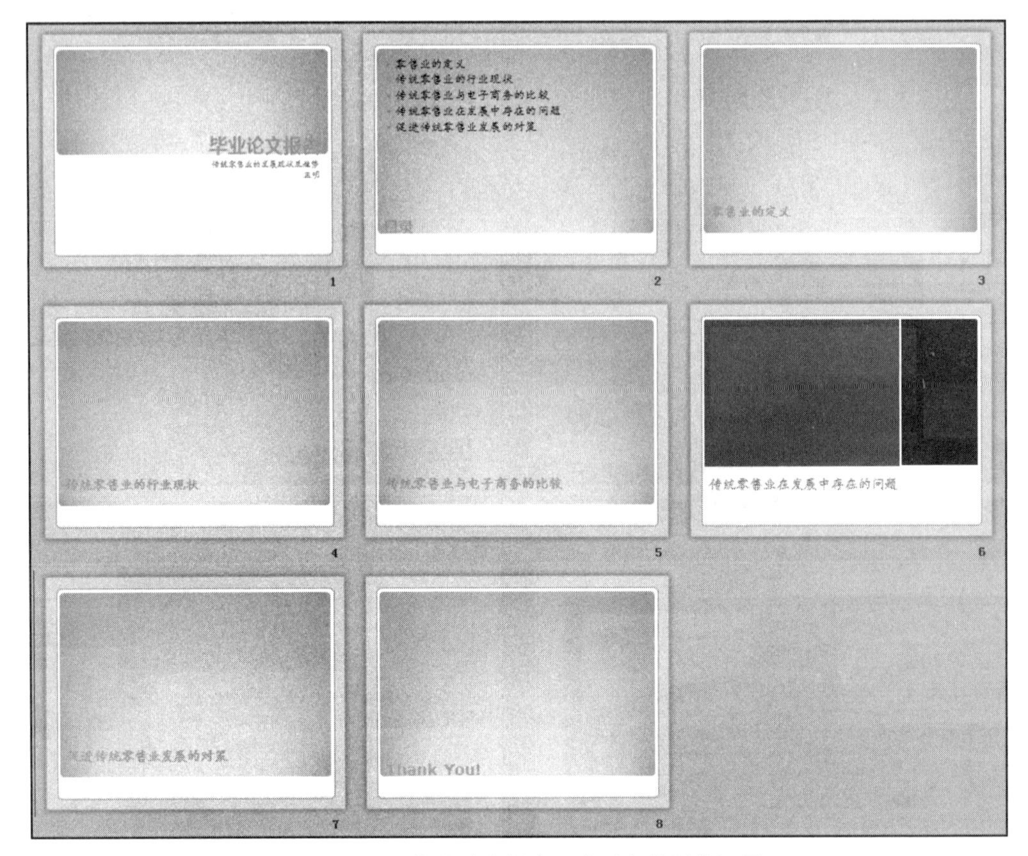

图 1-16-5 “毕业论文报告”演示文稿浏览视图

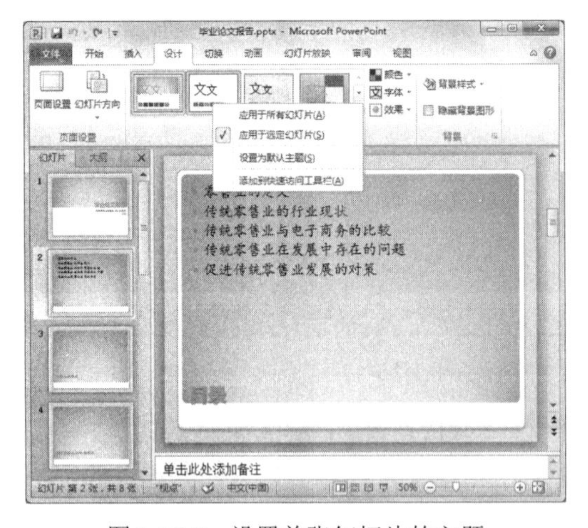

图 1-16-6 设置单张幻灯片的主题

6）主题选定后，还可单击“主题”组中的“颜色”“文字”“效果”按钮打开下拉列表进行配色、字体调整、特殊显示效果的处理，如图 1-16-7 所示。

7）单击“视图”，通过演示文稿不同的视图方式浏览制作好的幻灯片。

8）单击“文件”选项卡中的“保存”命令或快速访问工具栏上的“保存”按钮，将编辑后的演示文稿以“毕业论文报告.pptx”为文件名保存在“我的文档”中。

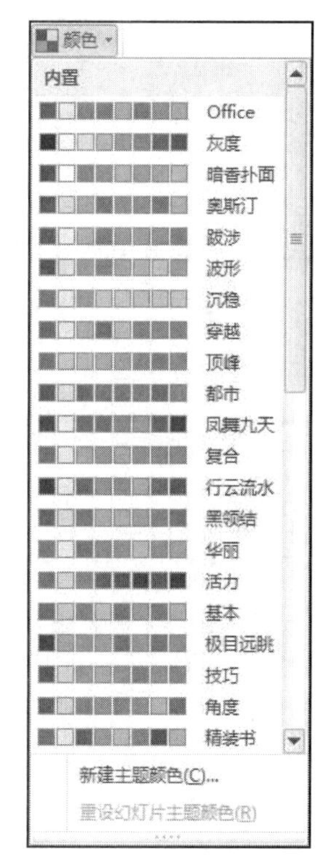

(a) 主题颜色

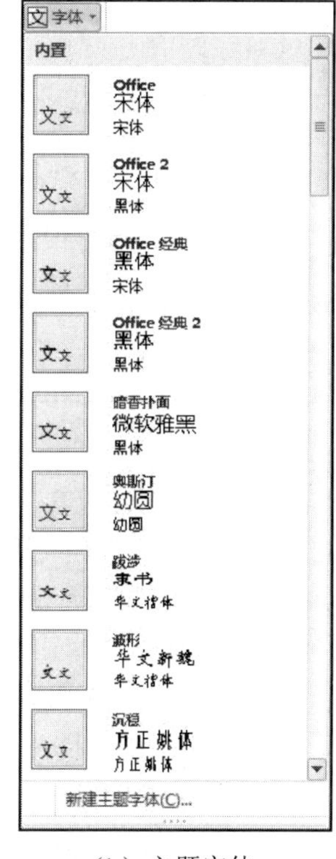

(b) 主题字体

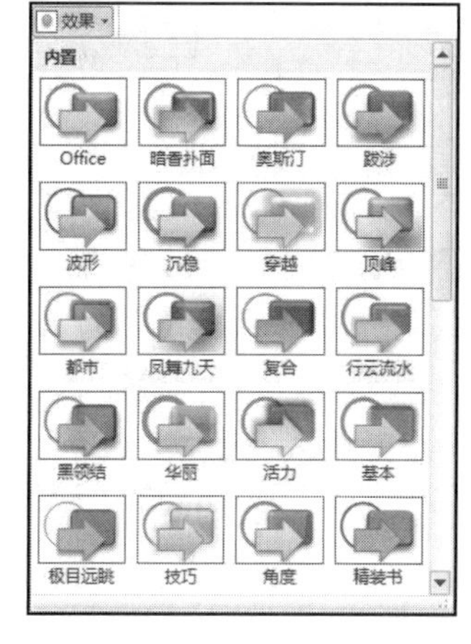

(c) 主题效果

图 1-16-7　主题配置选项

实训 17　PowerPoint 2010 演示文稿的初步制作

实训目的

- 掌握幻灯片中文字的格式化；
- 掌握段落、项目符合的格式设置；
- 掌握插入文本框及文本框轮廓与文字样式的设置；
- 掌握幻灯片背景的设置。

实训内容

1. 文字的输入及格式化

（1）启动 PowerPoint 2010，创建“空白演示文稿”，设置幻灯片大小。单击“设计”选项卡“幻灯片大小”组“自定义幻灯片大小”，选择幻灯片大小为“全屏显示(16:9)”，如图 1-17-1 所示。

（2）第一张幻灯片版式为仅标题，输入“西昌”“一座春天栖息的城市”，“西昌”字体设置为楷体，字号为 60，“一座春天栖息的城市”字体为宋体，字号为 40，1.5 倍行距；插入文本框，输入“山、水、城的完美融合”，宋体，字号为 32，放在相应的位置，文字的颜色都设置为浅绿，选择文本框“绘图工具-格式”，“形状样式”为“彩色轮廓-橄榄色，强调颜色 3”；艺术字样式区域单击“文本轮廓”，设置为绿色，格式如图 1-17-2 所示。

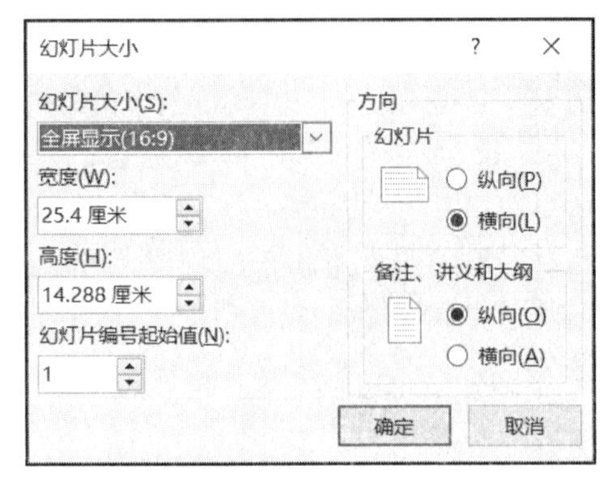

图 1-17-1 设置幻灯片大小

图 1-17-2 标题效果

（3）新建幻灯片，设置版式为“仅标题”，输入内容“西昌简介”“自然风光”“人文风情”。设置字体为“微软雅黑”，加粗，36 号，设置 1.5 倍行距，颜色为浅绿，选择文本框“绘图工具-格式”，“形状样式”为“彩色轮廓-橄榄色，强调颜色 3”，如图 1-17-3 所示。

（4）新建幻灯片，设置版式为“标题和内容”，依次输入西昌简介的内容。其中标题“西昌简介”设置为微软雅黑，32 号，加粗，左对齐。文本内容为楷体，24 号，并设置相应的项目符号，颜色均设置为浅绿，文本框格式设置同上，如图 1-17-4 所示。

图 1-17-3 第二张幻灯片效果

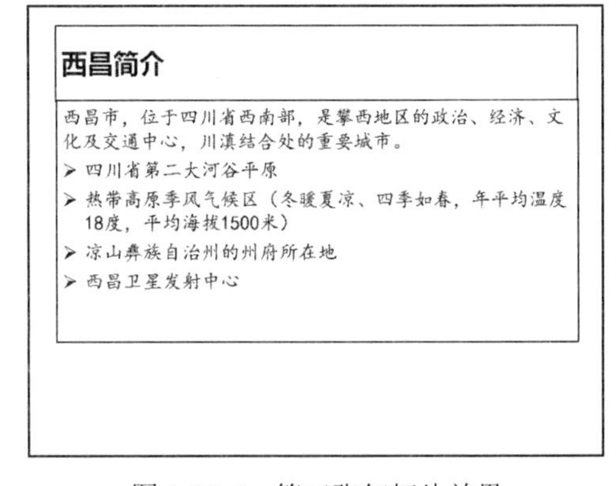

图 1-17-4 第三张幻灯片效果

（5）新建“标题和内容”幻灯片，输入标题“自然风光”，设置为微软雅黑，加粗，32 号，左对齐。文本内容为“泸山”“琼海”“湿地”，添加相应的项目编号，如图 1-17-5 所示。分别新建 3 张幻灯片，依次在其标题部分输入“泸山”“邛海”“湿地公园”，文本内容如图 1-17-6 至图 1-17-8 所示，调整格式同上。

（6）新建幻灯片，标题输入“人文风情”，内容输入“航天城”“彝族文化”，添加相应的项目编号。设置相应格式，如图 1-17-9 所示。

2. 幻灯片背景和页面的设置

为第一张标题幻灯片添加背景图片“背景 1.jpg”，其余幻灯片添加背景图片“背景 2.jpg”，具体操作如下：

（1）选择第一张幻灯片，右击，选择“设置背景格式”。

（2）“填充”中选择“图片或纹理填充”，插入图片“来自文件”，选择背景素材“背景 1.jpg”，插入到幻灯片中，用同样的方法为其余幻灯片添加“背景 2.jpg”背景图片。

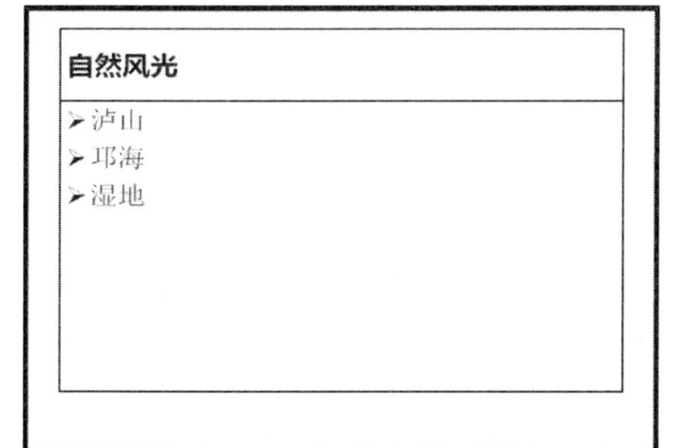

图 1-17-5　第四张幻灯片效果

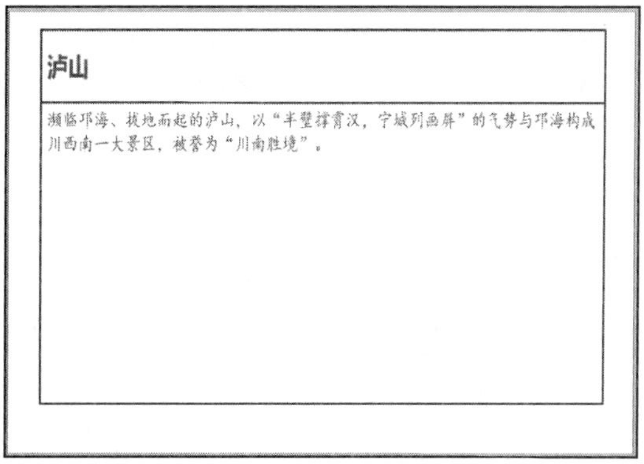

泸山

瀕临邛海、拔地而起的泸山，以“半壁撑霄汉，宁城列画屏”的气势与邛海构成川西南一大景区，被誉为“川南胜境”。

图 1-17-6　第五张幻灯片效果

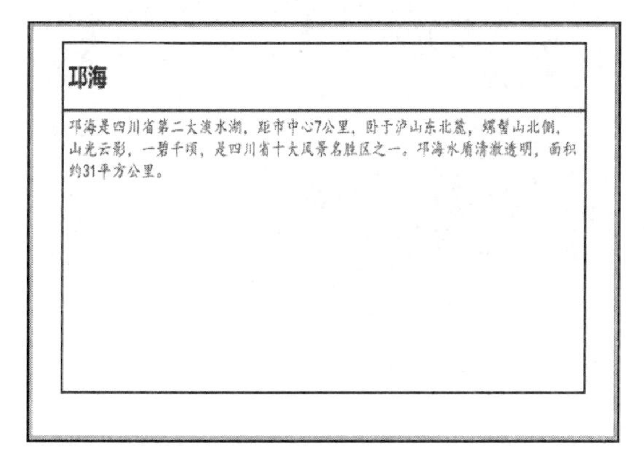

图 1-17-7　第六张幻灯片效果

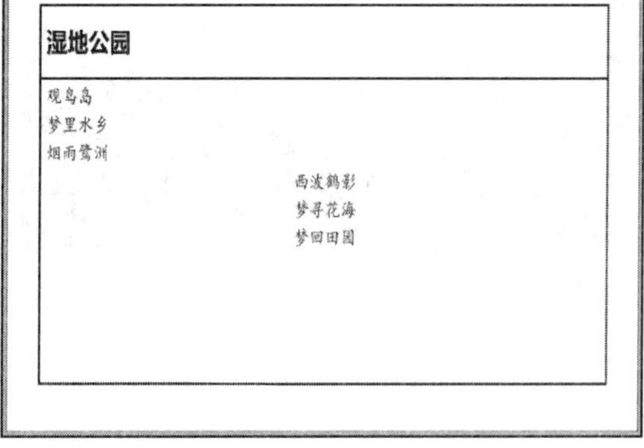

图 1-17-8　第七张幻灯片效果

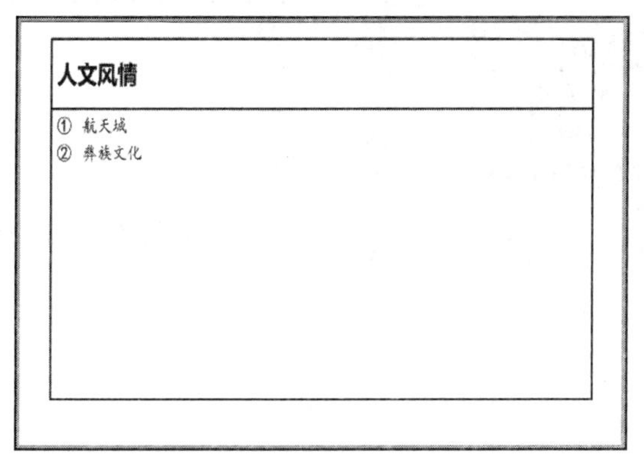

图 1-17-9　第八张幻灯片效果

（3）制作完幻灯片后，单击“文件”→“另存为”，保存幻灯片为“西昌旅游简介 2.pptx”。

实训 18　PowerPoint 2010 生动的演示文稿制作

实训目的

- 掌握幻灯片图片插入和格式设置；

- 掌握幻灯片中音频或视频的添加；
- 掌握幻灯片整体效果的设计。

实训内容

1. 图片的插入及格式化设置

（1）启动 PowerPoint 2010，单击“文件”，打开“西昌旅游简介 2.pptx”，选择标题幻灯片（即第一张幻灯片），调整文本框大小及位置，然后分别插入素材文件夹中的图片 1.jpg、2.jpg、3.jpg，效果如图 1-18-1 所示。

（2）选择第二张幻灯片，在合适的位置插入图片“西昌.jpg”，效果如图 1-18-2 所示。

图 1-18-1　标题幻灯片插入图片效果

图 1-18-2　第二张幻灯片插入图片效果

（3）选择第三张幻灯片，在合适的位置插入图片“西昌简介.jpg”，调整文本框大小和格式，效果如图 1-18-3 所示。

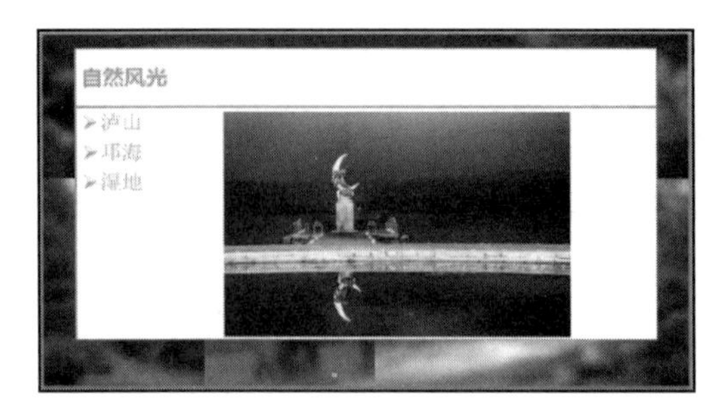

图 1-18-3　第三张幻灯片插入图片效果图

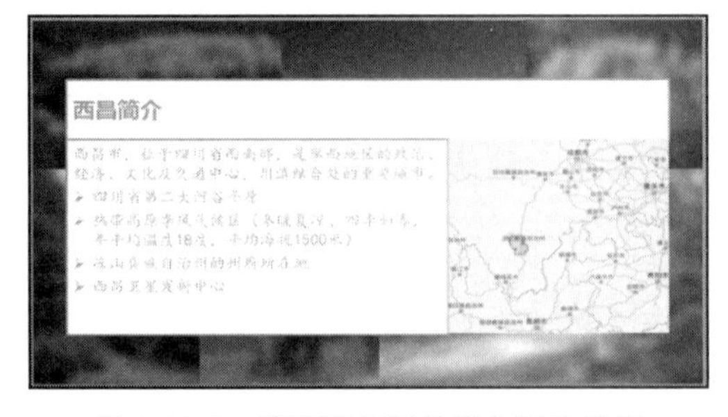

图 1-18-4　第四张幻灯片插入图片效果

（4）选择第四张幻灯片，插入“自然风光.jpg”，调整格式，效果如图 1-18-4 所示，在第五张幻灯片中插入“泸山 1.jpg”“泸山 2.jpg”，效果如图 1-18-5 所示；将鼠标光标移至第五张幻灯片上右击，选择“复制幻灯片”，输入文本内容，插入图片“泸山 3.jpg”“泸山 4.jpg”，效果如图 1-18-6 所示。

（5）在第七张幻灯片中插入“邛海 1.jpg”，效果如图 1-18-7 所示，将鼠标光标移至第七张幻灯片上右击，选择“复制幻灯片”，输入文本内容，插入图片“邛海 2.jpg”“邛海 3 .jpg”，效果如图 1-18-8 所示。

（6）在第九张幻灯片中插入图片“湿地公园 1.jpg”和“湿地公园 2.jpg”，效果如图 1-18-9 所示。右击第九张幻灯片，选择“复制幻灯片”，依次添加 4 张幻灯片，分别将标题改为“观鸟岛”“梦里水乡”“烟雨鹭洲”“西波鹤影”，从素材文件夹中分别插入相应的图片，效果如图 1-18-10 至图 1-18-13 所示。

图 1-18-5　第五张幻灯片插入图片效果

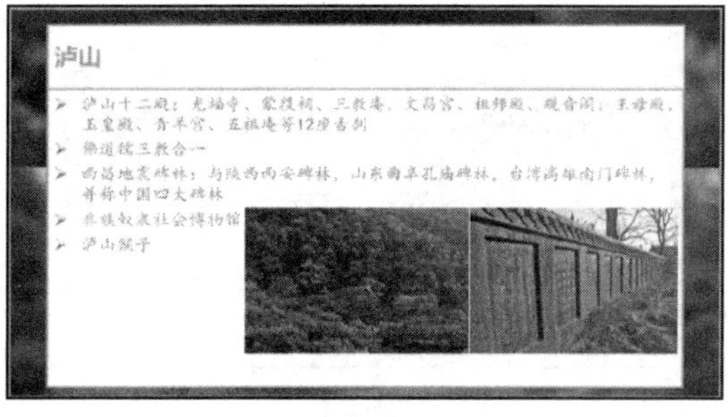

图 1-18-6　第六张幻灯片效果

图 1-18-7　第七张幻灯片插入图片效果

图 1-18-8　第八张幻灯片插入图片效果

图 1-18-9　第九张幻灯片效果

图 1-18-10　第十张幻灯片效果

图 1-18-11　第十一张幻灯片插入图片效果

图 1-18-12　第十二张幻灯片效果

（7）在第十四张幻灯片中插入图片“人文风情.jpg”，如图 1-18-14 所示。

（8）第十五张幻灯片介绍航天城，插入图片“航天城 1.jpg”和“航天城 2.jpg”，如图 1-18-15 所示。

（9）复制第十五张幻灯片，输入彝族文化的内容。如图 1-18-16 所示。

（10）复制第十六张幻灯片，标题处输入文字“谢谢欣赏”，插入图片“彝族年.jpg”和“火把节.jpg”，如图 1-18-17 所示。

图 1-18-13　第十三张幻灯片效果

图 1-18-14　插入人文风情图片效果

图 1-18-15　航天城效果图

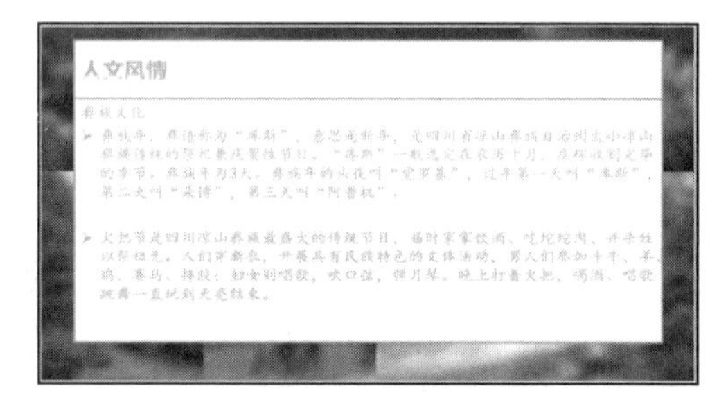

图 1-18-16　输入文字效果图

图 1-18-17　第十七张幻灯片效果图

（11）选中第一张幻灯片，单击“插入”选项卡，选择“媒体”组中的“音频”按钮，打开“插入音频”对话框，在其中找到要插入的“音频素材”文件，单击“插入”按钮，然后选择“音频工具/播放”选项卡，设置“开始”为“自动”，选择“跨幻灯片播放”，选中“循环播放，直到停止”，如图 1-18-18 所示。

图 1-18-18　插入音频效果设置图

（12）单击“插入”选项卡“文本”组“幻灯片编号”，为幻灯片添加编号。也可以通过幻灯片母版插入一些对象，如西昌旅游 Logo 的图片或“西昌欢迎您!”的文字等。

（13）单击“文件”→“另存为”，保存演示文稿为“西昌旅游简介 3.pptx”。

实训 19　PowerPoint 2010 动画效果的添加及幻灯片放映

实训目的

- 掌握动画效果的设置方法；
- 掌握超链接和动作按钮的使用；
- 掌握幻灯片切换的设置方法；
- 掌握放映和自定义放映幻灯片的方法；
- 掌握演示文稿的打包等。

实训内容

1. 幻灯片动画效果的添加

（1）找到“西昌旅游简介 3.pptx”文件，双击打开。

（2）在第一张幻灯片中选中文字“西昌 一座春天栖息的城市”，选择“动画”选项卡中“动画”组中里的“劈裂”动画效果，再选中“山、水、城的完美融合”所在文本框，选择“动画”选项卡中“动画”组中的“轮子”动画效果；依次设置三张图片的“浮入”动画效果。

（3）如上所述操作，为其余的幻灯片文字和图片设置动画效果。需要强调的是演示文稿的放映过程中，内容是展示的主要部分，是主线。添加动画、超链接和设置切换方式的目的是突出重点，达到活跃气氛的目的。所以，不要用太多的动画效果和切换效果，太多的闪烁和跳转会分散观众的注意力，甚至使观众感到厌烦。

2. 幻灯片超链接和动作按钮的添加

（1）在“幻灯片”窗格中选择第二张幻灯片，在第二张幻灯片中选中“西昌简介”文字，单击“插入”选项卡，选择“链接”功能组中“超链接”，打开“插入超链接”对话框，单击“本文档中的位置”，选择“西昌简介”，如图 1-19-1 所示，然后单击“确定”按钮；也可选择“动作”按钮来设置链接；“自然风光”“人文风情”文本操作与“西昌简介”相同，分别链接到对应的幻灯片上。

（2）选择“西昌简介”幻灯片，这里是第三张幻灯片，单击“插入”选项卡，选择“插图”功能组中“形状”按钮，打开下拉列表，选择“箭头”中的“右箭头”，拖动在幻灯片中插入“右箭头”图形，右击图形，选择“编辑文字”，输入“返回”，设置“返回”字号为 16 号，文本颜色为绿色；单击“绘图工具/格式”选项卡，设置“形状样式”为“细微效果-橄榄色，强调颜色 3”，“形状轮廓”为“无轮廓”，“形状效果”为“发光”中的“橄榄色，8pt 发光，强调文字颜色 3”，如图 1-19-2 所示。

（3）选中“返回”右箭头，设置超链接到幻灯片 2；复制该箭头，分别粘贴到“自然风光”“人文风情”的幻灯片上。

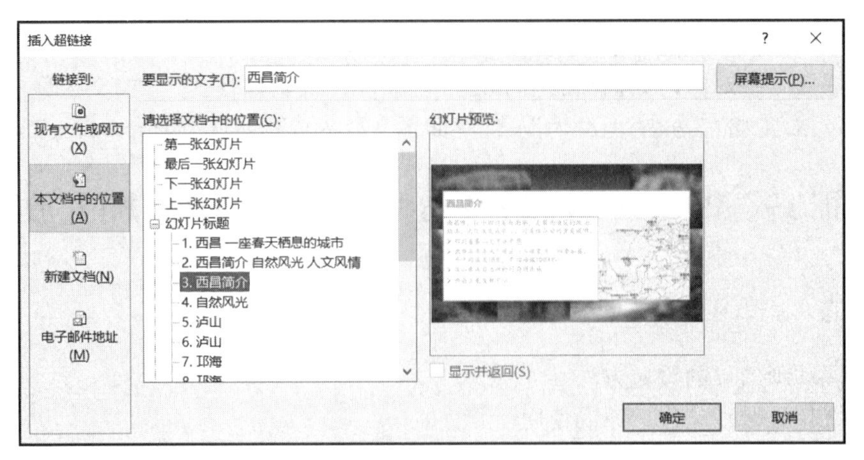

图 1-19-1　设置超链接

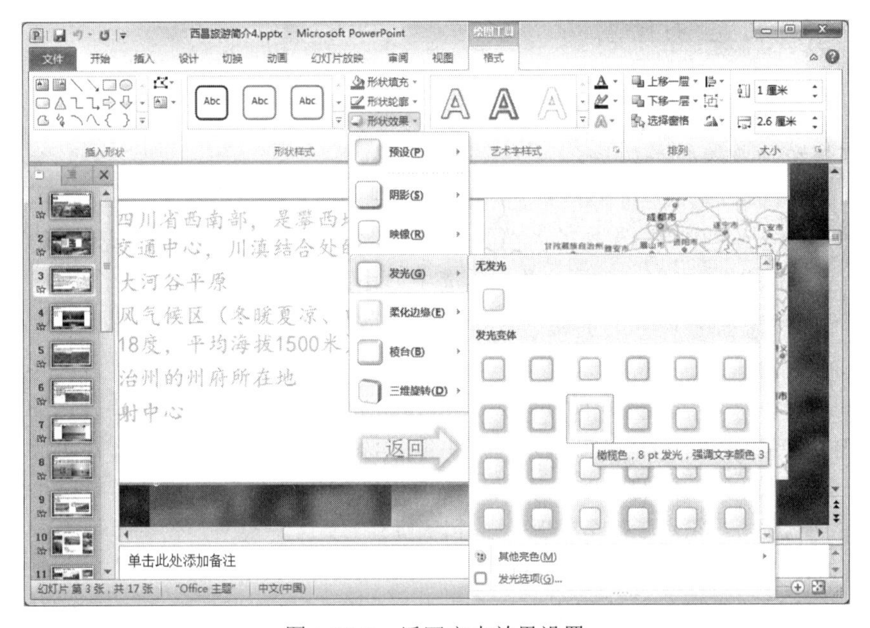

图 1-19-2　返回文本效果设置

3. 幻灯片的切换效果设置

（1）选择第 2 张幻灯片，单击“切换”选项卡，在“切换到此幻灯片”功能组中设置切换效果为“华丽-风”，在“计时”功能组中的勾选“设置自动换片时间”复选框，时间统一设置为 3 秒。

（2）分别为其余的幻灯片设置切换效果，注意效果尽量统一。

4. 幻灯片放映方法设置

（1）选择“幻灯片放映”选项卡，单击“设置幻灯片放映”按钮，打开“设置放映方式”对话框，在其中设置放映方式，设置后单击“确定”按钮。

（2）选择“幻灯片放映”选项卡中“从头开始”按钮或按 F5 键，从头播放幻灯片。

5. 演示文稿的打包

（1）打开演示文稿，单击“文件”→“保存并发送”命令，在“文件类型”类别下，选择“将演示文稿打包成CD”命令，再单击右侧的“打包成CD”按钮，在弹出的“打包成CD”对话框中，将CD命名为“西昌旅游简介CD”，如图1-19-3所示。单击“选项”按钮，在弹出的“选项”对话框中选中“链接的文件”和“嵌入的TrueType字体”两个复选框，单击“确定”按钮。

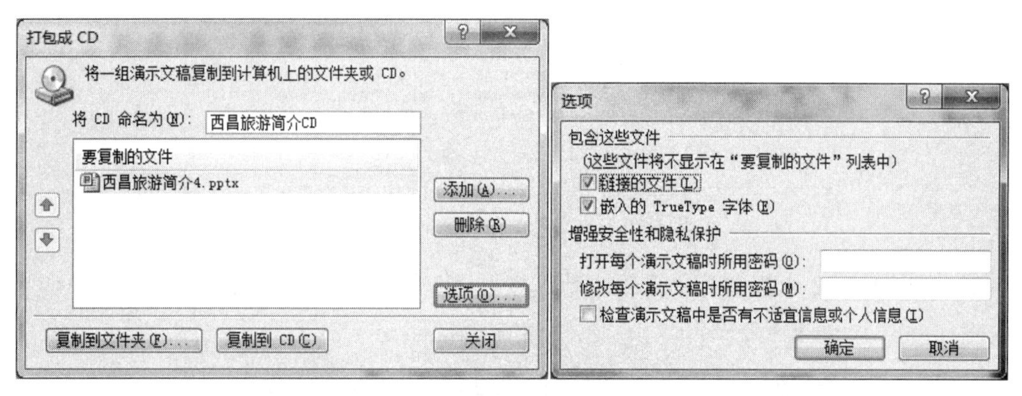

图1-19-3 将演示文稿打包成CD

（2）返回“打包成CD”对话框，单击“复制到文件夹”，单击“浏览”按钮，在弹出的对话框中设置打包演示文稿的文件夹位置，然后单击“确定”按钮，程序出现提示框，询问打包时是否包含链接文件（即演示文稿中插入的音频和视频文件），单击“是”按钮，程序自动复制相关的文件到“西昌旅游简介CD”文件夹，并显示进度，完成演示文稿的打包。

实训20 连接互联网

实训目的

- 熟悉TCP/IP选项的设置方法；
- 掌握基本的网络测试方法。

实训内容

1. 设置IP地址

通过网络适配器（网卡）连接到互联网的方式中，计算机的IP地址分配一般有两种形式，一是通过网络中的DHCP服务器自动分配，二是在本机上设置静态的IP地址信息，前者不需要设置，插上网线一般就可以连接互联网，后者则需要手动设置。本例将通过手动设置连接到互联网。

情景：某机房规定接入的计算机终端如果要连接互联网，IP地址需设置在192.168.0.101～192.168.0.160之间，子网掩码为255.255.255.0，默认网关为192.168.0.1，首选DNS为10.10.0.1，备选DNS为61.139.2.69。按照上述要求配置计算机IP信息。

（1）依次单击“开始”→“控制面板”→“网络和Internet”，找到并打开“网络和共享中心”，如图1-20-1所示。

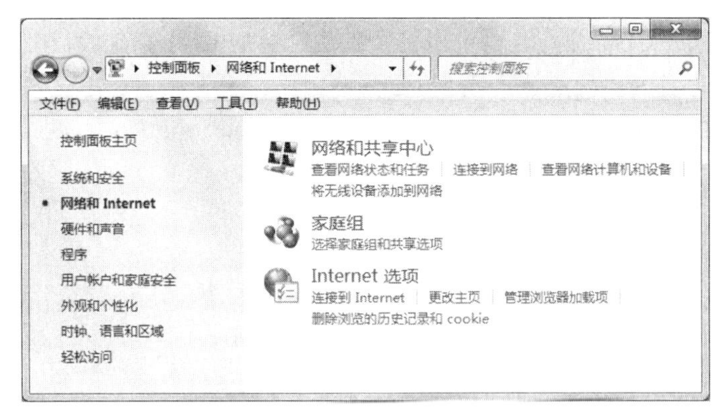

图 1-20-1 “网络和 Internet”界面

（2）在图 1-20-2 中找到并单击“本地连接”，将显示本地连接状态。

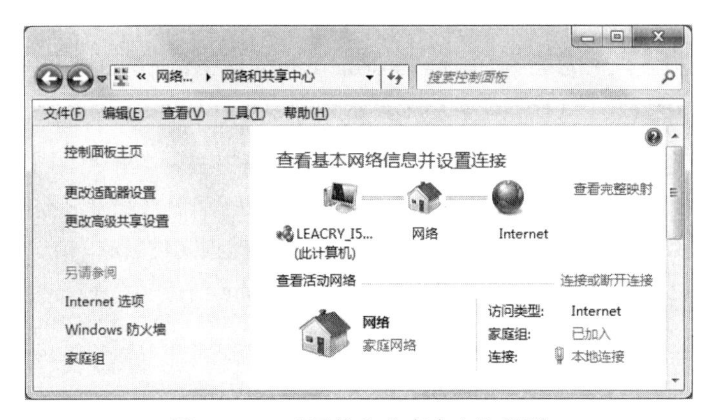

图 1-20-2 “网络和共享中心”界面

（3）在图 1-20-3 中单击“属性”，打开“本地连接 属性”对话框，如图 1-20-4 所示，选中“Internet 协议版本 4（TCP/IPV4）”后单击“属性”，打开如图 1-20-5 所示的对话框。

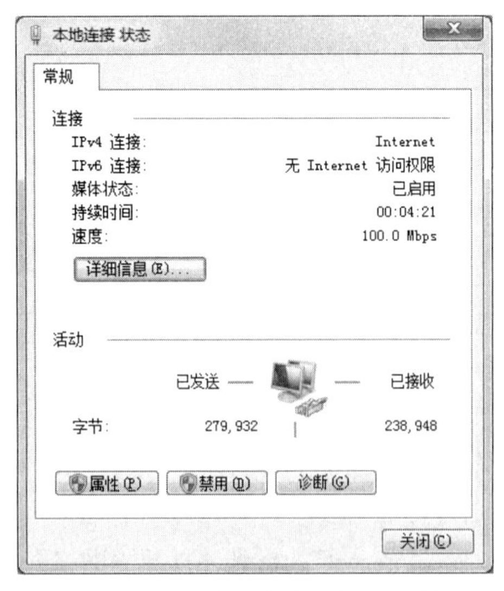

图 1-20-3 “本地连接状态”对话框

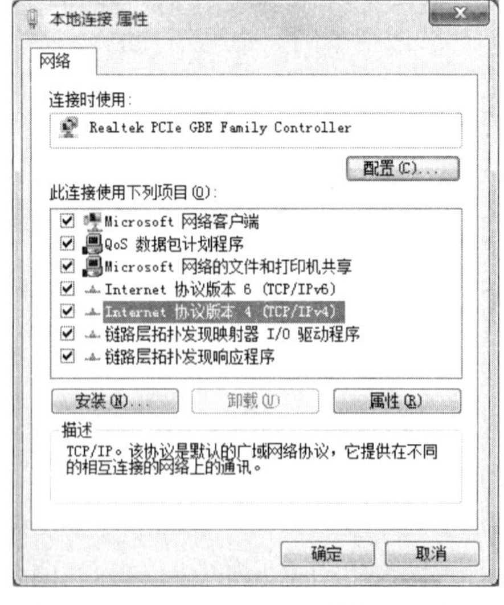

图 1-20-4 “本地连接 属性”对话框

（4）按照情景要求，在“IP 地址”栏中输入 192.168.0.102，“子网掩码”中输入 255.255.255.0，“默认网关”中输入“192.168.0.1”，“首选 DNS 服务器”和“备用 DNS 服务器”中分别输入“10.10.0.1”和“61.139.2.69”。单击“确定”完成设置。

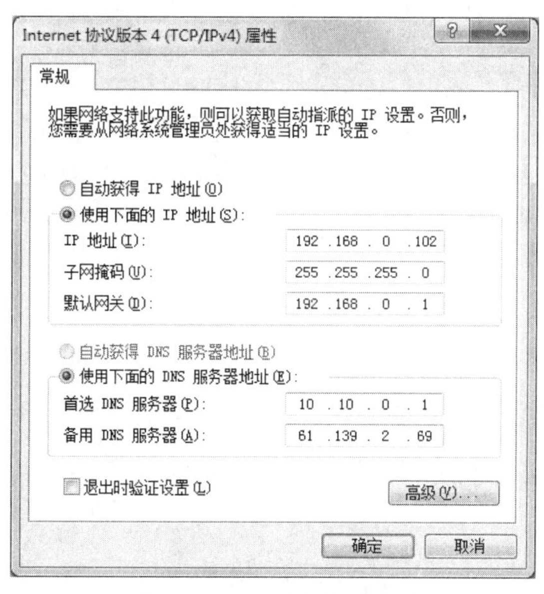

图 1-20-5　IP 地址设置界面

2. 测试网络是否通畅

Windows 操作系统提供了一个工具命令 ping，用来测试网络信号逻辑通道是否畅通，使用它可以很方便地了解当前计算机网络的运行情况，如果遇到网络问题，其测试结果具有很强的参考意义。

（1）依次单击“开始”→“运行”，在“运行”对话框中输入“CMD”，按 Enter 键后启动命令提示符状态操作界面，如图 1-20-6 所示。

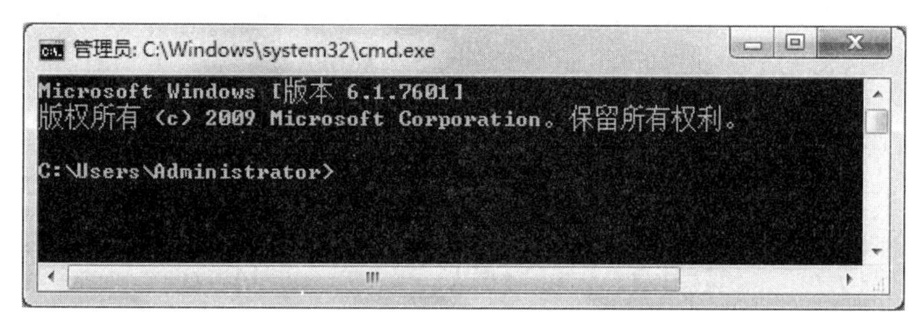

图 1-20-6　命令提示符状态操作界面

（2）在该界面下，输入 ping www.163.com，观察结果，如图 1-20-7 所示。

从图 1-20-7 中可以看出网易 www.163.com 网站的 IP 地址是 183.220.150.173，并且得到了 4 次“时间=10ms”的 32 字节反馈信息，说明当前计算机访问互联网网站（如网易）是畅通的且访问速度较快。

（3）在该界面下，继续输入“ping www.yandex.ru”（www.yandex.ru 是俄罗斯著名的搜索引擎站点），观察结果，如图 1-20-8 所示。

```
管理员: C:\Windows\system32\cmd.exe
C:\Users\Administrator>ping www.163.com

正在 Ping www.163.com.lxdns.com [183.220.150.173] 具有 32 字节的数据:
来自 183.220.150.173 的回复: 字节=32 时间=10ms TTL=54
来自 183.220.150.173 的回复: 字节=32 时间=10ms TTL=54
来自 183.220.150.173 的回复: 字节=32 时间=10ms TTL=54
来自 183.220.150.173 的回复: 字节=32 时间=10ms TTL=54

183.220.150.173 的 Ping 统计信息:
    数据包: 已发送 = 4, 已接收 = 4, 丢失 = 0 <0% 丢失>,
往返行程的估计时间<以毫秒为单位>:
    最短 = 10ms, 最长 = 10ms, 平均 = 10ms

C:\Users\Administrator>_
```

图 1-20-7　ping 网易网站

```
管理员: C:\Windows\system32\cmd.exe
C:\Users\Administrator>ping www.yandex.ru

正在 Ping www.yandex.ru [5.255.255.50] 具有 32 字节的数据:
来自 5.255.255.50 的回复: 字节=32 时间=433ms TTL=36
请求超时。
请求超时。
来自 5.255.255.50 的回复: 字节=32 时间=435ms TTL=36

5.255.255.50 的 Ping 统计信息:
    数据包: 已发送 = 4, 已接收 = 2, 丢失 = 2 <50% 丢失>,
往返行程的估计时间<以毫秒为单位>:
    最短 = 433ms, 最长 = 435ms, 平均 = 434ms

C:\Users\Administrator>_
```

图 1-20-8　ping www.yandex.ru

从图 1-20-8 中可以看出俄罗斯著名的搜索引擎站点 www.yandex.ru 网站的 IP 地址是 5.255.255.50，并且得到了 2 次“时间>400ms”的 32 字节反馈信息，但是有 2 次却没有得到任何信息反馈，说明当前计算机访问该网站的信号通道不是很畅通，如果 ping 的结果连一次信息反馈也没有的话，只能说明本地计算机和远程网站间的网络存在问题了。

实训 21　IE 浏览器的基本使用

实训目的

- 熟悉 Internet 选项的设置方法；
- 掌握 IE 浏览器的启动与关闭方法；
- 掌握信息搜索的基本方法；
- 掌握网页信息的保存和网络资源的下载方法。

实训内容

1. IE浏览器的设置

（1）设置 www.sina.com.cn 为启动 IE 浏览器时的默认主页。

1）启动 IE 浏览器，单击“工具”按钮，在弹出的下拉菜单中选择“Internet 选项”命令，如图 1-21-1 所示。

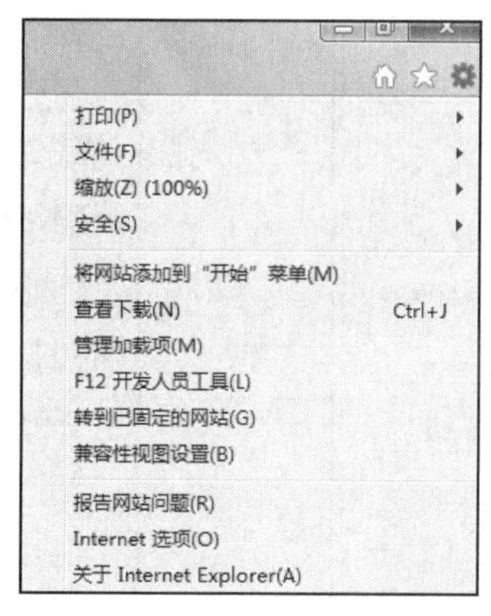

图 1-21-1 “工具”下拉菜单

2）在打开的“Internet 选项”对话框中选择“常规”选项卡，在“主页”文本框中输入主页网址，如图 1-21-2 所示。

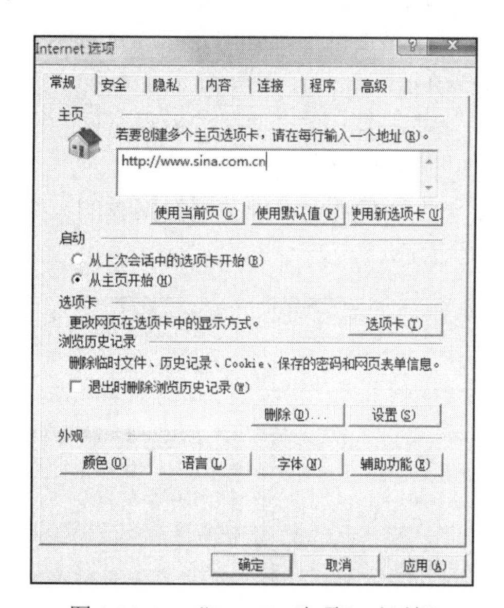

图 1-21-2 “Internet 选项”对话框

3）依次单击“应用”和“确定”按钮完成主页的设置。

（2）删除临时文件和历史记录。

1）启动 IE 浏览器，单击“工具”按钮，在弹出的下拉菜单中选择“Internet 选项”命令。

2）在打开的“Internet 选项”对话框中选择“常规”选项卡，单击“浏览历史记录”栏中的“删除”按钮，如图 1-21-3 所示。

3）打开“删除浏览历史记录”对话框，选中相关复选框，单击“确定”按钮返回“Internet 选项”对话框，单击“确定”按钮关闭该对话框，完成删除，如图 1-21-4 所示。

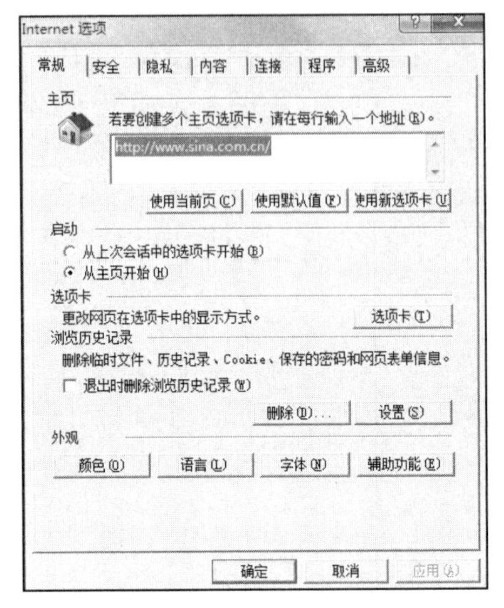

图 1-21-3　单击“删除”按钮

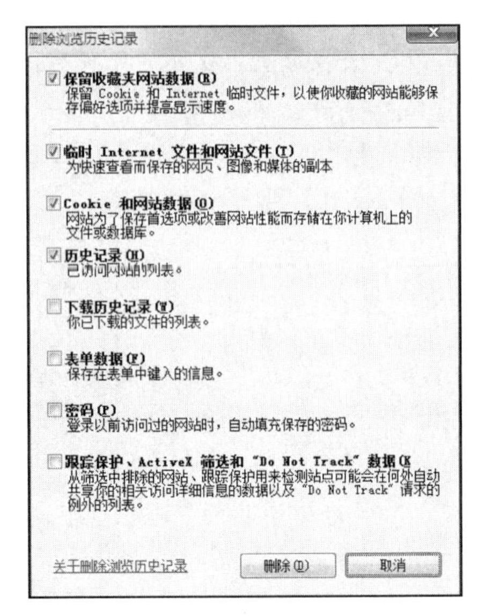

图 1-21-4　删除历史记录

（3）设置 Internet 临时文件空间为 250MB，设置浏览网页的历史记录保存天数为 20 天。

1）启动 IE 浏览器，单击“工具”按钮，在弹出的下拉菜单中选择“Internet 选项”命令。

2）在打开的“Internet 选项”对话框中选择“常规”选项卡，单击“浏览历史记录”栏中的“设置”按钮，如图 1-21-3 所示。

3）打开“网站数据设置”对话框，在“使用的磁盘空间”微调框中输入 250，也可用微调按钮设置可用磁盘空间。如图 1-21-5 所示。

4）在“历史记录”选项卡的“在历史记录中保存网页的天数”文本框中输入历史记录的保存天数即可。如图 1-21-6 所示。

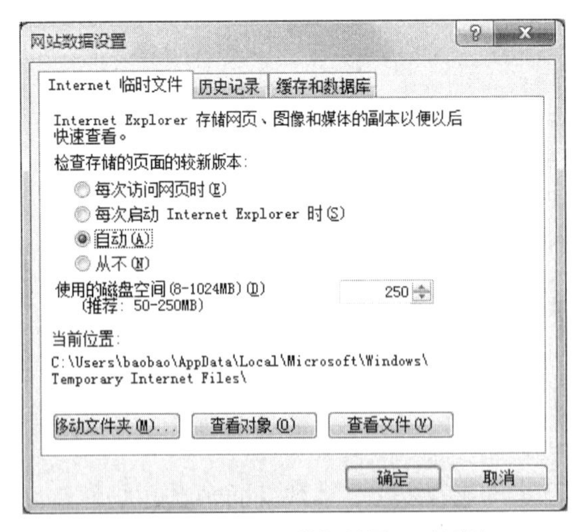

图 1-21-5　“网站数据设置”对话框

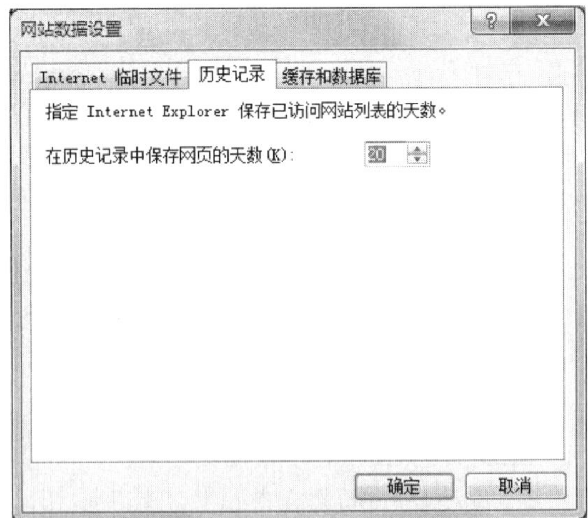

图 1-21-6　设置保存天数

2. 使用 IE 浏览器下载网络资源

（1）登录新浪网站 www.sina.com.cn，将网页保存到本机中。

1）打开 IE 浏览器，在地址栏中输入 www.sina.com.cn。IE 具有记忆网址的功能，对于以前曾访问的网址，输入网址的前几个字母，地址栏就会自动出现下拉列表，显示以这几个字母开头的完整的 URL 可供选择，如图 1-21-7 所示。

图 1-21-7 登录“新浪”网站首页

2）单击“工具”→“文件”→“另存为”命令，如图 1-21-8 所示。打开“保存网页”对话框。

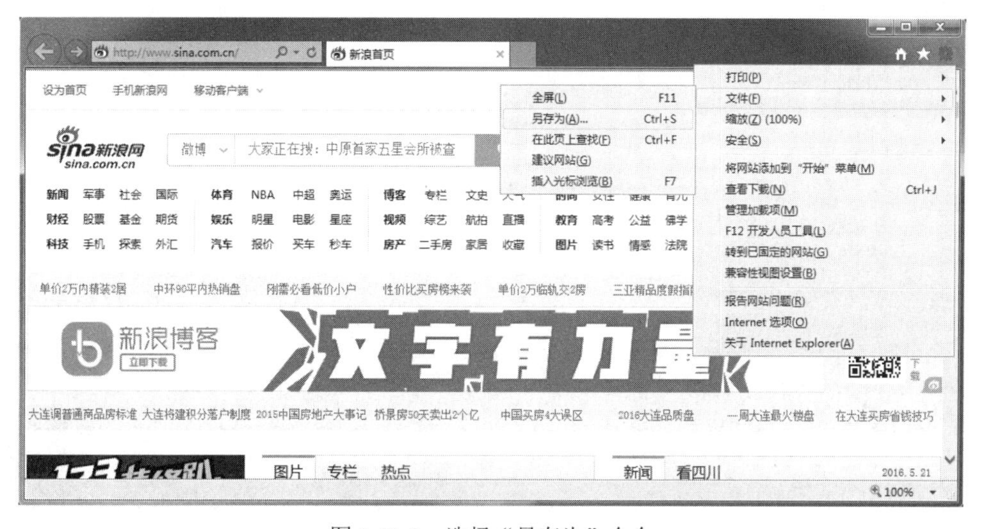

图 1-21-8 选择“另存为”命令

3）如图 1-21-9 所示，在“保存网页”对话框中选择网页文件保存的位置，在“文件名”文本框中输入要保存的文件名，单击“保存”按钮。

4）保存在桌面上的是一个 HTML 文件和一个同名文件夹，网页文件中插入的图片或其他对象都保存在这个同名文件夹下。

图 1-21-9 “保存网页”对话框

（2）搜索并下载 QQ 软件。

1）打开 IE 浏览器，在 IE 浏览器的地址栏中输入网址 http://www.baidu.com，按 Enter 键打开“百度”首页。

2）在搜索文本框中输入关键字“QQ”，单击“百度一下”按钮。

3）网站开始搜索 QQ 相关信息，并在网页中显示全部搜索结果，如图 1-21-10 所示。

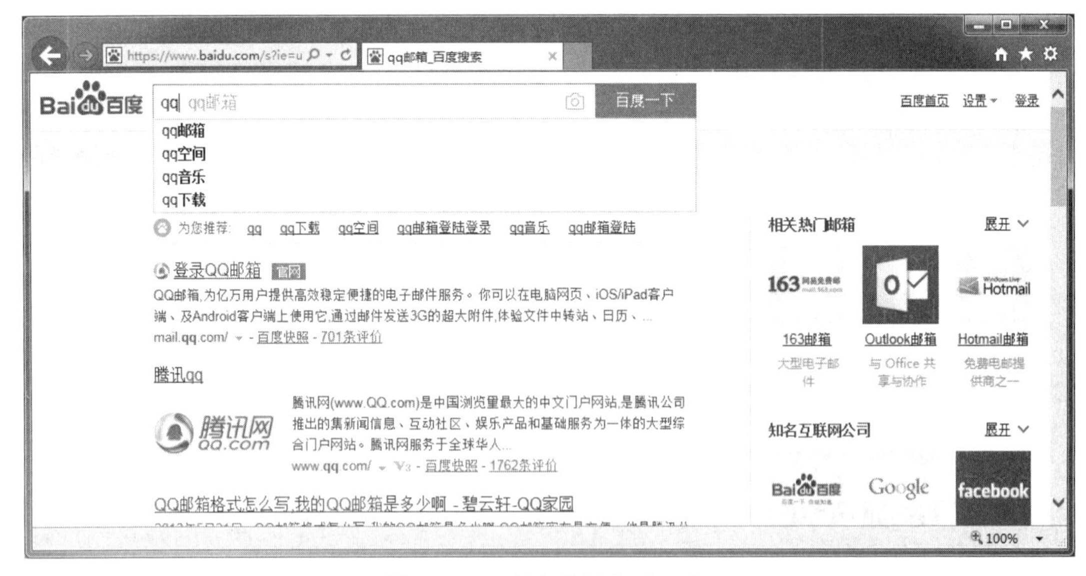

图 1-21-10 输入关键字“QQ”

4）在“百度”搜索到 QQ 信息后，选择比较合适的条目，单击对应的超链接进入，这里单击第二个超链接，打开腾讯官方网站。

5）在腾讯官方网页单击“QQ”，打开“I'M QQ”网页，选择需要的版本，这里选择的是最新 PC 版本，单击“QQ PC 版 8.3”按钮，如图 1-21-11 所示。

图 1-21-11　搜索结果

6）打开“文件下载”对话框，单击“确定”按钮，打开“另存为”对话框，选择文件保存路径，如图 1-21-12 所示。单击“确定”按钮开始下载文件，并打开下载进度对话框。

7）文件下载完毕后，单击相应按钮可对其进行“运行”“打开文件夹”和“关闭”的操作，单击“关闭”按钮关闭对话框并完成下载。

图 1-21-12　下载软件页面

8）如果下载的文件比较大或需经常下载资料，可选择安装专门的下载工具，如“迅雷”“网际快车”等，这些下载软件可使下载速度明显加快，并且支持断点续传。

实训22 Outlook客户端的基本使用

实训目的

- 熟悉Outlook 2010账户的设置方法；
- 掌握收取并阅读邮件的方法；
- 掌握撰写和发送邮件的方法；
- 掌握回复和转发、删除邮件的方法；
- 了解创建Outlook 2010约会、会议提醒的方法。

实训内容

1．添加Outlook 2010电子邮件账户

（1）启动Outlook 2010，如果之前没有配置过Outlook，则会打开“Microsoft Outlook 2010启动”对话框，如图1-22-1所示。单击“下一步”按钮，打开“账户配置”对话框，如图1-22-2所示。

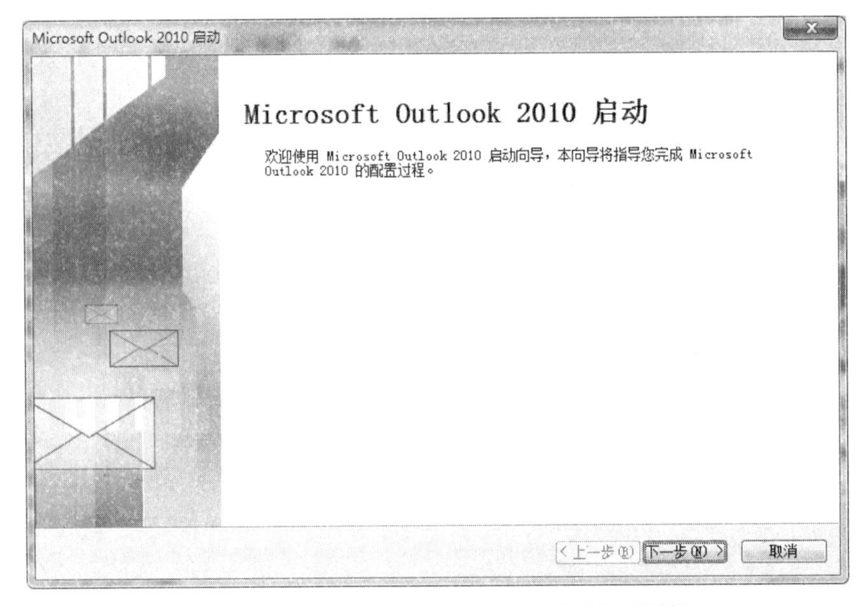

图1-22-1 “Microsoft Outlook 2010启动”对话框

（2）保持默认设置不变，单击“下一步”按钮，进入“添加新账户”对话框，在“您的姓名”文本框中输入自己的用户名，在“电子邮件地址”文本框中输入申请的电子邮箱地址，在“密码”和“重新键入密码”文本框中输入电子邮箱对应的密码，如图1-22-3所示。

（3）单击“下一步”按钮，系统会对服务器的新用户进行配置，如图1-22-4所示。

（4）如果失败，会提示“加密连接不可用”，询问“是否以非加密形式连接”。单击“下一步”按钮，系统会以非加密的形式对服务器进行配置，配置完成后提示配置成功。此时单击“完成”按钮，即可添加一个账户并进入Outlook 2010界面，如图1-22-5所示。

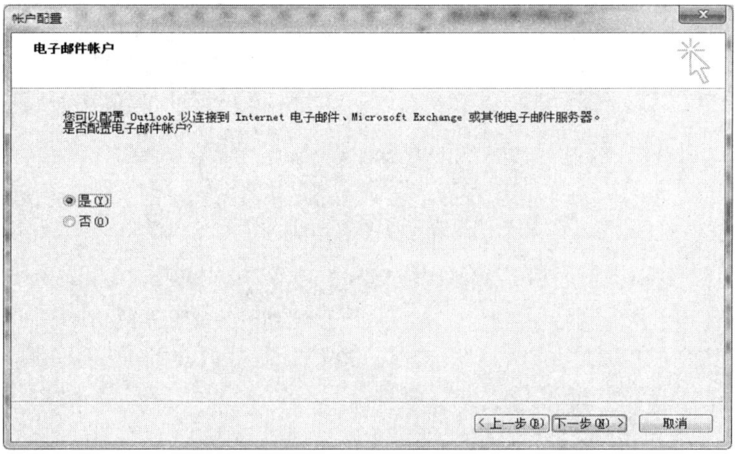

帐户配置

电子邮件帐户

您可以配置 Outlook 以连接到 Internet 电子邮件、Microsoft Exchange 或其他电子邮件服务器。
是否配置电子邮件帐户?

◉ 是(Y)
○ 否(O)

< 上一步(B)　下一步(N) >　取消

图 1-22-2　“账户配置”对话框

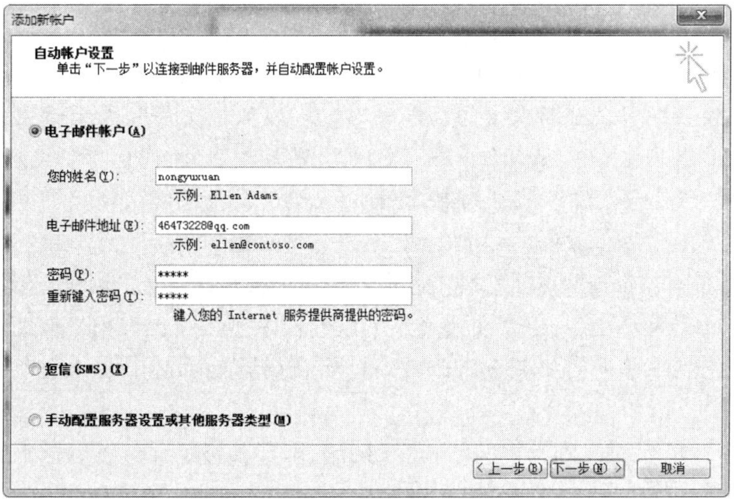

添加新帐户

自动帐户设置
单击“下一步”以连接到邮件服务器，并自动配置帐户设置。

◉ **电子邮件帐户(A)**

您的姓名(Y):　nongyuxuan
示例: Ellen Adams

电子邮件地址(E):　46473228@qq.com
示例: ellen@contoso.com

密码(P):　*****
重新键入密码(T):　*****
键入您的 Internet 服务提供商提供的密码。

○ **短信(SMS)(X)**

○ **手动配置服务器设置或其他服务器类型(M)**

< 上一步(B)　下一步(N) >　取消

图 1-22-3　“添加新账户”对话框

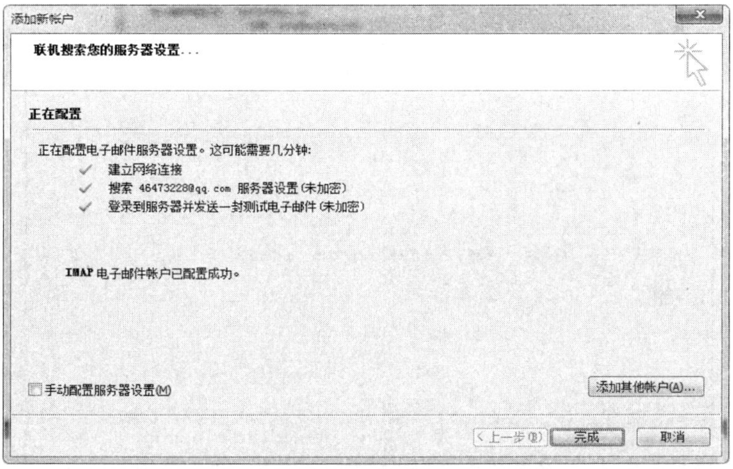

添加新帐户

联机搜索您的服务器设置...

正在配置

正在配置电子邮件服务器设置。这可能需要几分钟:
✓ 建立网络连接
✓ 搜索 46473228@qq.com 服务器设置(未加密)
✓ 登录到服务器并发送一封测试电子邮件(未加密)

IMAP 电子邮件帐户已配置成功。

☐ 手动配置服务器设置(M)　　添加其他帐户(A)...

< 上一步(B)　完成　取消

图 1-22-4　服务器配置

图 1-22-5 收件箱

注意：如果再次启动 Outlook 2010 时，在打开的“Microsoft Outlook 2010 启动”对话框中单击“取消”按钮，那么日后需要添加账户时，可以从“文件”选项卡左侧单击“信息”按钮，在右侧的“账户信息”窗格中单击“账户设置”按钮，打开“账户设置”对话框，单击“新建”按钮，即可进入添加账户向导开始添加账户。

2. Outlook 2010 的基本操作

Outlook 2010 的基本操作有电子邮件的收取、阅读、撰写、发送、回复、转发、删除等。

（1）启动 Outlook 2010，在“收藏夹”下拉列表中单击“收件箱”按钮，在任务窗格的“收件箱”邮件列表中单击需要阅读的邮件，即可在内容显示区中阅读需要的邮件信息，如图 1-22-5 所示。

（2）也可以通过在邮件列表中双击需要打开的邮件名称，在打开的邮件窗口中查看邮件内容，如图 1-22-6 所示。

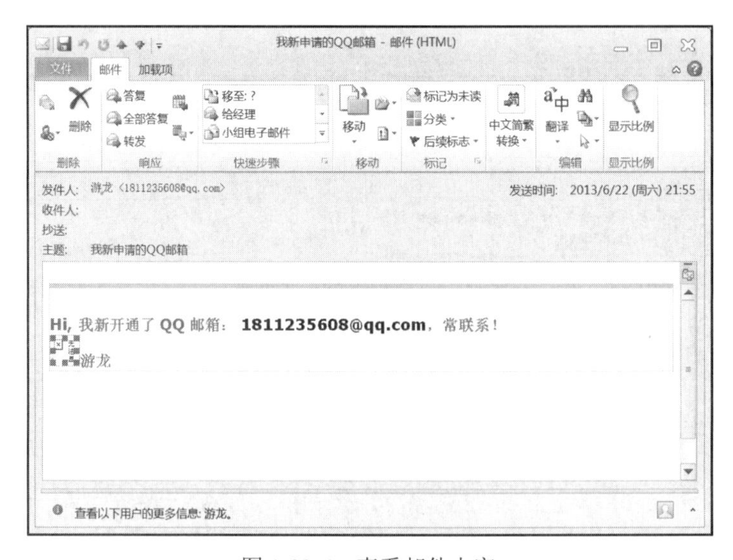

图 1-22-6 查看邮件内容

要发送电子邮件其实很简单，只需要单击“新建”按钮，在打开的邮件窗口中输入收件人地址、邮箱主题和邮件内容即可。

（3）启动 Outlook 2010，在“开始”选项卡中单击“新建电子邮件”按钮，如图 1-22-7（a）所示。

（4）打开“未命名-邮件”窗口，在“收件人”文本框中输入收件人地址；在“抄送”文本框中输入接收邮件的其他邮件地址，用逗号或分号隔开；在“主题”文本框中输入发送邮件的标题；在邮件编辑区中输入邮件的正文内容，如图 1-22-7（b）所示。

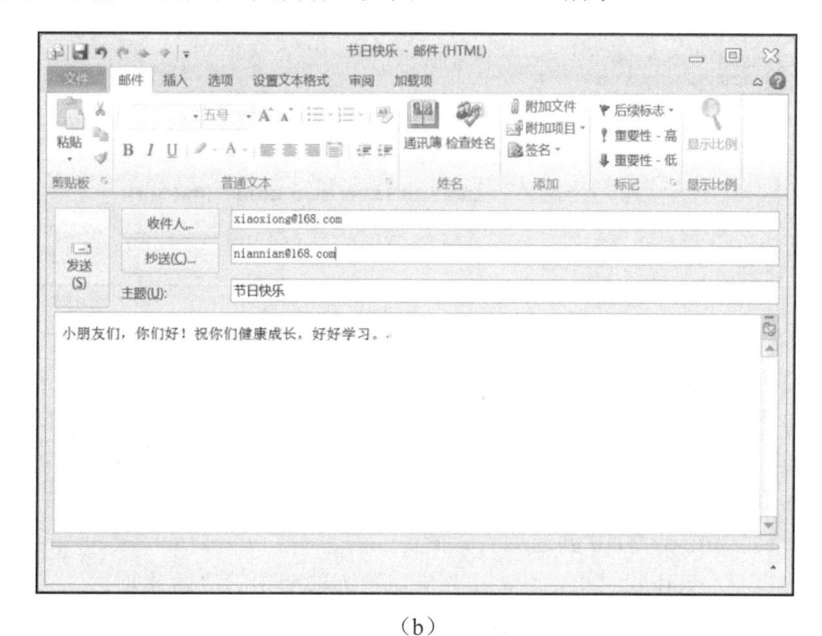

（a）　　　　　　（b）

图 1-22-7　新建电子邮件

（5）单击“发送”按钮即可将邮件发送出去，邮件窗口自动关闭。

通常，阅读完已收到的电子邮件以后，需要对该邮件进行回复或是转发给他人，只需在“邮件”选项卡中单击“答复”或“转发”按钮即可。这里以回复邮件为例进行讲解。

（1）启动 Outlook 2010，在任务窗格中单击需要回复或转发的邮件，在“开始”选项卡上单击“答复”或“转发”按钮。也可以打开相应的邮件窗口，在窗口中单击“答复”或“转发”按钮。

（2）如果要回复邮件，则“收件人”文本框和“主题”文本框将根据接收的邮件信息自动添加收件人地址和邮件主题；如果要转发邮件，单击“转发”按钮后会在“主题”文本框中自动添加邮件主题和邮件内容。

答复邮件和新建邮件相比，答复邮件不需要输入“收件人”，收件人可通过答复邮件下方自动添加的主题内容了解到所回复的是哪一封邮件。如图 1-22-8 所示。

如果想删除邮件，方法很简单，只需要在收件箱或已发送邮件中选择或直接打开需要删除的邮件，然后单击工具箱中的“删除”按钮即可。

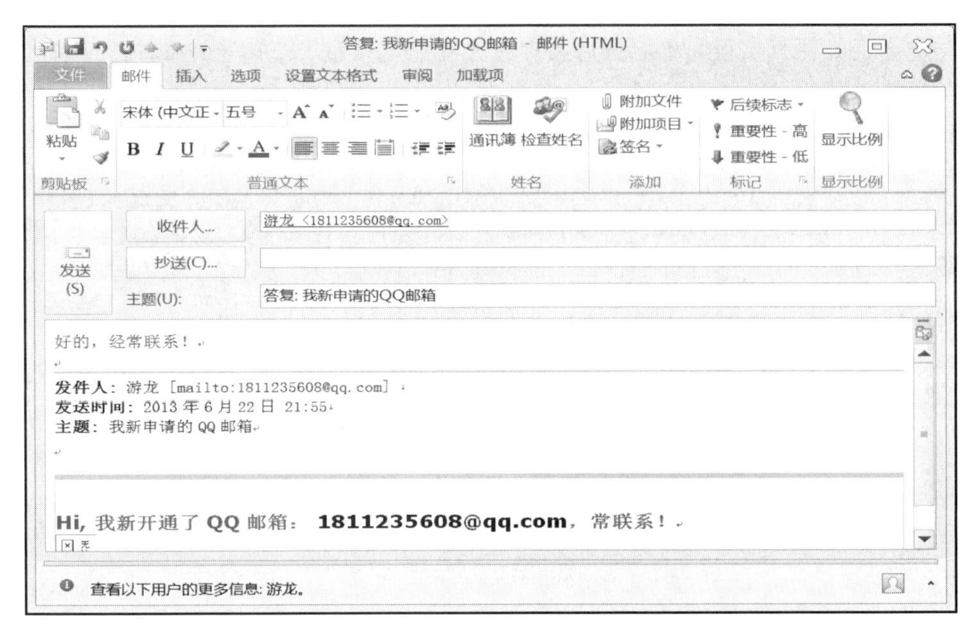

图 1-22-8 答复

3. Outlook 2010 日常事务管理

Outlook 2010 有规划和管理日常事务的功能，它可以方便有序地创建约会、会议及制定任务。使用 Outlook 2010 中的日历功能还可以设置约会的自动提醒功能，可以快速而有效地避免因意外事件和特殊原因而出现失约的情况。

（1）Outlook 2010 创建约会提醒。

1）启动 Outlook 2010，单击“开始”选项卡中的“新建项目”按钮，在弹出的下拉列表中选择“约会”选项，打开“未命名-约会”窗口。

2）在“未命名-约会”窗口中输入相应的主题、地点、开始时间、结束时间以及约会内容，如图 1-22-9 所示。在“约会”选项卡的“显示为”下拉列表中选择“忙”选项，在“提醒”下拉列表中选择“30 分钟”选项和“声音”选项，根据提示添加提示的声音。

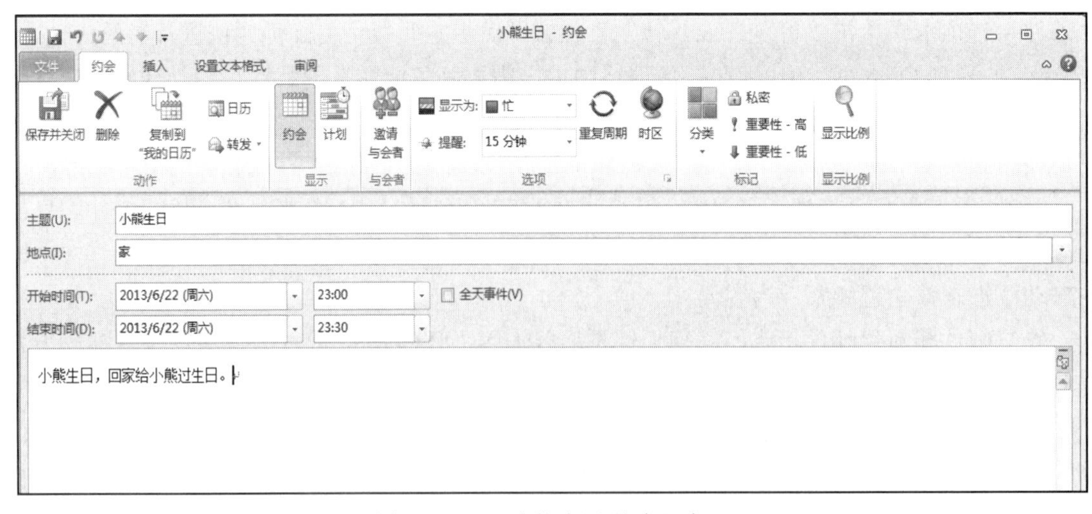

图 1-22-9 “小熊生日-约会”窗口

注意：在“提醒”下拉列表中，不能同时设置时间和声音，需分别设置。

3）单击“保存并关闭”按钮，在返回的窗口功能选择区单击“日历”按钮，打开“日历”窗口，在“开始”选项卡中选择“天”选项，即选择日历按天显示；选择“周”选项，即选择日历按周显示；选择“月”选项，即选择日历按月显示。此处单击“周”选项，如图 1-22-10 所示。双击日历功能区中的“约会任务”选项，即可查看约会信息。

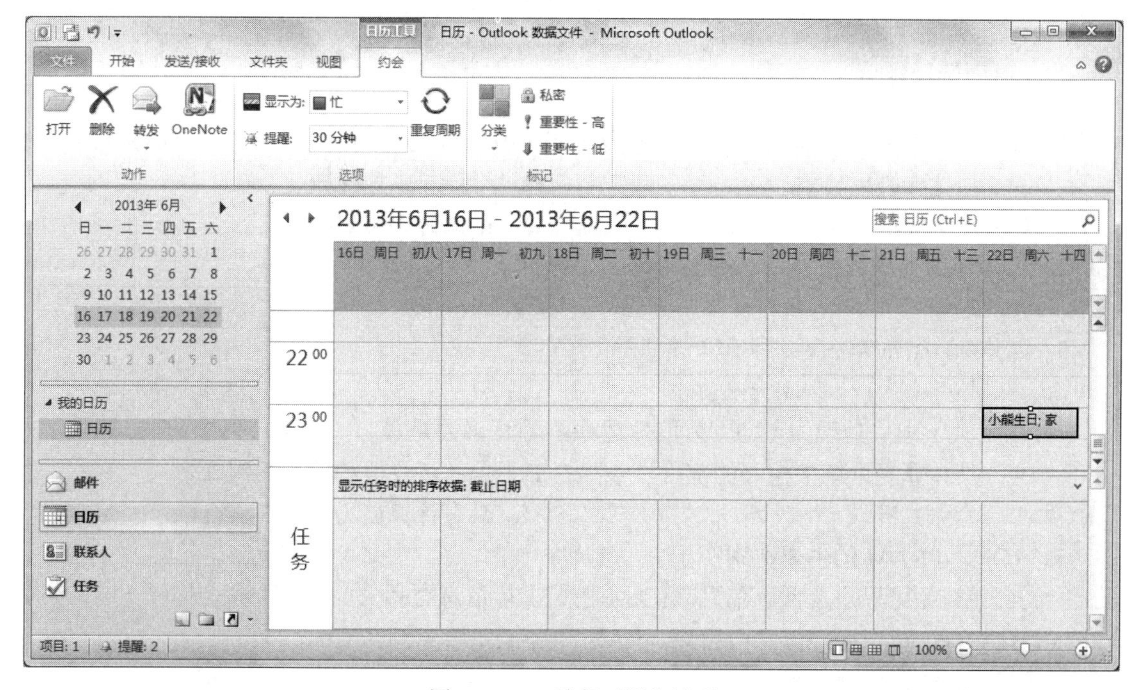

图 1-22-10　选择“周”选项

（2）在 Outlook 2010 创建会议提醒。

1）启动 Outlook 2010，单击“开始”选项卡中的“新建项目”按钮，在弹出的下拉列表中选择“会议”选项，打开“未命名-会议”窗口。

2）在“未命名-会议”窗口中输入相应的收件人邮件地址、主题、地点、开始时间、结束时间，在窗口下面的文本框中可以输入有关会议的注释。在“开始”选项卡的“显示为”下拉列表中选择“忙”选项，在“提醒”下拉列表中选择“15 分钟”选项和“声音”选项，根据提示添加提示的声音。

3）完成相应的设置以后，单击“发送”按钮即可。

第 2 部分　练习题与参考答案

练习题

一、单项选择题

1．在 PowerPoint 中，要移动幻灯片在演示文稿中的编号位置，（　　）项不能实现。

A．幻灯片浏览视图　　B．幻灯片放映视图

C．普通视图　　D．以上都不可以

2．打印机的联机键主要用于控制打印与主机间的（　　）。

A．走行　　B．走页　　C．联机　　D．检测

3．二进制 101110 转换成等值八进制是（　　）。

A．45　　B．56　　C．67　　D．78

4．以下关于中央处理器（CPU）的叙述中，不正确的是（　　）。

A．是计算机系统中核心的部件　　B．是由运算器和控制器组成

C．简称主机　　D．具有计算能力

5．ROM 与 RAM 的主要区别在于（　　）。

A．ROM 可以永久保存信息，RAM 在掉电后信息会丢失

B．ROM 掉电后，信息会丢失，RAM 则不会

C．ROM 是内存储器，RAM 是外存储器

D．RAM 是内存储器，ROM 是外存储器

6．总线是连接计算机各部件的一组公共信号线，它是由（　　）组成。

A．地址总线和数据总线　　B．地址总线和控制总线

C．数据总线和控制总线　　D．地址总线、数据总路线和控制总线

7．微型计算机中，通用寄存器的位数是（　　）。

A．8 位　　B．16 位　　C．计算机字长　　D．32 位

8．在 Word 中，可以将编辑的文本以多种格式保存下来，下列选项中，Word 支持的保存格式是（　　）。

A．文本文件、WPS 文件、位图文件　　B．DOC 文件、TXT 文件、RTF 文件

C．PIC 文件、TXT 文件、书写器文件　　D．WRI 文件、BMP 文件、DOC 文件

9．Excel 中的工作表是由行、列组成的表格，表中的每一格叫（　　）。

A．窗口格　　B．工作表格　　C．单元格　　D．工作格

10．硬盘的存取速度比（　　）慢。

A．RAM　　B．光盘　　C．软盘　　D．磁带

11．Word 提供了 5 个制表符，包括左对齐、居中、右对齐、小数点对齐和（　　）。

A．横线制表符　　B．竖线对齐制表符

C．图形制表符　　D．斜线制表符

12．在 Word 中，要写入一个形如 $A=X^2+E^2$ 的式子，最好是使用 Word 自带的（　　）。

A．画图　　B．公式编辑器　　C．图像生成器　　D．剪贴板

13．（　　）是电子邮件中必须使用的符号。

A．#　　B．%　　C．$　　D．@

14．在 Excel 中要求对工作表进行数据移动操作时，（　　）。

A．公式所引用的单元格被移动后，公式结果均不变

B．若目标区域已有数据，则将被移过来的数据取代

C．被公式所引用的单元格内容可移至别处，别处数据也可能移至被引用的单元格

D．如果目标区域已有数据，数据移动后，将插入在原目标区域之前

15．在计算机的众多特点中，其最主要的特点是（　　）。

A．计算速度快　　B．存储程序与自动控制

C．应用广泛　　D．计算精度高

16．OSI 参考模型第四层是（　　）。

A．会话层　　B．网络层　　C．传输层　　D．表示层

17．在 Excel 中按 Ctrl+End 组合键，光标移到（　　）。

A．工作表有效的右下角　　B．工作表头

C．工作簿头　　D．行首

18．微型计算机中的外存储器，可以与（　　）直接进行数据传送。

A．运算器　　B．控制器　　C．微处理器　　D．内存储器

19．关于回收站正确的说法是（　　）

A．暂存所有被删除的对象　　B．回收站的内容不可以恢复

C．清空回收站后仍可用命令方式恢复　　D．回收站是在内存中开辟的

20．在 Word 中，“文件”选项卡的“最近所用文件”所显示的文件名是（　　）。

A．扩展名为 PPT 的文件名　　B．扩展名为 XLS 的文件名

C．扩展名为 PSD 的文件名　　D．最近被 Word 处理的文件名

21．将文档中一部分文本内容复制至别处，先要进行的操作是（　　）。

A．粘贴　　B．复制　　C．选定　　D．剪切

22．微处理器的字长、主频、运算器结构及（　　）是影响其处理速度的主要因素。

A．是否微程序控制　　B．有无 DMA 功能

C．有无 Cache　　D．有无中断处理

23．Excel 的文件名称是（　　）。

A．工作表　　B．工作簿　　C．文档　　D．单元格

24．在 Word 中，可以在文档中寻找用户指定的字符串，这个字符串中若包含制表符和回车符，那么系统（　　）。

A．不能正确判断所需字符串是否存在

B．可以正确判断所需字符串是否存在

C．只能判断去掉制表符和回车符以后的字符串是否存在

D．提示字符串不合要求

25．在计算机内部，所有需要计算机处理的数字、字母、符号都是以（　　）来表示的。

A. 二进制码　B. 八进制码　C. 十进制码　D. 十六进制码

26. 当前计算机应用方面的时代特征是（　　）。

A. 并行处理技术　B. 分布式系统

C. 微型计算机　D. 计算机网络

27. 在 Excel 中，活动单元地址显示在（　　）内。

A. 菜单栏　B. 公式栏　C. 工具栏　D. 名称栏

28. 应用软件是指（　　）。

A. 所有的软件系统

B. 能被各应用单位共同使用的某种软件

C. 用在微型计算机上的各种操作系统和 Office 套件

D. 专门为某一应用目的而编制的软件

29. 如果要用模板建立 Word 文件，应通过（　　）方式。

A. 快速访问工具栏的“新建”按钮　B. “文件”选项卡中的“新建”命令

C. 快捷方式　D. 以上三种方法都不对

30. 在 Excel 中，输入系统时间的快捷键是（　　）。

A. Ctrl+;　B. Ctrl+.　C. Ctrl+Shift+:　D. Ctrl+Shift+;

31. 在 Word 编辑内容中，文字下面有红色波浪下划线表示（　　）。

A. 已修改过的文档　B. 对输入的确认

C. 可能有拼写错误　D. 可能有语法错误

32. DRAM 存储器是指（　　）。

A. 静态随机存储器　B. 静态只读存储器

C. 动态随机存储器　D. 动态只读存储器

33. Word 中有三种查找方式，不是其中之一的是（　　）。

A. 无格式的查找　B. 带格式的查找

C. 特殊字符查找　D. 无条件查找

34. 发现 U 盘上某个程序已感染病毒时，就当（　　）。

A. 使用防病毒软件，消除盘上的病毒　B. 此磁盘不可再用，就报废

C. 可继续运行盘上其他程序　D. 删除病毒文件

35. 系统软件中的核心软件是（　　）。

A. 操作系统　B. 语言处理程序　C. 工具软件　D. 数据库管理系统

36. 执行二进制算术加运算 01010100+10010011，其运算结果是（　　）。

A. 11100111　B. 11000111　C. 00010000　D. 11101011

37. 在 PowerPoint 中，在幻灯片母版中插入的对象，只能在（　　）视图中修改。

A. 幻灯片视图　B. 幻灯片母版　C. 讲义母版　D. 大纲视图

38. 在 Excel 中，利用填充柄可以将数据复制到相邻单元格中，若选择含有数值的左右相邻的两个单元格，左键拖动填充柄，则数据将以（　　）填充。

A. 等差数列　B. 等比数列　C. 左单元格数值　D. 右单元格数值

39. 在一台运行 Windows 的微机上，若在两个不同目录下分别存放两个同名文件 RST.txt，下述 4 种说法正确的是（　　）。

A．这两个同名文件 RST.txt 一定是同一个文件

B．这两个同名文件 RST.txt 的内容不一定是同一个文件

C．根据 Windows 规定，此现象中的同名文件不可能存在

D．根据 Windows 的规定，此同名文件必须分别存在不同磁盘中

40．在 Excel 图表中的图表项（　　）。

A．可以编辑　　B．不可编辑

C．不能移动位置，但可编辑　　D．大小可调整，内容不能改

41．在 Excel 工作簿中同时选择多个不相邻的工作表，可以按住（　　）键的同时依次单击各个工作表的标签。

A．Alt　　B．Shift　　C．Esc　　D．Ctrl

42．在 Word 的编辑状态，文档窗口显示出水平标尺，拖动水平标尺上沿的“首行缩进”滑块，则（　　）。

A．文档中各段落的首行起始位置都重新确定

B．文档中被选择的各段落首行起始位置都重新确定

C．文档中各行的起始位置都重新确定

D．插入点所在行的起始位置被重新确定

43．在 Excel 的工作表中，有关单元格的描述，下面正确的是（　　）。

A．单元格的高度和宽度不能调整　　B．同一列单元格的宽度不必相同

C．同一行单元格的高度必须相同　　D．单元格不能有底纹

44．存储管理主要是实现对（　　）。

A．计算机外存储器的管理　　B．计算机主存的管理

C．缓存区的管理　　D．临时文件的管理

45．在计算机中，带符号的整数表示方法常有（　　）。

A．原码　　B．补码　　C．反码　　D．以上都是

46．在 Word 中，想用新名字保存文件应（　　）。

A．选择“文件”选项卡中“另存为”命令

B．选择“文件”选项卡中的“保存”命令

C．单击快速访问工具栏的“保存”按钮

D．复制文件到新命名的文件中

47．在 Excel 中，下列叙述中不正确的是（　　）。

A．每个工作簿可以由多个工作表组成

B．输入的字符不能超过单元格宽度

C．每个工作表有 256 列、65536 行

D．单元格中输入的内容可以是文字、数字、公式

48．在 Word 环境下，分栏编排（　　）。

A．只能运用于全部文档　　B．只能排两栏

C．运用于所选择的文档　　D．两栏是对等的

49．通常所说的主机主要包括（　　）。

A．CPU　　B．CPU 和内存

C．CPU、内存与外存　　D．CPU、内存与硬盘

50．不属于电子邮件系统的主要功能是（　　）。

A．生成邮件　　B．发送和接收邮件

C．建立电子邮箱　　D．自动销毁邮件

51．以下操作中不属于 Excel 的是（　　）。

A．自动排版　　B．自动求和　　C．自动填充数据　　D．自动筛选

52．世界上第一台电子计算机是（　　）。

A．ENIAC　　B．EDVAC　　C．EDSAC　　D．UNIVAC

53．在操作系统中，文件管理程序的主要功能是（　　）。

A．实现文件的显示和打印　　B．实现对文件的按内容存取

C．实现对文件按名存取　　D．实现文件压缩

54．操作系统使用一些专用设备名，其打印机和显示器的设备名分别为（　　）。

A．AUX、COM1　　B．PRN、CON

C．CON、COM1　　D．COM、PRN

55．以下有关 Word 页面显示的说法不正确的有（　　）。

A．在打印预览状态仍然能进行插入表格等编辑工作

B．在打印预览状态可以查看标尺

C．多页显示只能在打印预览状态中实现

D．在页面视图中可以拖动标尺改变边距

56．当一个应用程序窗口被最小化后，该应用程序将（　　）。

A．被终止执行　　B．继续在前台执行

C．被暂停执行　　D．转入后台执行

57．在计算机网络中，Modem 的功能是（　　）。

A．实现数字信号的编码　　B．把模拟信号转换为数字信号

C．把数字信号转换为模拟信号　　D．实现模拟信号与数字信号之间的转换

58．在 Word 的编辑状态，要想为当前文档中的文字设定上标、下标效果，应当使用“开始”选项卡中的（　　）。

A．“字体”按钮　　B．“段落”按钮

C．“分栏”按钮　　D．“样式”按钮

59．在 Word 环境下，如果对已有表格的每一行求和可选择的公式是（　　）。

A．=SUM　　B．=SUM(LEFT)　　C．=SQRT　　D．=QRT

60．在 Word 的编辑状态下，当前输入的文字显示在（　　）。

A．鼠标光标处　　B．插入点　　C．文件尾部　　D．当前行尾部

61．在 Windows 桌面上，不能打开“资源管理器”的操作是（　　）。

A．右击“计算机”图标，然后从弹出的菜单中选取“资源管理器”

B．右击“开始”按钮，然后从快捷菜单中选取“资源管理器”

C．单击“开始”铵钮，然后从“程序”菜单中选取“资源管理器”

D．双击“计算机”图标，然后从窗口中选取“资源管理器”图标

62．DOS 的热启动是指（　　）。

A．按 Reset 键　　B．开机
C．执行 COMMAND.COM　　D．按 Ctrl+Alt+Delete 组合键

63．在计算机中存储数据的基本单位是（　　）。
A．字节　　B．位　　C．字　　D．KB

64．把 Windows 的窗口和对话框作一比较，窗口可以移动和改变大小，而对话框（　　）。
A．既不能移动，也不能改变大小　　B．仅可以移动，不能改变大小
C．仅可以改变大小，不能移动　　D．既可移动，也能改变大小

65．在 Windows 中，回收站是（　　）。
A．硬盘上的一块区域　　B．软盘上的一块区域
C．内存的一块区域　　D．高速缓存中的一块区域

66．发现计算机病毒后，比较彻底的清除方式是（　　）。
A．用查毒软件处理　　B．删除磁盘文件
C．用杀毒软件处理　　D．格式化磁盘

67．通常所说的 OSI 模型分为（　　）。
A．6 层　　B．2 层　　C．4 层　　D．7 层

68．计算机病毒是指（　　）。
A．带细菌的磁盘　　B．已损坏的磁盘
C．具有破坏性的特制程序　　D．被破坏了的程序

69．下面列出的计算机病毒传播途径，不正确的说法是（　　）。
A．使用来路不明的软件　　B．通过借用他人的 U 盘
C．通过非法的软件复制　　D．将干净的 U 盘和多个带病毒的 U 盘混放

70．计算机软件系统中，“口令”是保证系统安全的一种简单而有效的方法。一个好的口令不应当（　　）。
A．只使用小写字母或大写字母　　B．字母和数字混合使用
C．易于记忆　　D．具有足够的长度

71．在 Word 中，用鼠标拖动图形的控制点实现 Word 文档中的图形的对称裁剪，需同时按住的键是（　　）。
A．Shift　　B．Ctrl　　C．Alt　　D．F1

72．在 Word 中，已设置了自动保存功能，下列叙述正确的是（　　）。
A．自动保存文件的扩展名为.ads
B．文件存储在 AUTOEXEC.bat 指定的临时目录
C．文件保存于当前操作路径
D．自动保存的文件名与正编辑的文件不同名

73．在 Excel 中，下列（　　）是输入正确的公式形式。
A．b2*d3+1　　B．SUM(O)　　C．=SUM(d1:d2)　　D．=8x243

74．在 Word 中，如果用户需要取消刚才的输入，则可以在快速访问工具栏中选择“撤销”命令：在撤销后若要重做刚才的操作，可以在快速访问工具栏中选择“重复”选项，这两个操作的组合键分别是（　　）。
A．Ctrl+T 和 Ctrl+I　　B．Ctrl+Z 和 Ctrl+Y

C．Ctrl+Z 和 Ctrl+I　　D．Ctrl+T 和 Ctrl+Y

75．文件基本名与扩展名用（　　）间隔。

A．，　　B．.　　C．/　　D．\

76．在退出 Windows 系统的提问确认中，若回答取消，则 Windows（　　）。

A．退出　　B．不退出　　C．不反应　　D．再提出问

77．下列描述中正确的是（　　）。

A．激光打印机是喷墨式打印机　　B．软磁盘驱动器是内存储器

C．操作系统是一种应用软件　　D．计算机运行速度用每秒执行指令数来表示

78．第三代计算机采用的逻辑器件是（　　）。

A．晶体管　　B．中、小规模集成电路

C．大规模集成电路　　D．微处理器集成电路

79．一个 Excel 工作表可包含最多（　　）列。

A．150　　B．256　　C．300　　D．400

80．在 Excel 中一次排序的参照关键字最少要有（　　）。

A．4　　B．1　　C．3　　D．2

81．某个微机的硬盘容量为 1GB，其中 GB 表示（　　）。

A．1000KB　　B．1024KB　　C．1000MB　　D．1024MB

82．在 Word 中默认的图文环绕方式是（　　）。

A．四周型　　B．嵌入型　　C．上下型环绕　　D．紧密形环绕

83．在 Excel 中，输入数值型数据时，当用户的数据太长，单元格放不下时则（　　）。

A．数据跨列显示　　B．单元格显示“########”

C．单元格显示“Error”　　D．改变列宽，以完整显示数据

84．多媒体除了具有信息媒体多样性的特征外，还具有（　　）。

A．交互性　　B．集成性　　C．系统性　　D．上述三方面特征

85．为了在资源管理器中快速查找.exe 文件，最快速且准确的定位显示方式是（　　）。

A．按名称　　B．按类型　　C．按大小　　D．按日期

86．下列新建文件夹的操作中，错误的是（　　）。

A．在 MS-DOS 方式下，用 MD 命令

B．在“资源管理器”中的“文件”菜单中选择“新建”命令

C．在“计算机”窗口确定磁盘或上级文件夹，然后选择“文件”菜单中的“新建”命令

D．在“开始”菜单中，选择“运行”命令，再执行 MD

87．UNIX 操作系统是（　　）操作系统。

A．分时　　B．单任务　　C．单道　　D．批处理

88．在 Excel 中，可以直接按（　　）键实现相对引用、绝对引用和混合引用间的切换。

A．F2　　B．F3　　C．F1　　D．F4

89．在 Excel 中公式 SUM(3,2,TRUE)计算的结果为（　　）。

A．2　　B．5　　C．6　　D．公式错误

90．信息高速公路传送的是（　　）。

A．二进制数据　B．系统软件　　　C．应用软件　　　D．多媒体信息

91．下列方式中，可以显示出页眉和页脚的是（　　）。

A．大纲视图　　B．页面视图　　　C．阅读版式视图　D．草稿视图

92．下面列出的 4 种存储器中，易失性存储器是（　　）。

A．RAM　　　B．ROM　　　　C．硬盘　　　　D．CD-ROM

93．平常所说的 24 针式打印机属于（　　）。

A．击打式打印机 B．激光式打印机　C．喷墨式打印机　D．热敏式打印机

94．以下关于 Word 打印操作的正确说法为（　　）。

A．在 Word 开始打印前可以进行打印预览

B．Word 的打印过程一旦开始，在中途无法停止打印

C．打印格式由 Word 自己控制，用户无法调整

D．Word 每次只能打印一份文稿

95．在 Word 中，使用艺术字体可使文本产生特殊效果，选择“插入”选项卡“文本”选项组，然后再单击（　　）按钮，从下拉列表中选择其中一种选项即可启动艺术字体。

A．文档部件　　B．文本框　　　　C．艺术字　　　　D．首字下沉

96．用高级语言编写的程序称为（　　）。

A．源程序　　　B．编辑程序　　　C．编译程序　　　D．连接程序

97．操作系统管理（　　）。

A．用户和控制对象　　　　　　　　B．计算机硬件资源和软件资源

C．计算机的控制对象　　　　　　　D．控制对象和用户

98．在 Excel 中的某个单元格中输入文字，若要文字能自动换行，可利用“单元格格式”对话框的（　　）选项卡，选择“自动换行”。

A．数字　　　　B．对齐　　　　　C．图案　　　　　D．保护

99．在启动 Windows 时，欲想在“通常方式”“安全模式”“DOS 方式”等启动方式之间进行选择，应按的功能键是（　　）。

A．F8　　　　　B．Del　　　　　C．F5　　　　　D．F4

100．在 Word 的默认状态下，以下（　　）没有出现在 Word 打开的界面上。

A．Microsoft Word 帮助主题　　　　B．功能区

C．“文件”选项卡　　　　　　　　D．状态栏

101．函数 ROUND(15,1)的计算结果为（　　）。

A．2　　　　　B．10　　　　　C．12　　　　　D．25

102．下列说法中不正确的是（　　）。

A．调制解调器（Modem）是局域网络设备

B．集线器（Hub）是局域网络设备

C．网卡（NIC）是局域网络设备

D．中继器（Repeater）是局域网络设备

103．在 Windows 系统中，在各种中/英文输入法间切换需按（　　）。

A．Shift+Space 组合键　　　　　　B．Alt+Shift 组合键

C．Ctrl+Shift 组合键　　　　　　　D．鼠标左键单击输入方式切换按钮

104．关于磁盘扫描程序，下述错误的是（　　）。

A．可以检测文件的文件名和合法性、日期和时间格式

B．检测磁盘上是否有丢失的文件碎片

C．对已坏的磁盘扇区做标记

D．对已坏的磁盘扇区做修复

105．在 PowerPoint 中，在空白幻灯片中不可以直接插入（　　）。

A．文本框　　B．艺术字　　C．文字　　D．Word 表格

106．Excel 中，一个完整的函数包括（　　）。

A．“=”和函数名　　B．函数名和变量名

C．“=”和变量　　D．“=”、函数名和变量

107．在 Excel 中单元格地址是指（　　）。

A．每一个单元格　　B．每一个单元格的大小

C．单元格所在的工作表　　D．单元格在工作表中的位置

108．有关 Word“首字下沉”命令正确的说法是（　　）。

A．只能悬挂下沉　　B．可以下沉三行字的位置

C．只能下沉三行　　D．以上都正确

109．为了保证任务栏任何时候在屏幕可见，应在“任务栏属性”对话框的“任务栏选项”标签中选择（　　）。

A．不被覆盖　　B．总在最前　　C．自动隐藏　　D．显示时钟

110．多媒体技术是（　　）。

A．一种图像和图形处理技术

B．声音和图形处理技术

C．超文本处理技术

D．计算机技术、电视技术和通信技术相结合的综合技术

111．在 Windows 中，将中文输入方式切换到英文方式，应同时按（　　）组合键。

A．Alt+空格　　B．Shift+空格

C．Ctrl+空格　　D．Enter+空格

112．在幻灯片视图窗格中，要删除选中的幻灯片，不能实现的操作是（　　）。

A．按下键盘上的 Delete 键

B．按下键盘上的 Backspace 键

C．按下工具栏上的隐藏幻灯片按钮

D．单击“开始”选项卡“剪贴板”组的“剪切”按钮

113．在下面不同进制的 4 个数中（均为不带符号的数），最小的一个数是（　　）。

A．$(11011001)_2$　　B．$(75)_{10}$

C．$(37)_8$　　D．$(A7)_{16}$

114．在 Word 中，如果要选取某一个自然段落，可将鼠标指针移到该段落区域内（　　）。

A．单击　　B．双击

C．三击鼠标左键　　D．右击

115．下列选项卡中，含有设定字体命令的是（　　）。

A. 文件　　B. 开始　　C. 引用　　D. 页面布局

116. 在 Word 中，“剪切”命令用于删除文本或图形，并将它放置到（　　）。

A. 硬盘上　　B. 软盘上　　C. 剪贴板上　　D. 文档上

117. 一个 HTML 文件的开始标记是（　　）。

A. HTML　　B. <HTML>　　C. </HTML>　　D. <\HTML>

118. 以下设备中，不属于输入设备的有（　　）。

A. 显示器　　B. 鼠标　　C. 键盘　　D. 手写板

119. 记录在磁盘上的一组相关信息的集合称为（　　）。

A. 外存储器　　B. 文件　　C. 数字　　D. 内存储器

120. 内存中每个基本单元都被赋予一个唯一的序号，称为（　　）。

A. 地址　　B. 字节　　C. 编号　　D. 容量

121. 高级语编写的应用程序称为（　　）。

A. 用户程序　　B. 源程序　　C. 浮程序　　D. 目标程序

122. 计算机能直接识别的语言是（　　）。

A. 汇编语言　　B. 机器语言　　C. 自然语言　　D. 高级语言

123. 在单元格中输入数字字符串 00080（邮政编码）时，应输入（　　）。

A. 80　　B. ″00080　　C. ′00080　　D. 00080′

124. 800 个 24×24 点阵汉字字型库所需要的存储容量是（　　）。

A. 40KB　　B. 25KB　　C. 7200KB　　D. 450KB

125. 在 PowerPoint 中，“自定义动画”对话框中不包括有关动画设置的选项是（　　）。

A. 时间　　B. 自定义动画　　C. 触发　　D. 动画刷

126. 在 Excel 中，工作窗口的拆分分为（　　）。

A. 水平拆分和垂直拆分

B. 水平、垂直同时拆分

C. 水平拆分、垂直拆分和水平、垂直同时拆分

D. 以上均不是

127. 二进制数 11101011-10010110 结果是（　　）。

A. 0010101　　B. 010111011　　C. 01010101　　D. 101010101

128. 在 Word 编辑时，文字下面有绿色波浪下划线表示（　　）。

A. 已修改过的文档　　B. 对输入的确认

C. 可能有拼写错误　　D. 可能有语法错误

129. 在 Excel 中的“单元格格式”对话框中，设有“数字”等（　　）个标签选项。

A. 7　　B. 4　　C. 6　　D. 5

130. 在 Windows 桌面上可以同时打开（　　）窗口。

A. 一个　　B. 二个　　C. 三个　　D. 多个

131. 在选定文件或文件夹后，下列操作中，不能修改文件或文件夹名称的是（　　）。

A. 在“文件”菜单中选择“重命名”命令，键入新文件名后按回车键

B. 按 F2 键，键入新文件名，再按回车键

C. 单击文件或文件夹名称，键入新文件名后按回车键

D．单击文件或文件夹图标，键入新文件名后按回车键

132．Windows 规定“？”代替（　　）。

A．任意个字符　B．1 个字符　C．3 个字符　D．4 个字符

133．在一台运行 Windows 的微机上，不可能同时存在的文件是（　　）。

A．C:\ABC\XYZ.DAT 和 C:\abc\xyz.dat

B．D:\ABC\XYZ.DAT 和 D:\ADC\XYZ.DAT

C．D:\ABC\XYZ.DAT 和 C:\ABC\XYW.DAT

D．D:\ABC\XYZ.DAT 和 D:\DEF\XYZ.DAT

134．域名 indi.shcnc.ac.cn 表示网络名的是（　　）。

A．indi　B．shcnc　C．ac　D．cn

135．在 Word 环境下，在编辑文本中不可以插入（　　）。

A．文本　B．图片　C．系统文件　D．表格

136．在下列各点阵的汉字字库中，（　　）字库中的汉字字形显示得比较清晰美观。

A．16×16 点阵　B．24×24 点阵　C．40×40 点阵　D．48×48 点阵

137．在 Excel 中，以下单元格引用属于混合引用的是（　　）。

A．E3　B．$E$18　C．C$20　D．$D$13

138．IP 地址格式写成十进制时有（　　）组十进制数。

A．8　B．4　C．5　D．32

139．下列为磁盘碎片整理程序不能实现的功能是（　　）。

A．整理文件碎片　B．整理磁盘上的空闲空间

C．同时整理文件碎片和空闲碎片　D．修复错误的文件碎片

140．在 PowerPoint 中，幻灯片内的动画效果可通过“动画”选项卡“动画”组中的（　　）按钮来设置。

A．其他　B．效果选项　C．添加动画　D．动画窗格

141．可以使用（　　）选项卡“背景”组中的“背景样式”按钮改变幻灯片的背景。

A．开始　B．插入　C．设计　D．视图

142．在计算机内部，用来传送、存储、加工处理的数据或指令代码的数制是（　　）。

A．二进制　B．八进制　C．十进制　D．十六进制

143．段落的标记是在输入（　　）之后产生的。

A．句号　B．Enter　C．Shift+Enter　D．分页符

144．微型机中运算器的主要功能是（　　）。

A．控制计算机的运行　B．算术运算和逻辑运算

C．分析指令并执行　D．负责存取存储器中数据

145．Excel 对于新建的工作簿文件，若还没有进行存盘，会采用（　　）作为临时名字。

A．File1　B．Book1　C．文档 1　D．Sheet1

146．下面有关 DOS 操作系统的描述，正确的是（　　）。

A．DOS 是单用户单任务操作系统　B．DOS 是多用户单任务操作系统

C．DOS 是单用户多任务操作系统　D．DOS 是多用户多任务操作系统

147．下列存储设备中，断电后其中信息会丢失的是（　　）。

A．ROM　　B．RAM　　C．软盘　　D．硬盘

148．在 PowerPoint 中，“动画”窗格的“动画效果”对话框中不包括有关动画设置的选项是（　　）。

A．效果　　B．计时　　C．声音　　D．幻灯片切换

149．汉字系统中，字库中的汉字以（　　）存在。

A．内码（机内码）　　B．交换码

C．字形码　　D．二进制码

150．在 Windows 中，按（　　）组合键可打开“开始”菜单。

A．Alt+Esc　　B．Ctrl+Esc　　C．Alt+Space　　D．Ctrl+Z

151．在 Word 中按（　　）组合键可将光标快速移至文档的开端。

A．Ctrl+Home　　B．Ctrl+End

C．Ctrl+Shift+End　　D．Ctrl+Shift+Home

152．在 Word 的编辑状态下，若要调整左右边界，比较直接、快捷的方法是使用（　　）。

A．工具栏　　B．格式栏　　C．菜单　　D．标尺

153．（　　）的任务是将计算机外部的信息送入计算机。

A．输入设备　　B．输出设备　　C．软盘　　D．电源线

154．多媒体计算机系统由（　　）。

A．计算机系统和各种媒体组成

B．计算机和多媒体操作系统组成

C．多媒体计算机硬件系统和多媒体计算机软件系统组成

D．计算机系统和多媒体输入/输出设备组成

155．在 Excel 中，设置货币单位需在“开始”选项卡的“数字”选项组中（　　）按钮下进行。

A．数字　　B．单元格　　C．列　　D．工作表

156．在 Windows 中，活动窗口表现为（　　）。

A．任务栏上的对应按钮往里凹　　B．普通窗口

C．任务栏上的对应铵钮往外凸　　D．最小化窗口

157．用 8 位二进制补码表示带符号的定点整数，则它表示的数的范围是（　　）。

A．-127～+127　　B．-127～+128

C．-128～+127　　D．-128～+128

158．Excel 应用程序窗口最下面一行称作状态栏，当输入数据时，状态栏显示（　　）。

A．就绪　　B．输入　　C．编辑　　D．等待

159．（　　）是计算机最原始的应用领域，也是计算机最重要的应用之一。

A．数值计算　　B．过程控制　　C．信息处理　　D．计算机辅助设计

160．Windows 任务栏上的内容为（　　）。

A．当前窗口的图标　　B．已启动并正在执行的程序名

C．所有已打开的窗口图标　　D．已经打开的文件名

161．便携式计算机（笔记本）不具备的特点是（　　）。

A．重量轻　　B．体积小　　C．体积大　　D．便于携带

162．计算机软件系统应包括（　　）。

A．程序和数据　　B．数据库软件和管理软件

C．编译软件和连接程序　　D．系统软件和应用软件

163．在 Word 环境下，为了防止突然断电或其他意外事故，防止正在编辑的文本丢失，应设置（　　）功能。

A．重复　　B．撤销　　C．自动存盘　　D．存盘

164．微型计算机中使用的鼠标连接在（　　）。

A．打印机接口上　　B．显示器接口上

C．并行接口上　　D．串行接口上

165．在 Word 中，使用标尺可以直接设置缩进，标尺的顶部三角形标记代表（　　）。

A．左端缩进　　B．右端缩进　　C．首行缩进　　D．悬挂式缩进

166．下列叙述中，正确的是（　　）。

A．键盘上的 F1～F12 功能键，在不同的软件下其作用是一样的

B．计算机内部，数据采用二进制表示，而程序则用字符表示

C．计算机汉字字模的作用是供屏幕显示和打印输出

D．微型计算机主机箱内的所有部件均由大规模、超大规模集成电路构成

167．在 Excel 公式中用来进行乘的标记为（　　）。

A．^　　B．(　)　　C．×　　D．*

168．通常人们所说的一个完整的计算机系统应该包括（　　）。

A．主机、硬盘、显示器　　B．计算机及其外部设备

C．主机与系统软件　　D．硬件系统与软件系统

169．组成 CPU 的器件是（　　）。

A．内存储器和控制器　　B．控制器和运算器

C．高速缓存和运算器　　D．控制器、运算器和内存储器

170．打开一个文档，再关闭，该文档将（　　）。

A．保存在外存储器中　　B．保存在内存储器中

C．保存在剪贴板中　　D．既保存在外存储器中也保存在内存储器中

171．把 CPU、存储器、I/O 设备连接起来，用来传送各部分之间信息的是（　　）。

A．总线　　B．外部设备　　C．I/O 总线　　D．总线逻辑控制

172．在 Excel 中，当某单元格中的数据被显示为充满整个单元格的一串“#####”时，说明（　　）。

A．其中的公式内出现 0 做除数的情况

B．显示其中的数据所需要的宽度大于该列的宽度

C．其中的公式所引用的单元格已被删除

D．其中的公式含有 Excel 不能识别的函数

173．（　　）表示教育类域名。

A．com　　B．gov　　C．arts　　D．edu

174．在 PowerPoint 中，幻灯片内的动画效果可通过“动画”选项卡“高级动画”组中的（　　）按钮来设置。

A．动画窗格　　B．添加动画　　C．动画预览　　D．幻灯片切换

175．在 Excel 单元格内输入计算公式时，应在表达式前加一前缀字符（　　）。

A．左圆括号“(”　　B．等号“=”

C．美元号“$”　　D．单撇号“'”

176．在 Windows 系统中，下列叙述中错误的是（　　）。

A．可同时运行多个程序　　B．桌面上可同时容纳多个窗口

C．可支持鼠标操作　　D．可运行所有的 DOS 应用程序

177．某计算机的 IP 地址为 01，该地址属于（　　）IP 地址。

A．A 类　　B．B 类　　C．C 类　　D．D 类

178．CPU 不能直接访问的存储器是（　　）。

A．ROM　　B．RAM　　C．Cache　　D．外存储器

179．在计算机中，用来表示信息的最小单位是（　　）。

A．位　　B．字节　　C．字　　D．KB

180．Word 的查找和替换功能十分强大，不属于其中之一的是（　　）。

A．能够查找文本与替换文本的格式

B．能够查找和替换带格式及样式的文本

C．能够查找图形对象

D．能够用通配字符进行复杂的搜索

181．微型计算机的运算器、控制器及内存储器的总称是（　　）。

A．CPU　　B．ALU　　C．主机　　D．MPU

182．计算机的工作过程是（　　）。

A．执行源程序的过程　　B．执行汇编程序的过程

C．执行编译程序的过程　　D．执行程序的过程

183．在微机系统中，硬件与软件的关系是（　　）。

A．在一定情况下可以相互依赖　　B．等效关系

C．特有的关系　　D．固定不变的关系

184．Internet 中的 IP 地址是（　　）。

A．联网主机的网络号　　B．可由用户任意指定

C．由主机名和域名组成　　D．由 32 位二进制码组成

185．关于工作表名称的描述，正确的是（　　）。

A．工作表名不能与工作簿名相同　　B．同一工作簿中不能有相同名字的工作表

C．工作表名不能使用汉字　　D．工作表名称的默认扩展名是.xls

186．若在 Excel 的 A2 单元中输入“=56>=57”，则显示结果为（　　）。

A．56<57　　B．FALSE　　C．TRUE　　D．=56<57

187．要将在 Windows 的其他软件环境中制作的图片复制到当前 Word 文档中，下列说法正确的是（　　）。

A．不能将其他软件中制作的图片复制到当前 Word 文档中

B．可以通过剪贴板将其他软件中制作的图片复制到当前 Word 文档中

C．先在屏幕上显示要复制的图片，打开 Word 文档时便可以将图片复制到文档中

D．执行“文件”选项卡的“打开”命令即可

188．在 Windows 系统中，下列正确的文件名是（　　）。

A．testprogram.txt　　B．Lixiaowen|mulu1

C．<5>3　　D．A?B.bos

189．对于 Windows 系统，下列说法不正确的是（　　）。

A．Windows 是可以脱离 DOS 而独立存在的

B．Windows 属于系统软件

C．Windows 是一个多任务操作系统

D．Windows 属于应用软件

190．在 Excel 中，若要对执行的操作进行撤销，则最多可以撤销（　　）次。

A．100　　B．16　　C．10　　D．无数

191．二进制数 11111111 对应的十进制数是（　　）。

A．511　　B．255　　C．256　　D．128

192. 在 Windows 中，从 Windows 窗口方式切换到 MS-DOS 方式以后，再返回到 Windows 窗口方式下，应该键入（　　）命令后按回车键。

A．esc　　B．exit　　C．cls　　D．windows

193．具有多媒体功能的微机系统，常用 CD-ROM 作为外存储器，它是（　　）。

A．只读软盘存储器　　B．可读写的硬盘存储器

C．可读写的光盘存储器　　D．只读光盘存储器

194．在 Word 中，一个文档有 200 页，以下的方式定位第 112 页最快的是（　　）。

A．用垂直滚动条，快速移动文档，定位于第 112 页

B．用 PageUp 键或 PageDown 键，定位于第 112 页

C．用向下或向上箭头，定位于 112 页

D．用“定位”命令，定位于第 112 页

195．在 Excel 中文本数包括（　　）。

A．汉字、短语和空格　　B．数字

C．其他输入字符　　D．以上全部

196．不属于 Internet 资源的是（　　）。

A．E-mail　　B．FTP　　C．Telnet　　D．Telephone

197．有关 Windows 系统，以下说法正确的是（　　）。

A．在所有微机上都可以使用

B．Windows 系统是图形化的界面

C．Windows 不能同时运行多个应用程序，但可以打开多个编辑文本窗口

D．必须退出 Windows 系统，才可切换到 DOS 方式

198．下列操作中，不能查找文件或文件夹的是（　　）。

A．用“开始”菜单中的“查找”命令

B．右键单击“计算机”图标，在弹出的快捷菜单中选择“查找”命令

C．右键单击“开始”按钮，在弹出的菜单中选择“查找”命令

D．在“资源管理器”窗口中，选择“查看”命令

199．Word 具有分栏功能，下列关于分栏的说法中，正确的是（　　）。

A．最多可以设 4 栏　　B．各栏的宽度必须相同

C．各栏的宽度可以不同　　D．各栏之间的间距是固定的

200．BASIC 语言是一种（　　）。

A．机器语言　B．低级语言　C．高级语言　D．汇编语言

二、多项选择题

1．关于 Word 的表格，叙述正确的有（　　）。

A．可以对整个表格的内容进行排序

B．行高相同的两个相邻的横向单元格可以合并为一个单元格

C．对于一个绘制好的表格，可以通过插入行或删除行来调整表格的行数

D．对于绘制好的表格，可以通过插入列来改变表格的列数

2．在 Word 中选择整个文本的方法有（　　）。

A．用“开始”选项卡“编辑”组中的“选择”命令下拉菜单中的“全选”

B．用“文件”选项卡中的“全选”

C．按住 Ctrl 键，鼠标指针位于选择区，单击左键

D．鼠标指针位于选择区，双击左键

3．在 Windows 中，将某个打开的窗口切换为活动窗口的操作有（　　）。

A．连续按 Ctrl+Space 组合键

B．用鼠标直接单击需用要激活窗口的任意部分

C．保持 Alt 键按下状态不变，并且连续按下 Tab 键

D．用鼠标单击任务栏上该窗口的对应按钮

4．外存与内存相比，其主要优点是（　　）。

A．存储容量大　　B．信息可长期保存

C．存储单位信息的价格便宜　　D．存取速度快

5．下列启动 Word 的方法中正确的有（　　）。

A．双击桌面上的 Word 快捷方式图标

B．单击“开始”→“程序”→“Word”命令

C．在开始菜单的“运行”对话框中输入 Word，并按回车键

D．在 Windows 的 DOS 模式下输入 startword 并按回车键

6．Windows 窗口所具有的特点是（　　）。

A．窗口有菜单栏

B．窗口没有菜单栏

C．窗口右上角设有最大化、最小化按钮

D．窗口的大小可以改变

7．在 Windows 的命名中，长文件名不能使用的字符有（　　）。

A．<　B．？　C．：　D．；

8．关闭 Excel 的方法有（　　）。

A．选择“文件”→“退出”命令，可以退出 Excel

B．选择“文件”→“关闭”命令，可以关闭 Excel

C．双击标题栏左侧图标，可以关闭 Excel

D．可以将 Excel 中打开的所有文件一次性地关闭

9．在“另存为”对话框中，可以（　　）。

A．新建文件夹　　B．删除文件

C．对文件加密　　D．指定文件存盘的路径

10．一个工作簿可以有多个工作表，下列叙述正确的有（　　）。

A．当前工作表不能多于一个

B．当前工作表可以有多个

C．单击工作表队列中的表名，可选择当前工作表

D．按住 Ctrl 键的同时，单击多个工作表名，可选择多个当前工作表

11．以下对齐方式中，属于水平对齐的有（　　）。

A．居中　　B．分散对齐　　C．跨列居中　　D．靠下

12．使用下面（　　）选项或命令，可以调整文字在页面的位置。

A．标尺

B．“页面布局”选项卡“页面设置”组的“文字方向”按钮

C．“页面布局”选项卡“页面设置”组的“纸张大小”按钮

D．“页面布局”选项卡“页面设置”组的“页边距”按钮

13．有关单元格的说法，以下正确的是（　　）。

A．单元格的宽度和高度不能调整　　B．同一列单元格的宽度必须相同

C．同一行单元格的高度必须相同　　D．单元格不能有底纹

E．单元格边框线可以改变

14．Word 的视图方式有（　　）。

A．阅读版式视图　　B．页面视图

C．大纲视图　　D．Web 版式视图

E．草稿视图

15．复制所选文本的方法有（　　）。

A．利用“开始”选项卡“剪贴板”组的“剪切”按钮

B．利用“开始”选项卡“剪贴板”组的“复制”和“粘贴”操作

C．拖动鼠标到指定位置

D．按住 Ctrl 键拖动鼠标到指定位置

16．制作好幻灯片后，可以根据需要使用（　　）方法放映幻灯片。

A．演讲者放映　　B．观众自动浏览

C．在展台浏览　　D．自定义浏览

17．在 Word 中快捷菜单的功能十分强大，以下关于快捷菜单说法正确的有（　　）。

A．快捷菜单是用鼠标的右键功能调用的

B．对功能区进行设置，可以在功能区空白处右击，即可方便地对功能区进行取舍

C．可采用快捷键对任意段落进行各种设置

D．以上说法都是正确的

18．在 Windows 7 中可以完成窗口切换的方法是（　　）。

A．Alt+Tab　　B．Windows+Tab

C．单击要切换窗口的任何可见部位　　D．单击任务栏上要切换的应用程序按钮

19．关于 Word 的光标操作，下列说法正确的有（　　）。

A．向下箭头键，使光标下移一行（假设当前行不是文件的最后一行）

B．向上箭头键，使光标上移一行（假设当前行不是文件的最前一行）

C．向左箭头键，使光标左移一个字符位置（假设当前位置不是本行的最开始位置）

D．向右箭头键，使光标右移一个字符位置（假设当前位置不是本行的最后位置）

20．关于 Excel 文档的命名正确的有（　　）。

A．默认扩展名是.xlsx　　B．默认扩展名是.txt

C．其他可输入字符　　D．以上全部

21．下列属于 Word 的功能有（　　）。

A．把文件设置只读密码，防止他人修改

B．分栏

C．简单绘图（如直线、矩形等）

D．制表

22．Internet 的特点是（　　）。

A．Internet 的核心是 TCP/IP 协议　　B．Internet 可以与公共电话交换网互联

C．Internet 是广域网络　　D．Internet 可以发电子邮件

23．以下关于计算机病毒的描述中，正确的是（　　）。

A．计算机病毒是利用计算机软、硬件存在的一些脆弱性而编制的具有特殊功能的程序

B．计算机病毒具有传染性、隐蔽性、潜伏性和破坏性

C．有效的查杀病毒的方法是多种杀毒软件交叉使用

D．病毒只会通过后缀为 EXE 的文件传播

E．计算机病毒没有任何危害

24．在 Windows 中，通过资源管理器能浏览计算机上的（　　）等对象。

A．文件　　B．文件夹　　C．打印机文件夹　　D．控制面板

25．段落对齐的方式有（　　）。

A．右对齐　　B．分散对齐　　C．居中　　D．两端对齐

26．计算机不能直接识别和处理的语言是（　　）。

A．汇编语言　　B．自然语言　　C．机器语言　　D．高级语言

27．Excel 具有自动填充功能，可以自动填充（　　）。

A．日期　　B．数字　　C．公式　　D．时间

28．在选定区域内，可以将当前单元格的上边单元格变为当前单元格的操作有（　　）。

A．按 Shift+Enter 组合键　　B．按↓键

C．按 Shift+Tab 组合键　　D．按↑键

29．关于 Word 的表格，叙述正确的有（　　）。

A．在 Word 中可以制作复杂表格（如某一单元格包含另外一个表）

B．表格内单元格的大小不可调整

C．列宽可以调节

D．行高可以调节

30．在 Windows 中，浏览计算机资源可通过（　　）进行。

A．“计算机”　　B．“资源管理器”

C．“帮助”选项　　D．“设置”选项

31．为防止计算机病毒的侵入，在网络上进行操作时应注意的事项有（　　）。

A．下载文件时应考虑其节点是否可信任

B．事先预装杀毒软件

C．收到不明电子邮件时，先不要随意下载

D．对电子邮件中的附件应特别注意

32．以下关于文本框的操作正确的说法有（　　）。

A．文本框和文本框之间可以建立连接，其优点是若前一文本已满，则溢出的内容自动填充到下一文本框中

B．文本框和文本框之间的连接可以是任意的，无论你在哪一个文本框中输入，其溢出内容都会自动填充空的文本框

C．可以采用快捷菜单改变文本框的一些属性，如文本框的线条颜色、粗细、虚实等，还可以改变文本框中的边距

D．文本框是一种图形而不是文字

33．下列软件中属于操作系统的有（　　）。

A．OS/2　　B．Visual Basic　　C．PC-DOS　　D．Windows

34．下列单元格引用中，属于绝对引用的有（　　）。

A．$A6　　B．A6　　C．$A$6　　D．$AB$18

35．对于选定的文本块可以对文字进行（　　）操作。

A．加底纹　　B．加下划线　　C．加边框　　D．选择颜色

36．下列关于 Excel 中对齐的说法，正确的有（　　）。

A．默认情况下 Excel 中所有数值型数据均右对齐

B．在默认情况下，所有文本在单元格中均左对齐

C．Excel 允许用户改变单元格中数据的对齐方式

D．Excel 中所有数值型数据均左对齐

37．“资源管理器”窗口的“文件”菜单中“新建”命令的作用是（　　）。

A．创建一个新的文件夹　　B．创建一个快捷方式

C．创建不同类型的文件　　D．创建一个对象文件

38．存储器 ROM 的特点是（　　）。

A．ROM 中的信息可读可写　　B．ROM 的访问速度高于磁盘

C．ROM 中的信息可长期保存　　D．ROM 是一种半导体存储器

39．计算机硬件系统主要性能指标包括（　　）。

A．字长　　B．显示器大小

C．内存容量　　D．主频

E．操作系统性能

40．查找的快捷键是（　　），替换的快捷键是（　　）。

A．Ctrl+C　　B．Ctrl+V　　C．Ctrl+F　　D．Ctrl+H

E．Ctrl+X

41．在 Excel 中，下列数据项被视作数值的是（　　）。

A．2034　　B．15A587　　C．3.00E+02　　D．−10214.8

42．在 Windows 中，以下关于移动和复制文件的操作正确的有（　　）。

A．右键单击一个文件，从快捷键菜单中选择“发送”

B．使用拖放技术

C．使用“剪切”“复制”“粘贴”命令来移动或复制文件

D．COPY 命令

43．在 Windows 中，关闭一个应用程序窗口的方法有（　　）。

A．按 Alt+F4 组合键

B．双击菜单栏

C．选择“文件”菜单中的“关闭”命令

D．单击菜单栏右端的“关闭”按钮

44．求 B1 至 B7 的 7 个单元格的平均值，应用公式（　　）。

A．AVERAGE(b1:b7,7)　　B．AVERAGE(b1:b7)

C．SUM(b1:b7)/7　　D．SUM（b1:b7）/COUNT(b1:b7)

45．下面的说法正确的有（　　）。

A．正在被 Word 编辑的文件是不能被删除的

B．Word 本身不提供汉字输入法

C．Word 会把最后打开的几个文件的文件名列在它的主菜单的“文件”这个子菜单中

D．带排版格式的 Word 文件是文本文件

46．Excel“填充”的“序列”命令，提供的类型有（　　）。

A．日期　　B．等差序列　　C．等比序列　　D．自动填充

E．公差序列

47．当单元格中输入的数据宽度大于单元格宽度时，若输入的数据是文本，则（　　）。

A．如果右边单元格为空时，数据将跨列显示

B．如果右边单元格为非空时，将只显示数据的前部分

C．显示为“$$$$$”或用科学计数法表示

D．显示为“Wrong！”或用科学计数法表示

48．关于 Word 中的字体，下列说法正确的有（　　）。

A．Word 能使用的字体取决于系统（Windows 操作系统）

B．一篇文档可以使用多种字体

C．文档中的一个段落必须使用同一字体

D．文档中的一行必须使用同一字体

49．计算机中字符 a 的 ASCII 码值是 65，那么字符 c 的 ASCII 码值是（　　）。

A．$(01100010)_2$　　B．$(01100011)_2$

C．$(143)_8$　　D．$(63)_{16}$

50. 下列关于 Excel 的叙述中，正确的有（　　）。
A. 工作表不可以重新命名
B. 执行“开始”→“单元格”→“删除”→“删除工作表”命令，会删除当前工作簿的所有工作表
C. 双击某工作表标签，可以对该工作表重新命名
D. 工作簿的第一个工作表名称都约定为 Book1

51. 计算机的主要性能指标有（　　）。
A. 字长　　B. 运算速度　　C. 性能价格比　　D. 存储容量

52. PowerPoint 的浏览视图中，可进行的工作有（　　）。
A. 复制幻灯片　　B. 删除幻灯片
C. 幻灯片文本内容的编辑和修改　　D. 各幻灯片间顺序更改

53. 在 Excel 2010 中，工作簿视图方式有（　　）。
A. 普通　　B. 页面布局　　C. 自定义视图　　D. 分页预览
E. 全屏显示

54. 以下关于 Excel 电子表格软件叙述正确的有（　　）。
A. 可以有多个工作表　　B. 只能有一个工作表
C. 可以有几个独立图表　　D. Excel 是 Microsoft 公司开发的

55. 以下可以预防计算机病毒侵入的措施有（　　）。
A. 关闭 U 盘的写保护口　　B. 不运行来历不明的软件
C. 保持机器的清洁　　D. 安装不间断电源 UPS

56. 如果要在公式中使用日期或时间，以下说法错误的是（　　）。
A. 用单引号打头的文本形式输入，如'98-3-5
B. 用双引号的文本形式输入，如"{98-3-5}"
C. 用括号的文本形式输入，如(98-3-5)
D. 日期根本就不能出现在单元格中

57. 选择一个段落的方法有（　　）。
A. 单击该段　　B. 使光标位在该段，用 4 次 F8
C. 双击该段文本选择区　　D. 单击段首，再按住 Shift 键，单击段尾

58. Word 属于（　　）。
A. 字处理软件　　B. 操作系统
C. 高级语言编译器　　D. 应用软件

59. Excel 的工作簿可保存为（　　）。
A. 一般工作簿文件，扩展名为.xlsx　　B. 文本文件，扩展名为.txt
C. PDF 文件，扩展名为.pdf　　D. XPS 文档

60. 计算机网络的拓扑结构有（　　）。
A. 总线型　　B. 星型　　C. 环型　　D. 复合型

61. 存储程序的工作原理的基本思想是（　　）。
A. 事先编好程序　　B. 将程序存储在计算机中
C. 在人工控制下执行每条指令　　D. 自动将程序从存放的地址取出并执行

62．Windows 中为一个文件命名时（　　）。

A．允许使用空格

B．扩展名中允许使用多个分隔符

C．不允许使用大于号（>）、问号（?）、冒号（：）等符号

D．文件名的长度不允许超过 8 个字符

63．关于 Word 的打印，叙述正确的有（　　）。

A．可以打印指定页

B．在一次打印中，可以打印输出不连续的页（如第 2、5、7 三页）

C．一次只能打印一页或者全部页都必须打印出来

D．在一次打印中，可以将要打印的文件输出多份（如 3 份）

64．在当前单元格中输入系统日期需按（　　）组合键。

A．Ctrl+:　　　　B．Ctrl+;

C．Ctrl+Shift+:　　　　D．Ctrl+Shift+;

65．Excel 工作表中，欲右移一个单元格作为当前单元格，则（　　）。

A．按→键　　　　B．按 Tab 键

C．按 PageDown 键　　　　D．单击右边的单元格

66．可以把 Excel 文档插入到 Word 文档中的方法有（　　）。

A．复制　　　　B．单击"插入"→"对象"

C．利用剪贴板　　　　D．不可以

67．Excel 窗口的标题栏包括（　　）。

A．窗口名称　　　　B．控制按钮

C．"最大化"按钮　　　　D．"关闭"按钮

68．Windows 的查找操作中（　　）。

A．可以按文件类型进行查找

B．不能使用通配符

C．如果查找失败，可直接在输入新内容后单击"开始查找"按钮

D．可在"查找结果"列表框中直接进行复制或删除操作

69．计算机辅助技术包括（　　）。

A．CAD　　B．CAB　　C．CAF　　D．CAI

E．CAT

70．以下关于"选择性粘贴"命令的使用，正确的说法是（　　）。

A．"粘贴"命令与"选择性粘贴"命令中的"全部"选项功能相同

B．"粘贴"命令与"选择性粘贴"命令之前的"复制"或"剪切"操作的操作方法完全相同

C．用"复制""剪切"和"选择性粘贴"命令，完全可以用鼠标的拖动操作来完成

D．用"选择性粘贴"命令可以将一个工作表中的选定区域进行行、列数据位置的互换（转置）

71．关于 Word 文件，下列叙述正确的有（　　）。

A．文档中行之间的距离是可以改变的

B．文档中一行上的文字允许有不同的字体和大小
C．可以将整个段落加上边框
D．段落文字可以具有不同的前景和背景颜色

72．在工作表中建立函数的方法有（　　）。
A．等号后输入函数　　B．利用工具栏上的“函数”按钮
C．利用工具栏上的工具按钮　　D．在单元格等号后输入函数

73．在 Word 2010 中，提供文档对齐方式有（　　）。
A．两端对齐　　B．居中　　C．右对齐　　D．左对齐
E．分散对齐

74．启动拼写检查的方法有（　　）。
A．在快速访问工具栏中单击“拼写和语法”按钮
B．从“审阅”选项卡“校对”选项组中单击“拼写和语法”按钮
C．按 F7 键
D．以上三种操作均不正确

75．以下 Excel 的数值型数据合法的有（　　）。
A．￥12000.45　　B．12000　　C．3.14　　D．1.20E+03

76．关于 Word 的打印预览，叙述正确的有（　　）。
A．与打印机输出格式一致
B．可以用来检查打印输出是否合要求
C．改变页面设置会影响打印预览输出
D．改变页边距会影响打印预览输出

77．我们用 IE 浏览某网站时，可以（　　）。
A．在地址栏中输入该网站的网址
B．单击菜单项“文件”→“打开”
C．单击“收藏”按钮，选择并单击该网站
D．打电话给该网站的网管

78．Excel 文档可转化为（　　）格式。
A．*.dbf　　B．*.txt　　C．*.html　　D．*.doc

79．操作“撤销”可以按（　　）键。
A．Ctrl+C　　B．Ctrl+V　　C．Ctrl+X　　D．Ctrl+Z
E．Ctrl+D

80．在 Excel 2010 中，工作表窗口的拆分分为（　　）。
A．水平拆分　　B．垂直拆分
C．水平、垂直同时拆分　　D．以上均不对

81．下列属于 PowerPoint“设计”选项卡命令的是（　　）。
A．页面设置、幻灯片方向
B．动画
C．主题样式、主题颜色、主题字体、主题效果
D．背景样式

82．关于 Word 中打印机的使用，叙述正确的有（　　）。

A．可以使用网络打印机

B．只能使用本地打印机

C．如果安装了多个打印机驱动程序，必须指定“默认打印机”

D．“默认打印机”只能有一个

83．在 PowerPoint“切换”选项卡中，可以进行的操作有（　　）。

A．设置幻灯片的版式　　B．设置幻灯片的切换效果

C．设置幻灯片的换片方式　　D．设置幻灯片切换效果的持续时间

84．以下属于 Excel 2010“文件”选项卡中的“信息”页内部的是（　　）。

A．权限　　B．检查问题　　C．管理版本　　D．帮助

85．关于 Word 的操作正确的有（　　）。

A．用删除键（Delete）删除光标后的字符

B．用退格键（Backspace）删除光标前的字符

C．用 Home 键使光标移动到本行开始位置

D．用 End 键使光标移动到本行结束位置

86．剪切文本可用快捷键（　　），复制文本可用快捷键（　　），粘贴文本可用快捷键（　　）。

A．Ctrl+C　　B．Ctrl+V　　C．Ctrl+X　　D．Ctrl+Z

E．Ctrl+D

87．资源管理器的“查看”菜单中，改变对象显示方式的命令有（　　）。

A．大图标　　B．小图标　　C．列表　　D．详细资料

88．关于操作系统的说法中，正确的是（　　）。

A．是一种系统软件　　B．是一种操作规范

C．能把源代码翻译成目的代码　　D．能控制和管理系统资源

89．Excel 的标准图表类型有（　　）。

A．柱形图　　B．条形图　　C．雷达图　　D．气泡图

90．Windows 可对软盘进行格式化的有（　　）。

A．控制面板　　B．“计算机”文件夹

C．资源管理器　　D．我的文档

91．在 Word 环境下，当文档比页面宽时，可以（　　）。

A．视图的比例是不可调整的，只有拖动水平滚动条浏览

B．放大视图的显示比例，如以 150%的比例显示

C．可以拖动水平滚动条浏览

D．缩小视图的显示比例，如以 75%的比例显示

92．发现 U 盘上某个程序已感染了病毒时，应当做的操作是（　　）。

A．使用防病毒软件来消除盘上的病毒

B．该磁盘不可再使用，应报废

C．可继续使用磁盘上的其他程序

D．可重新格式化该磁盘后，再重新装入未感染病毒的文件使用

E．删除病毒文件

93．在 Windows 中单击“开始”按钮可打开“开始”菜单，这个菜单为用户提供了任务栏大多数的功能，其中包括（　　）。

A．“程序”和“运行”　　B．“设置”和“帮助”

C．“文档”和“查找”　　D．“关闭系统”

94．下列设备中，既是输入设备又是输出设备的有（　　）。

A．显示器　　B．CD-ROM　　C．内存　　D．硬盘

E．软盘

95．关于 Word 的叙述正确的有（　　）。

A．可以同时打开多个文件

B．可以进行多窗口操作

C．只能打开一个窗口

D．可以打开多个窗口，但是每个窗口的内容都是相同的

96．关于 Word 的操作，正确的有（　　）。

A．可用鼠标选中相邻的几个字符

B．可用键盘选中相邻的几行文字

C．键盘只能用来输入文字，不能控制光标

D．菜单操作只能用鼠标完成，不能用键盘实现

97．关于 Word，下列说法正确的有（　　）。

A．功能区是可以自己定制的

B．可进入全屏幕显示状态，在此状态下，没有功能区

C．可以定义自动存盘时间

D．在拼写检查时，不能使用用户自己的词典

98．若要选择 A2:E8 这一片连续的区域，下列操作正确的是（　　）。

A．将鼠标移至 A2 单元格，按鼠标左键不放，拖动鼠标至 E8

B．单击 A2 单元格，再单击 E8 单元格

C．单击 A2 单元格，按住 Shift 键，单击 E8 单元格

D．单击 A2 单元格，按 Shift 键，双击 E8 单元格

99．关于 Execl 的说法正确的有（　　）。

A．可以在 DOS 环境下运行

B．是电子表格应用软件

C．可以在 Windows 环境下运行

D．是 Microsoft 公司推出的办公自动化套装软件的一员

100．关于 Word 的论述，正确的有（　　）。

A．“开始”选项卡的“字体”选项组上的“B”表示粗体

B．“开始”选项卡的“字体”选项组上的“I”表示斜体

C．“开始”选项卡的“字体”选项组上的“U”表示下划线

D．“开始”选项卡的“字体”选项组上的“B”“I”“U”三个按钮可以一起使用或者两两结合使用

101．能被 CPU 直接访问的存储器是（　　）

A．RAM　　B．Cache　　C．ROM　　D．外存储器

102．计算机网络分为（　　）。

A．校园网　　B．光纤网　　C．广域网　　D．窄域网

E．局域网

103．关闭 Word 窗口，可以采用的方法有（　　）。

A．在“文件”选项卡中单击“关闭”　　B．使用 Alt+F4 快捷键

C．使用 Ctrl+F4 快捷键　　D．双击标题栏最左边的图标

E．单击标题栏最右边的图标

104．Excel 2010 中文本数据包括（　　）。

A．汉字、短语和空格

B．数字

C．如果右边单元格为空时，数据将四舍五入

D．显示为“Error！”或用科学计数法表示

105．汇编语言是一种（　　）。

A．低级语言　　B．目标程序　　C．程序设计语言　　D．高级语言

106．Windows 系统中，文件名可由下列（　　）字符组成。

A．大写字母 A～Z　　B．小写字母 a～z

C．数字 0～9　　D．下划线“_”

107．在 Word 2010 的“设置图片格式”对话框中，对文档中的图片可以进行（　　）操作。

A．改变图片形状　　B．改变图片高度或宽度

C．按比例缩放图片　　D．添加边框和阴影

108．一般来说，适合局域网的拓扑结构有（　　）。

A．总线型　　B．星型　　C．环型　　D．分布式

109．计算机主机通常包括（　　）。

A．运算器　　B．控制器　　C．显示器　　D．存储器

110．在 Word 中，不能输入汉字，只能录入英文字母，可能是（　　）。

A．大写键被锁定　　B．Alt 键被按下

C．Ctrl 键被按下　　D．没有进入汉字输入状态

111．计算机网络按规模和距离远近划分，分为（　　）。

A．广域网　　B．城域网　　C．局域网　　D．Novell 网

112．在 Windows 中，剪贴板可保存（　　）。

A．文本　　B．图片　　C．视频　　D．声音

113．以下属于操作系统存储器管理功能的是（　　）。

A．储存器的刷新　　B．储存器的配置策略

C．储存器的回收策略　　D．储存器的状态

114．Word 可以实现的功能有（　　）。

A．制表　　B．图文混排　　C．文字录入　　D．自动插入页码

115．在 Excel 中，当进行输入操作时，如果先选中一定范围的单元格，则输入数据后描

述错误的是（　　）。

A．所选中的单元格中都会出现所输入的数据

B．只有当前活动单元格中会出现输入的数据

C．系统提示“操作错误”

D．系统会提问是在当前单元格中输入还是在所有选中单元格中输入

116．关于合并及居中的叙述，下列正确的是（　　）。

A．仅能向右合并　　B．也能向左合并

C．左右都能合并　　D．上下也能合并

117．在 Excel 中，若要对执行的操作进行撤销，则以下说法错误的有（　　）。

A．最多只能撤销 8 次　　B．最多只能撤销 16 次

C．最多可以撤销 10 次　　D．可以撤销无数次

118．构造计算机网络的主要意义是（　　）。

A．软、硬件资源共享　　B．仅软件共享

C．信息相互传递　　D．提高计算机速度

119．超文本的含义是（　　）。

A．信息的表达形式　　B．可以在文本文件中添加图片、声音等

C．信息间可以相互转换　　D．信息间的超链接

120．关于 Windows 的正确论述有（　　）。

A．是多用户多任务的操作系统　　B．是具有友好图形界面的操作系统

C．是大型的图形窗口式应用软件　　D．是计算机和用户之间的接口

121．接入 Internet 后，想查看网上的信息，可以选择（　　）软件。

A．Internet Explorer　　B．Netscape Navigator

C．Outlook Express　　D．Word 2010

122．Windows 的桌面元素有（　　）。

A．计算机　　B．回收站　　C．网络　　D．收件箱

123．突然断电后仍能保存信息的储存器是（　　）。

A．硬盘　　B．RAM　　C．CD-ROM　　D．ROM

124．在 Word 中插入图片后，可以通过出现的“图片工具”功能区对图片进行美化设置的是（　　）。

A．删除背景　　B．艺术效果　　C．裁剪　　D．图片样式

125．屏幕保护程序的主要作用是（　　）。

A．保护计算机系统的显示器　　B．保护文件

C．保护用户的眼睛　　D．减低能耗

126．在 Word 中插入人工分页符的方法有（　　）。

A．利用“插入”选项卡“页”选项组的“分页”按钮

B．利用“开始”选项卡“段落”选项组的“分页”按钮

C．使用 Ctrl+Enter 组合键

D．以上方法均正确

127．Internet 的应用包括（　　）。

A．电子邮件　B．文件传输　C．远程登录　D．网络新闻组

128．向 Excel 单元格中输入公式时，在公式前应加（　　）。

A．+　B．#　C．=　D．(

129．在 Word 中打印全部文档的方法有（　　）。

A．单击快速访问工具栏“快速打印”按钮

B．用菜单栏中的“工具”

C．用“文件”选项卡，再选“打印”命令，打开对话框，单击“确定”

D．选“A”“B”

130．Word 中的替换功能可以（　　）。

A．替换文字　B．替换格式

C．不能替换格式　D．只替换格式不替换文字

E．格式和文字可以一起替换

131．在 Windows 中，想把 C:\XYZ 文件复制到 D 盘，可以使用的方法有（　　）。

A．在“资源管理器”窗口，直接把 C:\XYZ 拖到 D 盘

B．在“资源管理器”窗口，按住 Ctrl 键不放的同时把 C:\XYZ 拖到 D 盘

C．右键单击 C:\XYZ，在快捷菜单选择“发送到”，再选择 D 盘

D．单击 C:\XYZ，单击常用工具栏中的“复制”按钮，单击 D 盘，单击常用工具栏中的“粘贴”按钮

132．在 Excel 工作表中，（　　）在单元格中显示时靠右对齐。

A．数值型数据　B．时间数据

C．文本数据　D．日期数据

133．电子计算机的特点是（　　）。

A．计算速度快　B．具有对信息的记忆能力

C．具有思考能力　D．具有逻辑处理能力

E．高度自动化

134．以下关于 ASCII 码概念的论述中，正确的有（　　）。

A．ASCII 码中的字符全部都可以在屏幕上显示

B．ASCII 码基本字符集由 7 个二进制数码组成

C．用 ASCII 码可以表示汉字

D．ASCII 码基本字符集包括 128 个字符

E．ASCII 码中的字符集由 16 个二进制数组成

135．便携式计算机（笔记本）的特点是（　　）。

A．重量轻　B．体积小　C．体积大　D．便于携带

136．随机存取存储器（RAM）的特点是（　　）。

A．信息可读可写　B．存取速度高于磁盘

C．信息可长期保存　D．是一种半导体存储器

137．计算机中一个字节可表示（　　）。

A．两位十六进制数　B．四位十进制数

C．一个 ASCII 码　D．256 种状态

E．八位二进制数

138．以下（　　）是计算机病毒具有的特点。

A．传染性　B．潜伏性　C．针对性　D．破坏性

139．合并单元格的操作可以完成（　　）。

A．合并行单元　B．合并列单元

C．行列共同合并　D．只能合并列单元

140．下列算法语言中属于高级语言范畴的语言包括（　　）。

A．Visual Basic　B．MASM

C．Fortran　D．Visual C++

E．机器语言

141．下列软件中属于操作系统的软件有（　　）。

A．UNIX　B．MAC-OS　C．Linux　D．Oracle

142．在下列描述中，不正确的有（　　）。

A．U盘是内存储器

B．激光打印机是击打式打印机

C．计算机运算速度可用每秒执行指令的条数来表示

D．操作系统是一种应用软件

143．程序设计语言包括（　　）。

A．汇编语言　B．高级语言　C．机器语言　D．数据库

144．Windows 中进行中文/英文切换时，可以（　　）。

A．单击任务栏

B．单击输入法状态指示器并选择

C．按 Shift+Space 组合键

D．按 Ctrl+Space 组合键

145．在 PowerPoint 进行幻灯片动画设置时，可以设置的动画类型有（　　）。

A．进入　B．强调　C．退出　D．动作路径

146．在以下单元格的引用中，属于混合引用的有（　　）。

A．B$2　B．$A2　C．A$2　D．$CE$20

147．在多个工作表中，下列操作中不能选择当前工作表的有（　　）。

A．按 PageUp、PageDown 键

B．单击工作表队列中的表名

C．按 Ctrl+PageUp、Ctrl+PageDown 键

D．按住 Ctrl 键的同时，单击队列上表名

148．关于 Windows 任务栏的说法正确的有（　　）。

A．在任务栏中有“开始”按钮

B．当关闭程序窗口时，任务栏也随之消失

C．通过任务栏可实现任务切换

D．任务栏始终显示在屏幕底端

149．计算机中采用二进制的主要原因是（　　）。

A．两个状态的系统容易实现，成本低

B．运算法则简单

C．十进制无法在计算机中实现

D．可进行逻辑运算

E．十六进制无法在计算机中实现

150．Word 为我们提供的模板类型有（　　）。

A．空白文档　B．样本模板　C．宋体　D．标题

151．构造计算机网络的主要意义是（　　）。

A．软、硬件资源共享　B．提供多媒体服务

C．信息相互传递　D．提高计算机的速度

152．操作系统的管理功能有（　　）。

A．作业管理　B．系统管理　C．设备管理　D．文件管理

153．Word 中打开最近使用过的文档的方法有（　　）。

A．用快速访问工具栏中的“打开”按钮

B．利用快速访问工具栏中的“新建”按钮

C．单击 Windows“开始”按钮，选择“文档”，单击列出的文件名清单中所需文件名

D．选择“文件”选项卡“最近所用文件”命令列出的相应文件

154．Windows 窗口的标题栏上可能存在的按钮有（　　）。

A．“最大化”按钮　B．“最小化”按钮

C．“关闭”按钮　D．“还原”按钮

155．Windows 的关闭系统对话框有（　　）。

A．关闭计算机

B．重新启动计算机

C．关闭程序窗口

D．重新启动计算机并切换到 MS-DOS 方式

156．关于 Word 叙述正确的有（　　）。

A．Word 文件的后缀通常为.docx

B．不能编辑纯文本文件

C．支持 RTF 文件格式，可以用它编写 Windows 类型的帮助文件

D．能够编辑任何格式的文件

157．关于 Word 的“页面设置”，叙述正确的有（　　）。

A．页面设置是为打印而进行的设置

B．在页面设置中，可以改变纸张的大小、页边距等打印参数

C．页面设置完毕后，屏幕上的页面视图会随之自动调整

D．页面设置只对屏幕上的显示有效，并不影响打印输出

158．关于 Word 的快捷键，叙述正确的有（　　）。

A．使用 Ctrl+End 组合键可把光标移动到文档最后位置

B．使用 Ctrl+Z 组合键可撤销操作

C．使用 Ctrl+P 组合键可打印快捷键

D．使用 Ctrl+Home 组合键可把光标移动到文档开始位置

159．退出 Word 可以用的方法有（　　）。

A．单击 Word 窗口右上角的“关闭”按钮

B．单击 Word 窗口右上角的“最小化”按钮

C．从菜单中选择“退出”

D．按下 Alt 键不放，同时按下 F4 键

160．要将活动窗口的内容放入剪贴板，需按（　　）+（　　）。

A．Ctrl　　B．PrintScreen　　C．Alt　　D．Del

161．下列设备中属于输出设备的是（　　）。

A．磁盘驱动器　B．键盘　　C．打印机　　D．显示器

162．Windows 中，可完成的磁盘操作有（　　）。

A．磁盘格式化　B．软盘复制　　C．磁盘清理　　D．整理碎片

163．计算机软件系统中，“口令”是保证系统安全的一种简单而有效的方法。一个好的口令（　　）。

A．只使用小写字母　　B．混合使用字母和数字

C．易于记忆　　D．具有足够的长度

E．只使用大写字母

164．下列叙述正确的有（　　）。

A．Excel 的行高是固定的　　B．Excel 单元格的宽度是固定的

C．Excel 单元格的宽度是可变的　　D．Excel 的行高和列宽是可变的

165．关于因特网能够吸引人的原因的说法，正确的是（　　）。

A．因特网提供了丰富信息资源　　B．因特网提供了富有想像力的交流功能

C．因特网不具有交互性　　D．因特网具有及时反馈的特征

E．因特网可以给每个人赚大钱

166．关于函数 AVERAGE(a1:a5,5)说法正确的是（　　）。

A．求 a1 到 a5 这 5 个单元格的平均值　B．求 a1、a5 单元格和数值 5 的平均值

C．与函数 SUM(a1:a5,5)/6 等效　　D．等效于 SUM(a1:a5,5)/COUNT(a1:a5,5)

167．在 Excel 中选中表格中的某一行，然后按 Del 键后，（　　）。

A．该行被清除，同时该行所设置的格式也被清除

B．该行被清除，但下一行的内容不上移

C．该行被清除，同时下一行的内容上移

D．该行被清除，但该行所设置的格式不被清除

168．关于分类汇总，正确的说法是（　　）。

A．分类汇总前数据必须按关键字段排序

B．分类汇总的关键字段只能是一个字段

C．汇总方式只能求和

D．分类汇总可以删除，但删除汇总后排序操作不能撤销

169．Windows 中，进行菜单操作可以（　　）。

A．用鼠标　　B．用键盘　　C．使用快捷键　　D．使用功能键

170．桌面上的快捷方式图标可以代表（　　）。

A．应用程序　B．文件夹　C．用户文档　D．打印机

171．Excel 具有（　　）功能。

A．设置表格格式　B．数据管理

C．编辑表格　D．打印表格

172．在 PowerPoint“视图”选项卡中，可以进行的操作有（　　）。

A．选择演示文稿视图的模式　B．更改母版视图的设计和版式

C．显示标尺、网格线和参考线　D．设置显示比例

173．关于 Windows 操作系统论述正确的有（　　）。

A．Windows 操作系统不依赖于 DOS

B．Windows 7 和 Windows 3.2 都是 32 位操作系统

C．Windows 7 是多用户操作系统

D．Windows 7 是一个多任务操作系统

174．以下关于 WWW 的叙述正确的有（　　）。

A．WWW 是“World Wide Web”的英文缩写

B．WWW 的中文名是“万维网”

C．WWW 是一种基于网络的数据库系统

D．WWW 是 Internet 上的一种电子邮件系统

175．当 Windows 系统崩溃后，可以通过（　　）来恢复。

A．更新驱动　B．使用之前创建的系统镜像

C．使用安装光盘重新安装　D．卸载程序

176．下列软件包中，包含 Word 文字处理软件的有（　　）。

A．Office 2010　B．Office 1997　C．Visual FoxPro　D．3D MAX

177．PowerPoint 2010 中自定义幻灯片的主题颜色，可以实现（　　）设置。

A．幻灯片中的文本颜色

B．幻灯片中的背景颜色

C．幻灯片中超链接和已访问超链接的颜色

D．幻灯片中强调文字的颜色

178．在 Windows 中，能够选择汉字输入法的按键有（　　）。

A．Shift+空格　B．Alt+空格　C．Ctrl+空格　D．Ctrl+Shift

179．在 Word 中，关于鼠标和键盘的结合，以下说法正确的有（　　）。

A．按住 Ctrl 键不动，用鼠标拖动所选的内容可以进行复制

B．按住 Ctrl 键不动，用鼠标左键在窗口最左边位置单击，可以对全文进行选择

C．按住 Ctrl 键不动，用鼠标左键在文件中任意位置单击，可以选中该段内容

D．按住 Alt 键不动，用鼠标左键在文件中任意位置拖动，可以产生矩形的块选择

180．在 Windows 7 操作系统中，属于默认库的有（　　）。

A．文档　B．音乐　C．图片　D．视频

181．在 Windows 中做复制操作时，第一步首先应做（　　）。

A．光标定位　B．选定复制对象　C．按 Ctrl+C 组合键　D．按 Ctrl+V 组合键

182．在 Word 2010 中“审阅”选项卡的“翻译”可以进行（　　）操作。

A．翻译文档　B．翻译所选文字　C．翻译屏幕提示　D．翻译批注

183．拨号上网可以不要的是（　　）。

A．电话机　B．音箱　C．ISP 提供电话号码　D．麦克风

184．关于 Word 的字编辑状态的光标，正确的说法是（　　）。

A．光标闪烁的位置是录入文字的位置

B．可以用鼠标改变光标位置

C．录入文字后，光标位置会自动后移

D．光标位置不能改变

185．计算机按用途分类，分为（　　）。

A．微型计算机　B．通用型计算机

C．大型计算机　D．专用型计算机

186．在 Excel 2010 的打印设置中，可以设置打印的是（　　）。

A．打印活动工作表　B．打印整个工作簿

C．打印单元格　D．打印选定区域

187．Windows 中通过“开始”菜单运行程序的方法有（　　）。

A．使用“程序”菜单命令　B．双击程序图标

C．使用“运行”命令　D．单击程序图标

188．以下关于快捷键说法，正确的有（　　）。

A．Ctrl+C 为复制键

B．Ctrl+V 为粘贴键

C．Ctrl+A 为整篇文档内容全部选定键

D．Ctrl+Home 为把光标移动到文档最开始位置

189．以下设备可作为输入设备的是（　　）。

A．显示器　B．鼠标　C．键盘　D．打印机

190．启动 Excel 的方法有（　　）。

A．单击“开始”→“程序”→Microsoft Office→Microsoft Excel 2010

B．双击由 Excel 创建的文档的名称

C．双击桌面上 Excel 的图标

D．在“运行”对话框中输入 Excel 程序的完整路径和文件名

191．关于 Word 的叙述，正确的有（　　）。

A．Word 的功能区分为显示和隐式

B．Word 的功能区的浅灰色（暗色）的图标是不可用的

C．Word 文件可以设置密码防止他人观看

D．Word 文件可以用任意的文本编辑器查看

192．如果有一个信箱地址为 cl@pub.qz.fj.cn，则下列说法中正确的有（　　）。

A．cl@pub1.qz.fj.cn 是 E-mail 地址全称

B．cl 是指用户在 ISP 的信箱代号

C．pub1.qz.fj.cn 是指电子邮件服务器的地址

D．pub1 是指电子邮件服务器主机名

193．以下关于磁盘格式化的描述正确的有（　　）。

A．不同操作系统下格式化的软盘不可通用

B．写保护装置起作用时磁盘无法被格式化

C．格式化一个磁盘将破坏磁盘上的所有信息

D．在 DOS 下被格式化过的磁盘不能再进行格式化

194．以下设备中，属于输出设备的有（　　）。

A．显示器　　B．鼠标　　C．键盘　　D．绘图仪

195．在 Word 环境下（　　）。

A．插入的图片只有在页面视图方式下才可以看见

B．插入的图片在任何视图方式下都可以看见

C．插入的图片只有在大纲视图方式下才可以看见

D．插入的图片只有在 Web 版式视图方式下才可以看见

196．在 Word 2010 中，插入表格后可通过出现的“表格工具”选项卡中的“设计”“布局”进行的操作有（　　）。

A．表格样式　　B．边框和底纹

C．删除和插入行、列　　D．表格内容的对齐

197．在 Word 2010 中，可以插入（　　）元素。

A．图片　　B．剪贴画　　C．形状　　D．屏幕截图

E．页眉和页脚　F．艺术字

198．在 Word 中，下列说法正确的有（　　）。

A．在文件正文中任意位置单击左键，可以定位插入点

B．在文件中任意位置双击左键，可以选定无分隔的一句话或者选定一个单词

C．在文件中任意位置三击左键，可以选定该段

D．在窗口最左边位置三击左键，可以选定所有内容

199．若在当前单元格中输入公式，则单元格中显示（　　）。

A．一定是公式本身　　B．若公式错误，则显示错误信息

C．若公式正确，则显示公式计算结果 D．以上说法都不对

200．Excel 中对工作表可以进行（　　）操作。

A．删除　　B．命名　　C．移动　　D．复制

三、填空题

1．a、A、x、Y 这四个英文字符中，__________的 ASCII 码值最小。

2．键盘和显示器的设备名为__________。

3．__________存储器可用来暂时存储计算机目前正在处理的程序或数据。

4．在 Windows 中，在默认状态下，标准的“资源管理器”窗口由__________、右两个窗格组成。

5．十六进制数 ABCD 转换为十进制数是__________。

6．在 Windows 中，文本框用于输入文本，__________可单击其右侧的下拉按钮，打开列

表，从中选取所需信息。

7. I/O 接口位于__________。

8. 打印机是计算机系统的最基本的输出设置，按打印方式分为击打式和非击打式，按工作方式分为并行式和__________式打印。

9. 在输入文本时，按 Enter 键后将产生__________符。

10. 既可以从因特网上__________文件，也可以上传文件到因特网。

11. 如果要把用数码相机拍摄的照片插入到 Word 文档中，使用“插入”选项卡的“插图”选项组的__________按钮。

12. 在 Windows 桌面上双击图标，用于__________。

13. 在 Excel 中，若在工作表中选取一组单元格，则其中活动单元格的数目有__________个。

14. Windows 系统把对磁盘格式化的命令放在“计算机”窗口中，操作方式有两种：其一，在“计算机”窗口的“文件”菜单中，单击__________命令项；其二，在“计算机”窗口中，右击某磁盘驱动器对象，出现相应菜单后，单击“格式化”选项。

15. 标题栏位于窗口顶部，它的左端是控制按钮的名称，右端是窗口的“最小化”按钮、“最大化”按钮或__________按钮和“关闭”按钮。

16. Windows 系统提供的磁盘扫描程序位于“附件”的__________内。

17. 计算机机房的室温范围应该是__________。

18. 在微型计算机中，字符的编码是__________。

19. IP 协议规定 Internet 上的设备都有一个 IP 地址，其 IP 地址的长度是__________字节。

20. 激光打印机属于__________方式印字机。

21. 在 Word 环境下，将选定文本移动的操作是：将鼠标移动到文本块内，这时鼠标将变成箭头形状，再按住鼠标__________不放，拖动鼠标直到目标位置后松手。

22. 操作系统的功能有处理器管理、存储管理、设备管理、__________、作业管理。

23. Windows 窗口最小化时将窗口缩为最小，即缩为任务栏上的一个__________。

24. Word 文档文件的扩展名是__________。

25. 若用户想将当前窗口及窗口内的内容剪切到某一文件或图像中，可在键盘上按__________组合键。

26. 在打印 Word 文档前，可采用__________方式查看打印后的最终效果。

27. 在 Word 的文档编辑过程中，如果先选定了文档内容，并拖动鼠标至另一位置，相当于进行了选定文档内容的__________操作。

28. 在 Windows 桌面上指向某一对象，右击，会弹出__________。

29. Word 提供 5 种文档显示模式，在__________模式下可以显示正文及其格式。

30. 当选定文件或文件夹后，欲改变其属性设置，可以单击鼠标__________键，然后在弹出的快捷菜单中选择“属性”命令。

31. 将表格全部“选择”，应当按__________组合键。

32. 域名 indi.shcnc.ac.cn 表示主机名的是__________。

33. 在 Windows 中，管理文件或文件夹可使用__________。

34. 在 Word 文档中，段落标记是在按__________键后产生的。

35. Windows 中安装或删除某个应用程序不能简单地复制或删除，而应该使用__________中的“添加/删除程序”命令来进行。

36. 启动资源管理器至少有 4 种以上方式：①在“开始”菜单中单击__________命令；②右击桌面图标；③右击“开始”按钮；④按 Windows+E 组合键

37. 内存中每个基本单元都被赋予一个唯一的序号，称为__________。

38. 在浏览 Web 网页的过程中，如果发现自己喜欢的网页并希望以后多次访问，应当把这个页面放到__________中。

39. 微型计算机应具备完整的运行功能，因此需要由存储器、微处理器和 I/O 接口组成，若把这三者集成在同一块芯片上，则称__________。

40. 按照不同的网络结构，将计算机网络分为总线型、__________、星型、树型、网状型。

41. 打开某一应用程序及其窗口，__________中即相应地显示一个浅色的图标。

42. 计算机网络是计算机技术和__________技术结合的产物。

43. 在 Windows 中，将鼠标指向__________，拖动鼠标到所需位置，即可将窗口移动到新位置。

44. 与二进制数 101110.101 相等的十进制数为__________。

45. 文件型病毒通常附着在可执行文件的__________。

46. 程序必须位于__________内，计算机才可以执行。

47. 微处理器按其字长可分为__________、__________、__________和__________。

48. 操作系统是控制和管理计算机硬件和软件资源，方便用户使用计算机的系统软件，是人机交互的__________。

49. Windows 的磁盘文件系统采用__________目录结构，根结点表示根目录，树结点表示子目录，叶结点表示子目录和文件。

50. Windows 桌面底部的条形区域称为任务栏，左端是__________按钮，右端是系统时间/日期。

51. 微机中的 ROM 的中文名称是__________。

52. 右键单击输入法状态的__________按钮，即可弹出所有软键盘菜单。

53. Excel 中，可以在不同的工作簿间复制工作表，这些工作簿必须处于__________状态。

54. 在 PowerPoint 中，项目符号除了用各种符号外，还可以用__________。

55. 计算机中，除二进制数外，还常用__________。

56. 计算机网络的主要功能是__________，它通过数据通信线路将多台计算机互连而成。

57. 在 Word 中，用户在用__________组合键将所选内容复制到剪贴板后，可以使用 Ctrl+V 组合键粘贴到所需要的位置。

58. 若 COUNT(F1:F7)=2，则 COUNT(F1:F7,3)= __________。

59. 公用网的网络域名类型为__________。

60. 计算机语言可分为机器语言、__________和高级语言三类。

61. 有曲别针标志的电子邮件，表示该电子邮件中含有__________。

62. 在计算机中，既可作为输入设备又可作为输出设备的是__________。

63. 在 Word 环境下，使用__________键能获得帮助。

64. 在 Word 文档中，如果只想打印某几页内容，则应选择“文件”选项卡“打印”命令，在弹出的“打印”对话框中的__________项设置。

65．对话框元素有文本框、列表框、单选按钮、复选按钮、组合框和__________。

66．在 7 位 ASCII 码中，除了表示数字、英文大写及小写字母外，还有__________个其他符号。

67．Word 的文档窗口上方有一个标尺，标尺中显示了当前段落中制表符的位置及__________标记的位置。

68．Excel 的默认扩展名是__________。

69．十进制 15 转换成二进制是__________。

70．空设备的设备名为__________。

71．保存工作簿文件操作步骤是：执行“文件”选项卡中的“保存”命令，如果该文件为一个新文件，屏幕显示__________对话框，如果该文件已经保存过，则系统并不出现该对话框。

72．计算机中，一个浮点数由__________两部分组成。

73．Windows 窗口还原是指将窗口还原成原定的__________。

74．为保证该磁盘不感染病毒，只需要将该盘的写保护孔__________。

75．打开 Excel 工作簿的快捷键是__________键。

76．在 Excel 中，__________是指在一个单元格地址中，既有绝对地址引用又有相对地址引用。

77．Windows 系统支持长文件名，文件和文件夹名最长可有__________个字符。

78．________所有的十进制数都能准确地转换为有限的二进制小数。

79．要停止放映的幻灯片，只要按__________键即可。

80．在进行手动替换操作时，先要进行__________操作。

81．显示器的主要性能指标是____________________。

82．一个非零的无符号二进制整数，若在其右边末尾加上两个“0”形成的一个新的无符号二进制整数，则新的数是原来数的__________倍。

83．Excel 每张工作表最多可容纳单元格数量是__________。

84．在 PowerPoint 中，可利用模板来创建演示文稿，PowerPoint 提供了最近打开的模板、我的模板和__________模板。

85．编辑 Word 文档时，在每页的底部或顶部通常显示页码及一些其他信息，在每页文件的顶部的这些信息行，称之为__________。

86．计算机的启动通常有__________、热启动和复位启动三种方式。

87．标准 ASCII 码是一种 7 位码，每个字节只用 7 位，最高位置__________。

88．单片微计算机配上输入/输出设备、系统软件及电源就组成__________。

89．Windows 中提供的大部分开发工具和实用程序，可以在__________中找到。

90．在 Word 2010 中对文字加圆圈应执行__________按钮。

91．在 PowerPoint 的编辑状态下，如果采用鼠标拖动的方式进行复制，则要先按住__________键。

92．IP 地址与__________是同一概念的两种不同说法。

93．在 Excel 中，除直接在单元格中编辑内容外，也可使用__________编辑。

94．在 Windows 中，进行系统硬件设置的程序组称为__________。

95．退出 Windows 不能简单地关闭电源，否则，会造成数据丢失或占用大量磁盘空间。所以退出 Windows 前，一定要选择__________。

96．在 Word 中要查看文档的统计信息（如页数、段落数、字数、字节数等）和一般信息，可以选择“审阅”选项卡“校对”组中的__________按钮。

97．在 Windows 系统中，如果将删除的文件不放入“回收站”中，可使用__________键进行删除操作。

98．在 Windows 系统中，要将当前整个桌面的内容复制到剪贴板，应按__________键。

99．PowerPoint 中提供了 5 种视图方式，分别是普通视图、__________、幻灯片浏览视图、备注页视图、幻灯片放映视图。

100．HTML 采用“统一资源定位”来表示超媒体之间的链接。“统一资源定位”的英文缩写是__________。

101．在 Windows 菜单项中带有…符号，表示单击这个菜单项后，会弹出一个__________。

102．在网络通信中遵守的通信协议有 TCP/IP 协议，其中 TCP 是网络__________控制协议。

103．在 Excel 中，删除单元格是指将__________从工作表中删除掉。

104．硬盘使用之前，必须先做__________、磁盘分区和高级格式化。

105．在 Word 环境下，要改变字体的种类可以在“开始”选项卡的__________组进行操作。

106．SRAM 存储器是指__________。

107．CD-ROM 是__________型光盘。

108．Internet 采用 IP 地址和__________地址两种方式标识入网的计算机。

109．在 Word 中编辑文档时，在正文编辑窗口的正上方有一个刻度尺，称之为__________。

110．在 Word 中的“字体”对话框中，可以设置的字形特点包括常规、加粗、倾斜和__________。

111．计算机未来发展的方向有__________、__________、__________和人工智能 4 个。

112．结构化程序设计所规定的三种基本控制结构是__________结构、选择结构和循环结构。

113．微型计算机字长取决于__________的宽度。

114．用__________+空格键可以进行全角/半角的切换。

115．在计算机中，数据信息是由内存读取至__________。

116．PowerPoint 模板文件的默认扩展名为__________。

117．ASCII 码的全名是 American Standard Code For Information Interchange，中文意思是美国信息交换标准码，用__________字节表示一个字符。

118．国标码（GB2312－80）用 2 个字节表示 1 个汉字，将国际码的每个字节的高位置 1，就是汉字的__________。

119．在 Windows 桌面上，将鼠标指向__________，拖动边框到所需要位置，即可改变窗口的尺寸。

120．当用户打开多个窗口时，只有一个窗口被激活，它覆盖在其他窗口的上面。可用鼠标单击任务栏上的按钮来实现在多个窗口间的切换，也可用鼠标直接单击__________或按 Alt+Tab 或按 Alt+Esc 组合键。

121．数据的浮点表示中，表示有效数字的是__________。

122．人对计算机发出的一道道的工作命令称之为__________。

123．要安装或删除某个中文输入法，应先启动“控制面版”，再使用其中的__________功能。

124．Word 中，“插入”状态和“改写”的切换既可以使用状态栏，也可以按__________键。

125．计算机的硬件系统由__________、__________、__________、__________和__________五大部分组成。

126. 在 Excel 工作表中，在 A1 单元格中键入 80，在 B1 单元格中输入条件函数=IF(A1>=80,"good",IF(A1>=60,"pass","fail"))，则 B1 单元中显示__________。

127．Internet 的前身__________是美国国防部高级研究计划署于 1969 年主持研制的，它是用于支持军事研究的实验网络。

128．Excel 默认单元格列宽为__________个字符。

129．在 Windows 系统中，回收站是__________中的一块区域，通常用于存放逻辑删除的文件。

130．单击输入法状态窗口中的__________按钮，可在“圆点”和“句号”间切换。

131．操作系统的五大管理功能包括处理器管理、__________管理、文件管理、设备管理和作业管理。

132．单击标签按钮，可查看对话框的不同__________。

133．在 PowerPoint 中，在__________和幻灯片浏览视图下可以改变幻灯片的顺序。

134．按照用户界面进行分类，可将操作系统分为命令提示符界面和__________图形界面两种。

135．__________是超文本传输协议。

136. 在噪声、震动、潮湿、日光这几个方面，硬盘工作时应特别注意避免的是__________。

137．引导型病毒程序通常存放在__________扇区中。

138．PowerPoint 中，为每张幻灯片设置放映时的切换方式，应使用“切换”选项卡“切换到此幻灯片”组中的__________按钮。

139．在 Word 中，给编辑的文档选择字体时，如果被选中的字体左部有两个重叠的“T”字母标识，则表明该字体属于__________字体。

140．普通用户大多需要通过 Internet 服务商接入因特网，Internet 服务商的英文缩写为__________。

141．窗口操作主要包括还原、移动、改变大小、最小化、最大化、关闭和__________。

142．__________是一个临时存储区，其中的数据可用“粘贴”命令放入。

143. 在 Word 环境下，用菜单退出 Word 环境的方法为：选择“文件”选项卡中__________命令。

144．在 Windows 的资源管理器或“计算机”窗口中，若想改变文件或文件夹的显示方式应选择窗口中的__________菜单。

145．Word 中，垂直标尺只在__________视图中显示。

146．单元格的引用分为相对引用、绝对引用和混合引用，对单元格 A7 的绝对引用是__________。

147．向 Excel 单元格中，输入由数字组成的文本数据，应在数字前加__________。

148．从工作方式来看，操作系统分为单用户操作系统、批处理系统、分时系统、__________、网络操作系统 5 种类型。

149．12&34 的运算结果为__________。

150．__________命令可以用于测试两台机器之间是否有通路。

151．顺序连续选择多个文件时，先单击要选择的第一个文件名，然后在键盘上按住 Shift 键，移动鼠标单击要选择的最后一个文件名，则一组__________被选定。

152．计算机硬件能直接识别和执行的语言只有__________。

153．计算机网络的拓扑结构分为__________、__________、__________、__________和__________。

154．Word 中，段落首行的缩进有两种样式，一种是首行缩进，一种是__________缩进。

155．当任务栏被隐藏时，用户可以按 Ctrl+__________组合键的方式打开“开始”菜单。

156．IP 电话是通过__________打电话。

157．所谓“PCI 系列 586/100 微机”，其中 PCI 是指__________。

158．在 Excel 中删除单元格，可以是一个单元格，也可以是一行或__________。

159．在 Excel 中进行清除单元格操作，可以清除的是全部、格式、超链接、内容或__________。

160．在 PowerPoint 中，占位符的作用是____________________。

161．根据通信距离将计算机网络分为__________和城域网。

162．计算机的指令由操作码和__________组成。

163．每张磁盘只有一个__________目录，可有多个子目录。

164．以国标码为基础的汉字机内码是两个字节的编码，每个字节的最高位是__________。

165．PowerPoint 的一大特色就是可以使演示文稿的所有幻灯片具有一致的外观。控制幻灯片外观的方法主要用幻灯片__________和模板。

166．存储元件的发展经历了电子管、__________、集成电路和大规模集成电路 4 种。

167．在 Windows 中输入中文时，为了输入一些特殊符号，可以使用系统提供的__________。

168．计算机中存储器容量的基本单位是字节，它的英文名称是__________。

169．字符的 ASCII 码十进制值为 72，用十六进制表示为__________。

170．计算机网络是由负责信息处理并向全网提供可用资源的__________和负责信息传输的通信子网组成。

171．FTP 是__________，它允许将文件从一台计算机传输到另一台计算机。

172．Internet 使用的通信协议是__________。

173．Internet 提供资源的计算机叫__________，使用资源的计算机叫客户机。

174．在 Windows 的“资源管理器”窗口中，如果想一次选定多个分散的文件或文件夹，正确的操作是__________。

175．第一台计算机__________诞生于 1946 年，是电子管计算机。

176．在 Word 中，编辑文本文件时用于保存文件的快捷键是__________。

177．在 Word 中，如果一个文档的内容超过了窗口的范围，那么在打开这个文档时，窗口右边或下边会出现一个__________。

178．在 Word 中，单击__________选项卡的“选项”命令，在“Word 选项”对话框中依次选择“校对”→“自动更正选项”→“自动更正”按钮可以打开“自动更正”对话框。

179．针式打印机术语中，24 针是指__________。

180．在计算机中数据信息是从内存读取至__________。

181．求 B1 至 B8 单元格的最大值，可引用的函数是__________。

182．演示文稿的默认扩展名为__________。

183．计算机病毒传染部分的主要功能是病毒的__________。

184．在默认方式下 Excel 单元格中数值数据为右对齐，日期时间数据靠__________对齐，文本数据靠左对齐。

185．显示器一般可以分为彩色显示器和__________显示器。

186．在 Word 环境下，选用__________是在表格中进行公式和函数计算的有效工具。

187．在 Word 文档中，如果要从一页中的某处分为下一页的开始，应插入的符号是__________。

188．若 D1 单元格为文本数据 3，D2 单元格为逻辑值 TRUE，则 SUM(D1:D2,2)=__________。

189．在 Windows 桌面上，用鼠标右键单击图标，在快捷菜单中单击__________项即可删除图标。

190．在 Windows 桌面上，用鼠标单击任务栏右边的__________图标可切换输入法。

191．资源管理器左窗格的文件夹树中，文件夹图标前有__________标记时，表示该文件夹有子文件夹，单击该图标可进一步展开。

192．所谓浮点表示法，指小数点在数中位置是__________的。

193．十六进制 CF 所对应的二进制数是__________。

194．在 Windows 系统中，要将当前活动窗口复制到剪贴板，应按__________键。

195．在 Windows 中格式化磁盘应在“计算机”窗口或__________窗口中进行。

196．系统使用的时间长，会产生磁盘碎片，导致系统性能降低，为此 Windows 系统提供了一个有效的工具，它是__________程序。

197．E-mail 地址由两部分组成，@之前表示的是__________，@之后表示的是主机地址。

198．衡量微型计算机的主要技术指标是__________、__________、内存容量、CPU 主频、外部设备配置和软件配置 6 项指标。

199．在计算机术语中，存储容量 1KB=__________。

200．WWW 浏览器使用的协议是__________。

四、判断题

1．Windows 7 可以对磁盘进行格式化、整盘复制、磁盘整理等操作。（　　）

2．Excel 中常用工具栏中的格式刷，不能复制数据，只能复制数据格式。（　　）

3．执行 SUM(A1:A10)和 SUM(A1,A10)这两个函数的结果是相同的。（　　）

4．Word 中，为文档加口令进行保护时，可使用“文件”选项卡中“信息”选项中的相应命令。（　　）

5．在 Windows 7 中，一次只能删除一个对象。（　　）

6．计算机的指令是一组二进制代码，是计算机可以直接执行的操作命令。 （ ）

7．实时操作系统是用于多 CPU 的计算机系统，具有并行处理的功能。 （ ）

8．Word 中采用“磅”和“号”两种表示文字大小的单位。 （ ）

9．在 Excel 的输入中按 End 键，光标插入点会移到单元格末尾。 （ ）

10．在 Windows 中查找文件时，可以使用通配符“？”代替文件名中的一部分。 （ ）

11．若 COUNT(B2:B4)=2，则 COUNT(B2:B4,3)=5。 （ ）

12．Word 提供了 4 种对齐按钮和 4 种制表位，它们的作用是相同的。 （ ）

13．启动 Excel 后，会自动产生名为 Book1.xls 的工作簿文件。 （ ）

14．在 Excel 工作中不能插入图形。 （ ）

15．格式化操作不会破坏磁盘的信息。 （ ）

16．在 Word 下进行列块选择的步骤是：先将光标定位到需要选择的行列的首位置，然后鼠标移动到需要选择的行列的尾位置，再按住 Alt+Shift 组合键后单击鼠标左键。 （ ）

17．Word 文档只能保存在“我的文档”文件夹中。 （ ）

18．通常没有操作系统的计算机是不能工作的。 （ ）

19．在 Windows 中，要将当前窗口的内容存入剪贴板应按 PrintScreen 键。 （ ）

20．在 Excel 中，若使用“撤销”按钮，不能撤销最近一次以上的操作。 （ ）

21．在 Word 中的段落格式与样式是同一个概念的两种说法。 （ ）

22．计算机与计算器的差别主要在于中央处理器速度的快慢。 （ ）

23．在 Windows 7 的任务栏被隐藏时，用户可以用按 Ctrl+Tab 组合键的方式打开“开始”菜单。 （ ）

24．在 Windows 7 中，被删除的文件或文件夹均存放在回收站中。 （ ）

25．Web 浏览器的默认电子邮件程序只能是 Outlook Express。 （ ）

26．域名和 IP 地址是同一概念的不同说法。 （ ）

27．Excel 中，图表只能和数据放在同一个的工作表中。 （ ）

28．通过资源管理器与在“计算机”窗口中对文件进行管理的效果是一样的。 （ ）

29．若选择不连续区域打印，按 Shift+鼠标来选择多个区域，多个区域将分别被打印在不同页上。 （ ）

30．运算符号具有不同的优先级，并且这些优先级是不可改变的。 （ ）

31．在 Windows 7 中，Reports.Sales.Davi.May98 是正确的文件名。 （ ）

32．所有微处理器的指令系统是通用的。 （ ）

33．在 Windows 7 中可以为应用程序建立快捷图标。 （ ）

34．只要是网上提供的音乐，都可以随便下载使用。 （ ）

35．可以将 Excel 文档转换为文本格式。 （ ）

36．在 Windows 7 中按 Shift+Space 组合键，可以启动或关闭中文输入法。 （ ）

37．一般来说计算机字长与其性能成反比。 （ ）

38．在 Windows 7 中，当不小心对文件或文件夹进行错误操作时，可以利用“撤销”命令或按 Ctrl+Z 组合键，取消原来的操作。 （ ）

39．Excel 只提供了三种建立图表的方法。 （ ）

40．中文 Excel 要选定相邻的工作表，必须先单击想要选定的第一张工作表的标签，按住 Ctrl 键，再单击最后一张工作表的标签来实现。（ ）

41．按下 F5 键即可在资源管理器中更新信息。（ ）

42．Windows、Word 和 Excel 在操作上具有的共同特点是：先选定操作对象，再进行操作。（ ）

43．计算机字长是指一个汉字在计算机内部存放时所需的二进制倍数。（ ）

44．在 Excel 工作表中可以完成超过 4 个关键字的排序。（ ）

45．按下 Ctrl+C 组合键，可以把剪贴板上的信息粘贴到某个文档窗口的插入点处。（ ）

46．在 Word 环境下，可以在编辑文件的同时又打印另外一份文件。（ ）

47．在字号中，磅值越大，表示的字越小。（ ）

48．存储器容量的大小可用 KB 为单位来表示，1KB 表示 1024 个二进制数位。（ ）

49．Excel 只能生成二维图表。（ ）

50．任何型号的计算机系统均采用统一的指令系统。（ ）

51．在 Word 环境下，如果想移动一段文字必须通过剪贴板。（ ）

52．在 Word 环境下，要格式化正在编辑的文件，首先要“选择”需要格式化的那一部分文字，然后发出格式化命令，整个文件就格式化好了。（ ）

53．在 Word 环境下，不能输入表格。（ ）

54．Excel 工作簿文件的扩展名是.ppt。（ ）

55．域名服务器的主要功能是将 IP 地址翻译成对应的域名。（ ）

56．计算机的显示器只能显示字符，不能显示图表。（ ）

57．Word 可以将声音等信息插入在文本之中，使文章真正做到有“声”有“色”。（ ）

58．Windows 7 的剪贴板只能存放文本信息。（ ）

59．应用软件全部是由最终用户自己设计和编写。（ ）

60．在 Word 环境下，用户大部分时间可能在普通视图模式下操作，在该模式下用户看到的文档与打印出来的文档完全一样。（ ）

61．Windows 7 不允许用户进行系统配置。（ ）

62．Internet 中的 FTP 是用于文件传输的协议。（ ）

63．计算机机内数据的运算可以采用二进制、八进制或十六进制形式。（ ）

64．Windows 7 的窗口是可以移动的。（ ）

65．在 Word 环境下要想复制或移动一段文字，必须先选择它。（ ）

66．局域网的地理范围一般在几千米之内，具有结构简单、组网灵活的特点。（ ）

67．Hypertext 即超文本，HTML 即超文本传输协议。（ ）

68．一般来说，外存储器的容量大于内存储器的容量。（ ）

69．PowerPoint 中的一张幻灯片必须对应一个演示文件。（ ）

70．汇编语言是机器指令的纯符号表示。（ ）

71．当一个应用程序窗口被最小化后，该应用程序的状态被终止运行。（ ）

72．图文框中既可以有文本，也可以放入图形。（ ）

73．Windows 7 允许使用长文件名，最多可达 255 个字符，且可使用空格。（　）
74．Windows 7 不允许对硬盘进行格式化。（　）
75．在执行对图表的操作以前，必须选定图表，然后再将图表激活，可以用双击选定的图表的方法来激活。（　）
76．三位二进制数对应一位八进制数。（　）
77．计算机系统的功能强弱完全由 CPU 决定。（　）
78．“计算机辅助教学”的英文缩写是 CAT。（　）
79．微型计算机就是体积微小的计算机。（　）
80．Excel 工作表的顺序可以人为改变。（　）
81．工作表中可以任意地删除单元格。（　）
82．对于插入的图片，只能是图在上、文在下，或文在上、图在下，不能产生环绕效果。（　）
83．回收站中的文件是不占用磁盘空间的。（　）
84．系统软件包括操作系统、语言处理程序和各种服务程序等。（　）
85．Word 允许同时打开多个文档，但只能有一个文档窗口是当前活动窗口。（　）
86．计算机病毒是一种能侵入并隐藏在文件中的程序，但它并不危害计算机的软件系统和硬件系统。（　）
87．程序设计语言是计算机可以直接执行的语言。（　）
88．将 Windows 应用程序窗口最小化后，该程序将立即关闭。（　）
89．域名可以由用户自己任意命名。（　）
90．鼠标器既是输入设备，又是输出设备。（　）
91．在 Excel 中，分类汇总数据必须先创建公式。（　）
92．Excel 工作表中，单元格的地址是唯一的，由单元格所在的列和行决定。（　）
93．计算机中的时钟主要用于系统计时。（　）
94．在 Word“打开”对话框中，打开文件的默认扩展名是.doc。（　）
95．用户上网必须使用调制解调器。（　）
96．操作系统是用户和计算机之间的接口。（　）
97．计算机中安装防火墙软件后就可以防止计算机着火。（　）
98．在同一磁盘的不同目录下，子目录可以重名。（　）
99．Excel 允许同时打开多个工作簿，但一次只能激活一个工作簿窗口。（　）
100．Word 提供的自动更正功能是用来更正用户输入时产生的语法类错误。（　）
101．Windows 的任务栏只能放在桌面的下部。（　）
102．在硬盘和软盘上都可以建立子目录。（　）
103．在 Excel 中日期和时间都将在单元格中靠右对齐。（　）
104．一个 Excel 工作簿中，不能超过 255 张工作表。（　）
105．严禁在计算机中玩各种游戏是预防病毒的有效措施之一。（　）
106．汇编程序就是用多种语言混合编写的程序。（　）
107．ASCII 编码专用于表示汉字的机内码。（　）
108．一般来说，不同的计算机具有不同的指令系统和指令格式。（　）

109．用户面对面和计算机系统进行通信的方式称为交互模式。（ ）
110．Word 中，在大纲视图下，无法看到全部文档内容。（ ）
111．USB 接口只能连接 U 盘。（ ）
112．DOS 的目录采用环状结构。（ ）
113．任何时候对所编辑的文档进行存盘操作，Word 都会显示“另存为”对话框。（ ）
114．实现 Excel 工作表与 Word 文档之间的数据交换有粘贴、嵌入、链接三种方式。（ ）
115．在 Word 环境下，改变上下页边界将改变页眉和页脚的位置。（ ）
116．当计算机正在工作时，可以带电接插打印机与计算机的电缆线。（ ）
117．普通视图模式是 Word 文档的默认查看模式。（ ）
118．一个函数的参数可以为函数。（ ）
119．SRAM 存储器是动态随机存储器。（ ）
120．高级语言程序有两种工作方式：编译方式和解释方式。（ ）
121．在 Windows 7 中所有菜单只能通过鼠标才能打开。（ ）
122．程序要调入内存后才能运行。（ ）
123．如果用鼠标选择一整段，则只要在段内任何位置单击三次鼠标左键即可。（ ）
124．只有具有法人资格的企业、事业单位或政府机关才能拥有 Internet 上的域名，通常个人用户不能拥有域名。（ ）
125．段落缩进通常有三种方式。（ ）
126．Word 的自动更正功能可以由用户进行扩充。（ ）
127．单击“文件”选项卡的“最近所用文件”命令，就可以列出最近打开过的文件名字。（ ）
128．为了给 Word 文档加密，应从“文件”菜单中打开“另存为”对话框，激活其中的“工具”下拉菜单，选择“常规选项”。（ ）
129．Word 进行打印预览时，只能一页一页地看。（ ）
130．7 个二进制位构成一个字节。（ ）
131．每个 ASCII 码的长度是 8 位二进制位，因此每个字节是 8 位。（ ）
132．Windows 7 所有操作都可以通过桌面来实现。（ ）
133．按用途对计算机进行分类，可以把计算机分为通用型和专用型。（ ）
134．MS-DOS 是一种单用户操作系统。（ ）
135．控制器通常又称中央处理器，简称 CPU。（ ）
136．单元格的地址由所在的行和列决定，例如 B5 单元格在 B 行 5 列。（ ）
137．要将整个桌面的内容存入剪贴板，应按 Ctrl+PrintScreen 组合键。（ ）
138．衡量一个文件的大小，信息量的多少都是以“字节”为单位的。（ ）
139．在“资源管理器”窗口中，左窗格显示的是计算机中的全部文件结构，右窗格显示的是在左窗格中选择目录的内容。（ ）
140．在一个 Excel 工作簿中，仅有 3 张工作表。（ ）
141．计算机软件系统分为系统软件和应用软件两大部分。（ ）

142．计算机软件分为基本软件、计算机语言和应用软件。（ ）

143．撤销窗口冻结，可直接双击窗口冻结线即可。（ ）

144．计算机中之所以采用二进制方式，其主要原因是十进制在计算机中无法实现。（ ）

145．要启动 Excel 只能通过“开始”按钮这一种方法。（ ）

146．资源管理器只能管理文件和文件夹。（ ）

147．RAM 所存储的数据只能读取，无法将数据写入其中。（ ）

148．工作表是 Excel 的主体部分，共有 256 列、65536 行，因此一张工作表共有 65536×256 个单元格。（ ）

149．软盘的读写速度比硬盘快。（ ）

150．在 Word 中使用“插入”选项卡“符号”组中“符号”按钮，在下拉列表中单击“其他符号”命令，可以插入特殊字符和符号。（ ）

151．Windows 7 中，“计算机”窗口不仅可以进行文件管理，还可以进行磁盘管理。（ ）

152．PRN、LPT1、LPT2 和 LPT3 均是串行接口的设备名。（ ）

153．Excel 中要建立嵌入式图表，可以用“图表”菜单中的“建立新图表”命令。（ ）

154．第一代计算机的主存储器采用的是磁鼓。（ ）

155．解释程序的功能是解释执行汇编语言程序。（ ）

156．UNIX 是分时操作系统。（ ）

157．在 Windows 7 中按 Shift+Space 组合键，可以进行全角/半角的切换。（ ）

158．利用控制面板窗口中的“日期/时间”图标，可改变日期，以防止每月 26 日这天 CIH 病毒的发作。（ ）

159．在 Windows 资源管理器中，选定文件或文件夹后，拖拽到指定位置，可完成对文件或子目录的移动操作。（ ）

160．Word 中，在编辑页眉或页脚时，不能对文档正文进行操作。（ ）

161．在 Word 中密码设置生效后，无法对其进行修改。（ ）

162．在 Excel“公式”选项卡中有一个“Σ”（自动求和）按钮，它代表了“SUM()”函数。（ ）

163．在计算机内部，机器数的最高位为符号位，如为 1 则该数为负数。（ ）

164．段落对齐的默认设置为左对齐。（ ）

165．裸机是指不含外围设备的主机。（ ）

166．Word 在“格式”工具栏上设有“字符缩放”按钮。（ ）

167．Excel 工作表中，不能改变单元格的宽度和高度。（ ）

168．使用选择性粘贴，两单元格可实现加、减、乘、除等算术运算。（ ）

169．计算机辅助设计是计算机辅助教育的主要应用领域之一。（ ）

170．任务栏总是位于屏幕的最下面。（ ）

171．绝对路径是从根目录开始到文件所在目录的路径。（ ）

172．存储器具有记忆能力，而且任何时候都不会丢失信息。（ ）

173．字长为16位的计算机，可处理数据的最大正数为32767。（　）
174．计算机内部最小的信息单位是“位”。（　）
175．Excel中，清除单元格则是将选定的内容连同单元格从工作表中删除。（　）
176．在DOS窗口下删除的文件，可以从Windows 7的回收站中恢复。（　）
177．可执行文件的发布是计算机病毒传播的唯一途径。（　）
178．在计算机网络中只能共享软件资源，不能共享硬件资源。（　）
179．Word中文件的打印只能全文打印，不能有选择的打印。（　）
180．在Word的默认环境下，编辑的文档时每隔10分钟就会自动保存一次。（　）
181．按接收和处理信息方式分类，可以把计算机分为数字计算机、模拟计算机。（　）
182．Excel对每一个新建的工作簿，都采用Book1作为它的临时名字。（　）
183．计算机病毒是种可以自我“繁殖”的特殊程序，本身没有文件名。（　）
184．Excel中，单击选定单元格后输入新内容，则原内容将被覆盖。（　）
185．Word只能编辑文档，不能编辑图形。（　）
186．比较而言，Word对艺术字的处理，更类似于对图形的处理，而不同于对字符的处理。（　）
187．操作系统属于系统软件范畴。（　）
188．&（连接）运算可以用于布尔型数据。（　）
189．二进制数11000111对应的十进制数为199。（　）
190．在计算机中使用八进制和十六进制，是因为它们占用的内存容量比二进制少，运算法则也比二进制简单。（　）
191．将一组表格数据填入一张Excel工作表就构成了一个数据库。（　）
192．Windows 7中的快捷方式是系统自动提供的，用户不能修改。（　）
193．TCP/IP协议是Internet的核心。（　）
194．在Word“文件”选项卡中选择“打印”命令，屏幕上出现“打印”对话框。（　）
195．可以用填充柄执行单元格的复制操作。（　）
196．一个正数的反码与其原码相同。（　）
197．折线图是Excel默认的图表类型。（　）
198．Windows 7的窗口是不可改变大小的。（　）
199．使用Word进行文档编辑时，单击“关闭”按钮后，如果有尚未保存的文档，Word会自动保存它们后再退出。（　）
200．Excel为电子表格软件，Excel文档经过打印后，即为有表格的文档。（　）

练习题答案

一、单项选择题答案

1．B　2．C　3．B　4．C　5．A　6．D　7．C

8. B	9. C	10. A	11. B	12. B	13. D	14. B
15. B	16. C	17. A	18. D	19. A	20. D	21. C
22. B	23. B	24. B	25. A	26. D	27. D	28. D
29. B	30. D	31. C	32. C	33. D	34. A	35. A
36. A	37. B	38. A	39. B	40. A	41. D	42. B
43. C	44. B	45. D	46. A	47. B	48. C	49. B
50. D	51. A	52. A	53. C	54. B	55. C	56. D
57. D	58. A	59. B	60. B	61. D	62. D	63. A
64. B	65. A	66. D	67. D	68. C	69. D	70. A
71. B	72. C	73. C	74. B	75. B	76. C	77. D
78. B	79. B	80. B	81. D	82. B	83. B	84. D
85. B	86. D	87. A	88. D	89. C	90. D	91. B
92. A	93. A	94. A	95. A	96. A	97. B	98. B
99. A	100. A	101. A	102. A	103. C	104. D	105. C
106. D	107. D	108. B	109. B	110. D	111. C	112. C
113. C	114. C	115. B	116. C	117. B	118. A	119. B
120. A	121. B	122. B	123. C	124. B	125. D	126. C
127. C	128. D	129. C	130. D	131. D	132. B	133. A
134. B	135. C	136. D	137. C	138. B	139. D	140. B
141. C	142. A	143. B	144. B	145. B	146. A	147. B
148. D	149. C	150. B	151. A	152. D	153. A	154. C
155. A	156. A	157. C	158. B	159. A	160. C	161. C
162. D	163. C	164. D	165. C	166. C	167. D	168. D
169. B	170. A	171. C	172. B	173. D	174. B	175. B
176. D	177. A	178. D	179. A	180. C	181. C	182. D
183. A	184. D	185. B	186. B	187. B	188. A	189. D
190. B	191. B	192. B	193. D	194. D	195. D	196. D
197. B	198. D	199. C	200. C			

二、多项选择题答案

1. ABCD	2. AC	3. BCD	4. ABC	5. AB
6. ACD	7. ABC	8. ACD	9. ABCD	10. BCD
11. ABC	12. AB	13. BCE	14. ABCDE	15. BD
16. ABC	17. ABCD	18. ACD	19. ABCD	20. AC
21. ABCD	22. ABCD	23. ABC	24. ABCD	25. ABCD
26. ABD	27. ABCD	28. AD	29. ACD	30. AB
31. ABCD	32. ACD	33. ACD	34. CD	35. ABCD
36. ABC	37. ABC	38. BCD	39. ACD	40. CD
41. ACD	42. ABC	43. ACD	44. BCD	45. ABC

46．ABCD 47．AB 48．AB 49．BCD 50．C
51．ABCD 52．ABD 53．ABCD 54．ACD 55．AB
56．BCD 57．BD 58．AD 59．ABCD 60．ABCD
61．ABD 62．ABC 63．ABD 64．B 65．ABD
66．ABC 67．ABCD 68．ACD 69．ADE 70．BD
71．ABCD 72．ABCD 73．ABCDE 74．ABC 75．ABCD
76．AB 77．ABC 78．ABC 79．D 80．ABC
81．ACD 82．ACD 83．BCD 84．AC 85．ABCD
86．CAB 87．ABCD 88．AD 89．ABCD 90．BC
91．CD 92．AD 93．ABCD 94．DE 95．AB
96．AB 97．ABC 98．AC 99．BCD 100．ABCD
101．ABC 102．CE 103．BDE 104．AB 105．AC
106．ABCD 107．ABCD 108．ABC 109．ABD 110．ABCD
111．ABC 112．ABCD 113．BCD 114．ABCD 115．ACD
116．BCD 117．ACD 118．AC 119．ABD 120．BD
121．AB 122．ABC 123．ACD 124．ABD 125．AD
126．AC 127．ABCD 128．AC 129．AC 130．ABE
131．ABCD 132．ABD 133．ABDE 134．BD 135．ABD
136．ABD 137．ACDE 138．ABCD 139．ABC 140．ACD
141．ABC 142．ABD 143．ABC 144．BD 145．ABC
146．ABC 147．ACD 148．AC 149．ABD 150．AB
151．AC 152．ACD 153．CD 154．ABCD 155．ABD
156．AC 157．ABC 158．ABCD 159．ACD 160．BC
161．ACD 162．ABCD 163．BD 164．CD 165．ABD
166．CD 167．BD 168．ABD 169．ABC 170．ABC
171．ABCD 172．ABC 173．ACD 174．AB 175．BC
176．AB 177．ABCD 178．CD 179．ABCD 180．ABC
181．B 182．ABC 183．ABD 184．ABC 185．BD
186．ABD 187．AC 188．ABCD 189．BC 190．ABCD
191．ABC 192．ABCD 193．ABC 194．AD 195．B
196．ABC 197．ABCDEF 198．ABCD 199．BC 200．ABCD

三、填空题答案

1．A 2．CON 3．主
4．左 5．43981 6．下拉列表框
7．总线和设备之间 8．串行 9．段落换行
10．下载 11．“图片” 12．启动程序或打开窗口
13．1 14．“格式化” 15．“向下还原”
16．“系统工具” 17．15℃～35℃ 18．ASCII 码

19．4
20．非击打
21．左键
22．文件管理
23．图标
24．DOCX
25．Alt+PrintScreen
26．打印预览
27．移动
28．快捷菜单或帮助提示
29．页面视图
30．右
31．Alt+A
32．indi
33．“计算机”和“资源管理器”
34．Enter
35．“控制面板”
36．“程序”
37．地址
38．收藏夹
39．单片微计算机
40．环型
41．任务栏
42．通信
43．标题栏
44．46.625
45．后面
46．主存储器
47．8 位、16 位、32 位和 64 位
48．接口
49．树型
50．“开始”
51．只读存储器
52．“软键盘”
53．打开
54．图片
55．十六进制
56．资源共享
57．Ctrl+C
58．3
59．COM
60．汇编语言
61．附件
62．磁盘驱动器
63．F1
64．“页数”
65．控制按钮
66．66
67．缩进
68．XLSX
69．1111
70．NUL
71．“另存为”
72．阶码和尾数
73．大小
74．关闭
75．Ctrl+O
76．混合引用
77．255
78．不是
79．Esc
80．选择被替换范围
81．分辨率
82．4
83．65536×256
84．样本
85．页眉
86．冷启动
87．0
88．微计算机系统
89．“开始”→“程序”
90．“开始”选项卡“字体”组“带圈字符”
91．Ctrl
92．域名
93．编辑栏
94．控制面版
95．“开始”→“关闭系统”命令
96．“字数统计”
97．Shift+Del
98．PrintScreen
99．阅读视图
100．URL
101．对话框
102．传输
103．单元格及其内容
104．低级格式化
105．字体
106．静态随机存储器
107．只读
108．域名
109．水平标尺
110．加粗倾斜
111．巨型化、微型化、网络化
112．顺序
113．数据总线
114．Shift
115．运算器
116．POTX
117．1 个
118．机内码
119．窗口边框
120．要激活的窗口
121．尾数
122．指令
123．“输入法”
124．Insert
125．运算器、控制器、存储器、输入设备、输出设备
126．good

127．ARPANet　128．8　129．硬盘
130．“中英文标点切换”　131．存储器　132．选项卡
133．普通视图　134．窗口　135．HTTP
136．震动　137．引导　138．其他
139．TrueType　140．ISP　141．切换
142．剪贴板　143．“退出”　144．“查看”
145．页面　146．$A$7　147．西文单引号
148．实时系统　149．1234　150．ping
151．连续文件　152．机器语言
153．星型、总线型、环型、树型、混合型
154．悬挂　155．Esc　156．Internet
157．总线标准　158．一列　159．批注
160．为文本、图形预留位置　161．局域网、广域网　162．操作数
163．根　164．1　165．母版
166．晶体管　167．软键盘　168．Byte
169．48　170．资源子网　171．文件传输协议
172．TCP/IP　173．服务器
174．按住 Ctrl 键，用鼠标左键逐个选取　175．ENIAC
176．Ctrl+S　177．滚动条　178．“文件”
179．打印头内有 24 根针　180．CPU　181．MAX
182．PPTX　183．自我复制　184．右
185．单色　186．“表格工具/布局”选项卡“数据”组“f_x公式”按钮
187．分页符　188．5　189．“删除”
190．En　191．“+”　192．不固定
193．11001111　194．Alt+PrintScreen　195．“资源管理器”
196．磁盘碎片整理　197．用户账号　198．速度、字长
199．1024B　200．HTTP

四、判断题答案

1．×　2．√　3．×　4．√　5．×　6．√　7．×
8．√　9．×　10．×　11．×　12．×　13．√　14．×
15．×　16．×　17．×　18．×　19．×　20．×　21．×
22．×　23．×　24．×　25．√　26．√　27．×　28．√
29．×　30．×　31．√　32．×　33．√　34．×　35．√
36．×　37．×　38．√　39．×　40．×　41．√　42．√
43．×　44．×　45．×　46．√　47．×　48．×　49．×
50．×　51．×　52．×　53．×　54．×　55．×　56．×
57．√　58．×　59．×　60．×　61．×　62．√　63．×
64．√　65．√　66．√　67．×　68．√　69．×　70．√

71．× 72．√ 73．√ 74．× 75．√ 76．√ 77．×
78．× 79．× 80．√ 81．× 82．× 83．× 84．√
85．√ 86．× 87．× 88．× 89．× 90．× 91．×
92．√ 93．× 94．√ 95．× 96．√ 97．× 98．√
99．√ 100．× 101．× 102．√ 103．√ 104．√ 105．√
106．× 107．× 108．√ 109．√ 110．× 111．× 112．×
113．× 114．√ 115．× 116．× 117．√ 118．√ 119．×
120．√ 121．× 122．√ 123．√ 124．× 125．× 126．√
127．√ 128．√ 129．× 130．× 131．× 132．× 133．√
134．√ 135．× 136．× 137．√ 138．√ 139．√ 140．×
141．√ 142．× 143．× 144．× 145．× 146．× 147．×
148．√ 149．× 150．√ 151．√ 152．× 153．× 154．×
155．× 156．√ 157．√ 158．√ 159．√ 160．√ 161．×
162．√ 163．√ 164．√ 165．× 166．√ 167．× 168．√
169．× 170．× 171．√ 172．× 173．× 174．√ 175．×
176．× 177．× 178．× 179．× 180．√ 181．√ 182．√
183．√ 184．√ 185．× 186．√ 187．√ 188．√ 189．√
190．× 191．× 192．× 193．√ 194．√ 195．√ 196．√
197．× 198．× 199．× 200．×

第 3 部分　全国计算机一级考试模拟试题与参考答案

模拟试题说明

1．模拟考试中涉及的考生文件夹、素材等的使用方法

（1）在本书附带光盘或网络下载的附带压缩文件包中找到本套模拟考试题对应的文件夹，如第 1 套题是：

“G:\模拟试题\第 1 套”（光盘路径，“G”表示光盘盘符）；

“\模拟试题\第 1 套”（压缩包路径）。

（2）将上一步中对应路径下的所有文件和文件夹复制到“C:\”即可开始模拟考试。此时考生文件夹路径是“C:\WEXAM\00000000”，“00000000”表示模拟考试的考生号，真实考试时这里是考生的实际考生号。

2．关于文字录入模拟

在本书提供的资源压缩文件包中找到“汉字录入模拟软件”，双击打开其中的 typingfaster.exe，如图 3-0-1（a）所示，此时单击“打开文件”→“打开”，在“打开”对话框中选择相应的文本文件开始文字录入模拟。

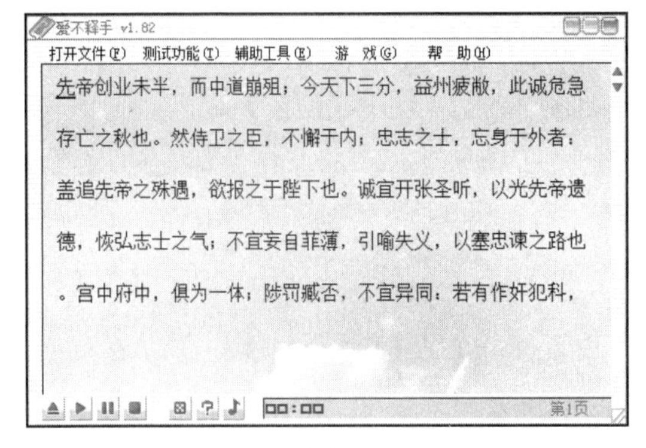

（a）

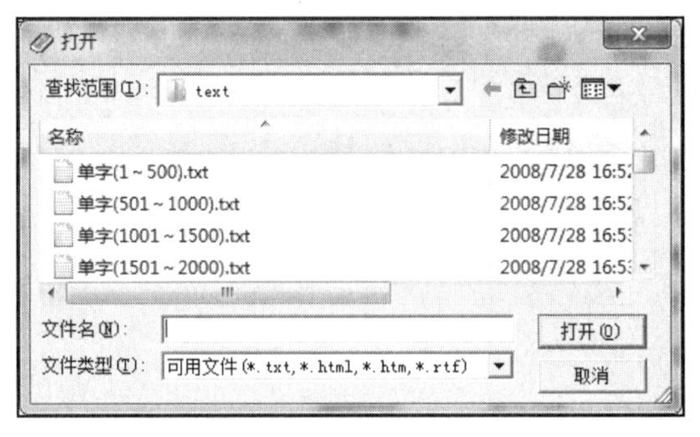

（b）

图 3-0-1　文字录入模拟软件

第 1 套模拟试题

一、单项选择题

1．计算机采用的主机电子器件的发展顺序是（　　）。

A．晶体管、电子管、中小规模集成电路、大规模和超大规模集成电路

B．电子管、晶体管、中小规模集成电路、大规模和超大规模集成电路

C．晶体管、电子管、集成电路、芯片

D．电子管、晶体管、集成电路、芯片

2．计算机的发展趋势是（　　）、微型化、网络化和智能化。

A．大型化　　B．小型化　　C．精巧化　　D．巨型化

3．计算机辅助教育的英文缩写是（　　）。

A．CAD　　B．CAE　　C．CAM　　D．CAI

4．下列描述中不正确的是（　　）。

A．多媒体技术最主要的两个特点是集成性和交互性

B．所有计算机的字长都是固定不变的，都是 8 位

C．计算机的存储容量是计算机的性能指标之一

D．各种高级语言的编译系统都属于系统软件

5．十进制数 100 转换成二进制数是（　　）。

A．01100100　　B．01100101　　C．01100110　　D．01101000

6．在计算机内部对汉字进行存储、处理和传输的汉字编码是（　　）。

A．汉字信息交换码　　B．汉字输入码

C．汉字内码　　D．汉字字形码

7．计算机能直接识别和执行的语言是（　　）。

A．机器语言　　B．高级语言

C．汇编语言　　D．数据库语言

8．微型计算机控制器的基本功能是（　　）。

A．进行计算运算和逻辑运算　　B．存储各种控制信息

C．保持各种控制状态　　D．控制机器各个部件协调一致地工作

9．微机中访问速度最快的存储器是（　　）。

A．CD-ROM　　B．硬盘　　C．U 盘　　D．内存

10．半导体只读存储器（ROM）与半导体随机存取存储器（RAM）的主要区别在于（　　）。

A．ROM 可以永久保存信息，RAM 在断电后信息会丢失

B．ROM 断电后，信息会丢失，RAM 则不会

C．ROM 是内存储器，RAM 是外存储器

D．RAM 是内存储器，ROM 是外存储器

11．在微型计算机技术中，通过系统（　　）把 CPU、存储器、输入设备和输出设备连接起来，实现信息交换。

A．总线　　B．I/O 接口　　C．电缆　　D．通道

12．计算机软件系统包括（　　）。

A．系统软件和应用软件　　B．程序及其相关数据

C．数据库及其管理软件　　D．编译系统和应用软件

13．有关计算机软件，下列说法错误的是（　　）。

A．操作系统的种类繁多，按照其功能和特性可分为批处理操作系统、分时操作系统和实时操作系统等；按照同时管理用户数的多少分为单用户操作系统和多用户操作系统

B．操作系统提供了一个软件运行的环境，是最重要的系统软件

C. Microsoft Office 软件是 Windows 环境下的办公软件，但它并不能用于其他操作系统环境

D. 操作系统的功能主要是管理，即管理计算机的所有软件资源，硬件资源不归操作系统管理

14. 下列各组设备中，全部属于输入设备的一组是（　　）。

A. 键盘、磁盘和打印机　　B. 键盘、扫描仪和鼠标

C. 键盘、鼠标和显示器　　D. 硬盘、打印机和键盘

15. 计算机病毒破坏的主要对象是（　　）。

A. U 盘　　B. 磁盘驱动器　　C. CPU　　D. 程序和数据

16. 计算机网络按地理范围可分为（　　）。

A. 广域网、城域网和局域网　　B. 因特网、城域网和局域网

C. 广域网、因特网和局域网　　D. 因特网、广域网和对等网

17. 下列有关 Internet 的叙述中，错误的是（　　）。

A. 万维网就是因特网　　B. 因特网上提供了多种信息

C. 因特网是计算机网络的网络　　D. 因特网是国际计算机互联网

18. 下列不属于网络拓扑结构形式的是（　　）。

A. 星型　　B. 环型　　C. 分支型　　D. 总线型

19. 所有与 Internet 相连接的计算机必须遵守的一个共同协议是（　　）。

A. http　　B. IEEE 802.11　　C. TCP/IP　　D. IPX

20. IE 浏览器收藏夹的作用是（　　）。

A. 收集感兴趣的页面地址　　B. 记忆感兴趣的页面的内容

C. 收集感兴趣的文件内容　　D. 收集感兴趣的文件名

二、基本操作

1. 将考生文件夹下 COFF\JIN 文件夹中的文件 MONEY.txt 设置成隐藏和只读属性。

2. 将考生文件夹下 DOSION 文件夹中的文件 HDLS.sel 复制到同一文件夹中，文件命名为 AEUT.sel。

3. 在考生文件夹下 SORRY 文件夹中新建一个文件夹 WINBJ。

4. 将考生文件夹下 WORD2 文件夹中的文件 A-EXCEL.map 删除。

5. 将考生文件夹下 STORY 文件夹中的文件夹 ENGLISH 重命名为 CHUN。

三、汉字录入

启动汉字录入模拟程序，在程序菜单上打开“模拟录入第 1 套.txt”，按照以下内容输入文字。

> HyperTransport 是一种新型、高速、高性能的为主板上的集成电路互联而设计的端到端总线技术，它可为内存控制器、硬盘控制器以及 PCI 总线控制器之间开拓出更大的带宽。这种技术可应用于服务器、工作站、网络转换器以及嵌入式应用设备。HyperTransport 技术的一个重要特点是它能与各种微处理器平台一起工作。

四、文字处理

第 1 小题 在考生文件夹下，打开文档 WORD1.docx，按照要求完成下列操作并以该文件名（WORD1.docx）保存文档。

（1）将文中所有“教委”替换为“教育部”。

（2）将标题段文字（“高校科技实力排名”）设置为红色三号黑体、加粗、居中，字符间距为加宽 4 磅。

（3）将正文各段落（“由教育部授权……本版特公布其中的‘高校科研经费排行榜’”），左右各缩进 2 字符，悬挂缩进 2 字符，行距 18 磅。

第 2 小题 在考生文件夹下，打开文档 WORD2.docx，按照要求完成下列操作并以该文件名（WORD2.docx）保存文档。

（1）插入一个 6 行 6 列表格，设置表格列宽为 2 厘米，行高为 0.4 厘米；设置表格外框线为 1.5 磅绿色单实线，内框线为 0.5 磅绿色单实线。

（2）将第一行所有单元格合并并设置该行为黄色底纹。

五、电子表格

（1）打开工作簿文件 EXCEL.xlsx，将下列某健康医疗机构对一定数目的自愿者进行健康调查的数据建成一个数据表（存放在 A1:C4 的区域内），其数据表保存在 Sheet1 工作表中。

统计项目	非饮酒者	经常饮酒者
统计人数	8979	9879
肝炎发病率	43%	32%
心血管发病率	56%	23%

（2）对建立的数据表选择“统计项目”“非饮酒者”“经常饮酒者”三列数据建立折线图，系列产生在“列”，图表标题为“自愿者健康调查图”，并将其嵌入到工作表的 A6:F20 区域。

（3）将工作表 Sheet1 更名为“健康调查表”。

六、演示文稿

打开考生文件夹下的演示文稿 yswg.pptx，按照下列要求完成对此文稿的修饰并保存。

（1）整个演示文稿用“夏至”模板修饰。在文稿前插入一张版式为“标题幻灯片”的新幻灯片，使之成为整个演示文稿的第一张幻灯片，键入主标题“数据库原理与技术”，设置字体字号为宋体、54 磅字，键入副标题“计算机系”，设置字体字号为楷体、36 磅字。

（2）将全文幻灯片的切换效果设置成“覆盖”，将每个幻灯片顶部的标题设置动画为“基本旋转”“水平”。

七、上网

向老同学发一封 E-mail，邀请他来参加母校 50 周年校庆。具体如下：

【收件人】hangwg@mail.home.com

【抄送】

【主题】邀请参加校庆

【邮件内容】今年 8 月 26 日是母校建校 50 周年，邀请你来母校共同庆祝。

第 1 套模拟试题参考答案

一、单项选择题

1. B	2. D	3. D	4. B	5. A	6. C	7. A
8. D	9. D	10. A	11. A	12. A	13. D	14. B
15. D	16. A	17. A	18. C	19. C	20. A	

二、基本操作

1. 设置文件属性

① 打开考生文件夹下 COFF\JIN 文件夹，选定 MONEY.txt 文件。

② 选择“文件”→“属性”命令，或右击，弹出快捷菜单，选择“属性”命令，即可打开“属性”对话框。

③ 在“属性”对话框中勾选“只读”属性和“隐藏”属性，单击“确定”按钮。

2. 复制文件和文件命名

① 打开考生文件夹下 DOSION 文件夹，选定 HDLS.sel 文件。

② 单击“编辑”→“复制”命令，或按快捷键 Ctrl+C。

③ 单击“编辑”→“粘贴”命令，或按快捷键 Ctrl+V。

④ 选定复制来的文件。

⑤ 按 F2 键，此时文件（文件夹）的名字处呈现蓝色可编辑状态，编辑名称为题目指定的名称 AEUT.sel。

3. 新建文件夹

① 打开考生文件夹下 SORRY 文件夹。

② 选择“文件”→“新建”→“文件夹”命令，或右击，弹出快捷菜单，选择“新建”→“文件夹”命令，即可生成新的文件夹，此时文件（文件夹）的名字处呈现蓝色可编辑状态。编辑名称为题目指定的名称 WINBJ。

4. 删除文件

① 打开考生文件夹下 WORD2 文件夹，选定 A-EXCEL.map 文件。

② 按 Delete 键，弹出确认对话框。

③ 单击“确定”按钮，将文件删除。

5. 文件夹命名

① 打开考生文件夹下 STORY 文件夹，选定 ENGLISH 文件夹。

② 按 F2 键，此时文件夹的名字处呈现蓝色可编辑状态，编辑名称为题目指定的名称 CHUN。

三、汉字录入（略）

四、文字处理

第 1 小题 在考生文件夹下，打开文档 WORD1.docx，按照要求完成下列操作并以该文件名（WORD1.docx）保存文档。

（1）将文中所有“教委”替换为“教育部”。

① 选中全部文本（包括标题段），选择“编辑”→“替换”命令。

② 在弹出“查找和替换”对话框的“查找内容”中输入“教委”，在“替换为”中输入“教育部”。

③ 单击“全部替换”按钮，会弹出提示对话框，在该对话框中直接单击“确定”按钮即可完成替换。

（2）将标题段文字（“高校科技实力排名”）设置为红色三号黑体、加粗、居中，字符间距为加宽 4 磅。

① 选中标题段文本，在“开始”选项卡的“字体”组中，单击右侧的“对话框启动器”按钮。

② 在弹出的“字体”对话框中，单击“字体”选项卡。

③ 在“中文字体”中选择“黑体”，在“字号”中选择“三号”，在“字体颜色”中选择“红色”，在“字形”中选择“加粗”。

④ 在“高级”选项卡的“间距”中选择“加宽”，在“磅值”中输入“4 磅”，单击“确定”按钮返回。

⑤ 选中标题段文本，在“开始”选项卡下，在“段落”组中，单击“居中”按钮。

（3）将正文各段落（“由教育部授权……本版特公布其中的‘高校科研经费排行榜’”），左右各缩进 2 字符，悬挂缩进 2 字符，行距 18 磅。

① 选中正文所有文本（标题段不要选）。

② 在“开始”选项卡“段落”组中，单击右侧的“对话框启动器”按钮，弹出“段落”对话框。

③ 单击“缩进和间距”选项卡，在“缩进”中的“左侧”中输入“2 字符”，在“右侧”中输入“2 字符”，在“特殊格式”中选择“悬挂缩进”，在“度量值”中选择“2 字符”，在“行距”中选择“多倍行距”，在“设置值”中输入“18 磅”，单击“确定”按钮返回到编辑界面中。

④ 保存文件。

第 2 小题 在考生文件夹下，打开文档 WORD2.docx，按照要求完成下列操作并以该文件名（WORD2.docx）保存文档。

（1）插入一个 6 行 6 列表格，设置表格列宽为 2 厘米，行高为 0.4 厘米；设置表格外框线为 1.5 磅绿色单实线，内框线为 0.5 磅绿色单实线。

① 打开 WORD2. docx 文件，按题目要求插入表格。

② 在“插入”选项卡下，单击“表格”下拉列表，选择“插入表格”选项，弹出“插入表格”对话框，在“行数”中输入“6”，在“列数”中输入“6”，单击“确定”按钮返回到编辑界面中。

③ 选中表格，在“表格工具/布局”选项卡“单元格大小”组中，单击右侧的“对话框启动器”按钮，打开“表格属性”对话框，单击“列”选项卡，勾选“指定宽度”，设置其值为“2 厘米”，在“行”选项卡中勾选“指定高度”，设置其值为“0.4 厘米”，在“行高值是”中选择“固定值”，单击“确定”按钮返回到编辑界面中。

④ 单击表格，在“表格工具/设计”选项卡“绘图边框”组中设置“笔划粗细”为“1.5 磅”，设置“笔样式”为“单实线”，设置“笔颜色”为“绿色”，此时鼠标变为“小蜡笔”形状，沿着边框线拖动设置外边框的属性。

注：当单击“绘制表格”按钮后，鼠标变为“小蜡笔”形状，选择相应的线型和宽度，沿边框线拖动小蜡笔便可以对边框线属性进行设置。

按同样的操作设置内框线。

（2）将第一行所有单元格合并并设置该行为黄色底纹。

① 选中第 1 行所有单元格，右击，在弹出的快捷菜单中选择“合并单元格”命令。

② 选中表格第一行，在“表格工具/设计”选项卡“表格样式”组中，单击“底纹”下拉列表，选择“黄色”。

③ 保存文件。

五、电子表格

（1）打开工作簿文件 EXCEL.xlsx，将下列某健康医疗机构对一定数目的自愿者进行健康调查的数据建成一个数据表（存放在 A1:C4 的区域内），其数据表保存在 Sheet1 工作表中。

① 通过“答题”菜单打开 EXCEL.xlsx 文件，在 A1:C4 区域内，输入题目所给内容。

统计项目	非饮酒者	经常饮酒者
统计人数	8979	9879
肝炎发病率	43%	32%
心血管发病率	56%	23%

② 保存文件。

（2）对建立的数据表选择“统计项目”“非饮酒者”“经常饮酒者”三列数据建立折线图，系列产生在“列”，图表标题为“自愿者健康调查图”，并将其嵌入到工作表的 A6:F20 区域。

① 选中“统计项目”“非饮酒者”“经常饮酒者”三列数据，在“插入”功能区的“图表”组中，单击“创建图表”按钮，弹出“插入图表”对话框，在“折线图”中选择“折线图”，单击“确定”按钮，即可插入图表。

② 在插入的图表中，选中图表标题，改为“自愿者健康调查图”。

③ 选中图表，按住鼠标左键拖动图表不放并将其拖动到 A6:F20 单元格区域内。

（3）将工作表 Sheet1 更名为“健康调查表”。

① 将鼠标移动到工作表下方的表名处，双击 Sheet1 并输入“健康调查表”。

② 保存文件。

六、演示文稿

打开考生文件夹下的演示文稿 yswg.pptx，按照下列要求完成对此文稿的修饰并保存。

（1）整个演示文稿用“夏至”模板修饰。在文稿前插入一张版式为“标题幻灯片”的新幻灯片，使之成为整个演示文稿的第一张幻灯片，键入主标题“数据库原理与技术”，设置字体字号为宋体、54 磅字，键入副标题“计算机系”，设置字体字号为楷体、36 磅字。

① 打开 yswg.pptx 文件，在“设计”功能区的“主题”组中，单击“其他”下拉按钮，在展开的样式库中选择“夏至”模板。

② 鼠标移动到第一张幻灯片之前，在“开始”选项卡的“幻灯片”组中，单击“新建幻灯片”下拉按钮，选择“标题幻灯片”。

③ 在新建幻灯片的主标题处输入“数据库原理与技术”，在副标题处输入“计算机系”。

④ 选中主标题，在“开始”选项卡的“字体”组中，单击功能组扩展按钮，弹出“字体”对话框。在“字体”选项卡中，设置“中文字体”为“宋体”，设置“大小”为“54”，单击“确定”按钮。按同样的方式设置副标题为楷体、36 磅字。

（2）将全文幻灯片的切换效果设置成“覆盖”，将每个幻灯片顶部的标题设置动画为“基本旋转”“水平”。

① 选中所有幻灯片，在“切换”选项卡的“切换到此幻灯片”组中，单击“其他”下拉按钮，在展开的效果样式库的“细微型”选项组中选择“覆盖”样式。

② 选中每张幻灯片中的顶部标题，在“动画”选项卡的“动画”组中，单击“其他”下拉按钮，在展开的效果样式库中选择“更多进入效果”选项，弹出“更改进入效果”对话框。在“华丽型”选项组中选择“基本旋转”，单击“确定”按钮。在“动画”组中，单击“效果选项”按钮，设置方向为“水平”。

③ 保存文件。

七、上网

① 启动 Outlook Express 2010。

② 在 Outlook Express 2010 工具栏上单击“新建电子邮件”按钮，弹出“未命名-邮件（HTML）”窗口。

③ 在“收件人”中输入“hangwg@mail.home.com”；在“主题”中输入“邀请参加校庆”；在窗口中央空白的编辑区域内输入邮件的内容“今年 8 月 26 日是母校建校 50 周年，邀请你来母校共同庆祝。”

④ 单击“发送”按钮，完成邮件发送。

第 2 套模拟试题

一、单项选择题

1．下列不属于第二代计算机特点的一项是（　　）。

A．采用电子管作为逻辑元件　　B．运算速度为每秒几万至几十万条指令

C．内存主要采用磁芯　　D．外存储器主要采用磁盘和磁带

2．专门为某种用途而设计的计算机，称为（　　）计算机。

A．专用　　B．通用　　C．特殊　　D．模拟

3．执行二进制算术加运算 11001001＋00100111，其运算结果是（　　）。

A．11101111　　B．11110000　　C．00000001　　D．10100010

4．在计算机术语中，bit 的中文含义是（　　）。

A．位　　B．字节　　C．字　　D．字长

5．微型计算机硬件系统中最核心的部位是（　　）。

A．主板　　B．CPU　　C．内存储器　　D．I/O 设备

6．微型计算机普遍采用的字符编码是（　　）。

A．原码　　B．补码　　C．ASCII 码　　D．汉字编码

7．一般计算机硬件系统的主要组成部件有五大部分，下列选项中不属于这五部分的是（　　）。

A．输入设备和输出设备　　B．软件

C．运算器　　D．控制器

8．下列不属于微型计算机的技术指标的一项是（　　）。

A．字节　　B．时钟主频　　C．运算速度　　D．存取周期

9．微机中访问速度最快的存储器是（　　）。

A．CD-ROM　　B．硬盘　　C．U 盘　　D．内存

10．DRAM 存储器的中文含义是（　　）。

A．静态随机存储器　　B．动态随机存储器

C．动态只读存储器　　D．静态只读存储器

11．计算机最主要的工作特点是（　　）。

A．有记忆能力　　B．高精度与高速度

C．可靠性与可用性　　D．存储程序与自动控制

12．下列关于存储的叙述中，正确的是（　　）。

A．CPU 能直接访问存储在内存中的数据，也能直接访问存储在外存中的数据

B．CPU 不能直接访问存储在内存中的数据，能直接访问存储在外存中的数据

C．CPU 只能直接访问存储在内存中的数据，不能直接访问存储在外存中的数据

D．CPU 既不能直接访问存储在内存中的数据，也不能直接访问存储在外存中的数据

13．Word 文字处理软件属于（　　）。

A．管理软件　　B．网络软件　　C．应用软件　　D．系统软件

14．以下关于流媒体技术的说法中，错误的是（　　）。

A．实现流媒体需要合适的缓存　　B．媒体文件全部下载完成才可以播放

C．流媒体可用于在线直播等方面　　D．流媒体格式包括.asf、.rm、.ra 等

15．相对而言，下列类型的文件中，不易感染病毒的是（　　）。

A．*.txt　　B．*.doc　　C．*.com　　D．*.exe

16．将高级语言编写的程序翻译成机器语言程序，采用的两种翻译方法是（　　）。

A．编译和解释　　B．编译和汇编　　C．编译和连接　　D．解释和汇编

17．下列选项中，不属于计算机病毒特征的是（　　）。

A．破坏性　　B．潜伏性　　C．传染性　　D．免疫性

18．Internet 是覆盖全球的大型互联网络，用于连接多个远程网和局域网的互联设备主要是（　　）。

A．路由器　　B．主机　　C．网桥　　D．防火墙

19．因特网上的服务都是基于某一种协议的，Web 服务是基于（　　）。

A．SMTP 协议　　B．SNMP 协议　　C．HTTP 协议　　D．Telnet 协议

20．下列 URL 的表示方法中，正确的是（　　）。

A．http://www.microsoft.com/index.html

B．http:\www.microsoft.com/index.html

C．http://www.microsoft.com\index.html

D．http:www.microsoft.com/index.htmp

二、基本操作

1．在考生文件夹下创建一个 BOOK 新文件夹。

2．将考生文件夹下 VOTUNA 文件夹中的 BOYABLE.doc 文件复制到同一文件夹下，并命名为 SYAD.doc。

3．将考生文件夹下 BENA 文件夹中的文件 PRODUCT.wri 的“只读”属性撤销，并设置为“隐藏”属性。

4．为考生文件夹下 XIUGAI 文件夹中的 ANEW.exe 文件建立名为 KANEW 的快捷方式，并存放在考生文件夹下。

5．将考生文件夹下 MICRO 文件夹中的 XSAK.bas 文件删除。

三、汉字录入

启动汉字录入模拟程序，在程序菜单上打开“模拟录入第 2 套.txt”，按照以下内容输入文字。

Internet 的开放有弊也有利。公开源码软件的出现等，在一定程度上缓解了盗版问题。最重要的是，商业软件发行商也开始利用 Internet 来作为发行和保护软件的渠道。除了免费的补丁和升级程序下载外，还使用了许可证管理软件实现通过 Internet 销售软件。圣天诺公司的 SentinelLM 就是一种典型的许可管理软件。

四、文字处理

第 1 小题　在考生文件夹下，打开文档 WORD1.docx，按照要求完成下列操作并以该文件名（WORD1.docx）保存文档。

（1）将文中所有“通讯”替换为“通信”；将标题段文字（“60 亿人同时打电话”）设置为小二号、蓝色、黑体、居中，并添加黄色底纹。

（2）将正文各段文字（“15 世纪末……绰绰有余。”）设置为四号楷体；各段落首行缩进 2 字符；将正文第二段（“无线电短波通信……绰绰有余。”）中的两处“107”中的“7”设置为上标表示形式。

（3）将正文第二段（“无线电短波通信……绰绰有余。”）分为等宽的两栏；在页面底端（页脚）居中位置插入页码。

第 2 小题 在考生文件夹下，打开文档 WORD2.docx，按照要求完成下列操作并以该文件名（WORD2.docx）保存文档。

（1）计算表格二、三、四列单元格中数据的平均值并填入最后一行。

（2）设置表格居中，表格中的所有内容水平居中；设置表格列宽为 2.5 厘米；设置外框线为蓝色 1.5 磅双窄线，内框线为蓝色 0.75 磅单实线。

五、电子表格

（1）打开工作簿文件 EXCEL.xlsx，将工作表 Sheet1 的 A1:D1 单元格合并为一个单元格，内容水平居中；计算“学生均值”行（学生均值=贷款金额/学生人数，保留小数点后两位），将工作表命名为“助学贷款发放情况表”。

（2）选取“助学贷款发放情况表”的“班别”和“学生均值”两行的内容建立“簇状柱形图”，X 轴上的项为“班别”（系列产生在“行”），图表标题为“助学贷款发放情况图”，插入到表的 A7:D17 单元格区域内。

六、演示文稿

打开考生文件夹下的演示文稿 yswg.pptx，按照下列要求完成对此文稿的修饰并保存。

（1）将第三张幻灯片版式改变为“垂直排列标题与文本”，将第一张幻灯片背景填充设置为“薄雾浓云”“线性向下”。

（2）将文稿中的第三张幻灯片加上标题“计算机硬件组成”，设置字体字号：楷体、48 磅字，然后将该幻灯片移为整个文稿的第二张幻灯片。全文幻灯片的切换效果都设置成“形状”。

七、上网

在考生文件夹下打开“\模拟网页浏览\index.htm”主页，浏览“天文小知识”页面，查找“火星”的页面内容，并将它以文本文件的格式保存到考生目录下，命名为 huoxing.txt。

第 2 套模拟试题参考答案

一、单项选择题

1. A	2. A	3. B	4. A	5. B	6. C	7. B
8. A	9. D	10. B	11. D	12. C	13. C	14. B
15. A	16. A	17. D	18. A	19. C	20. A	

二、基本操作

1. 新建文件夹

① 打开考生文件夹。

② 选择“文件”→“新建”→“文件夹”命令，或右击，弹出快捷菜单，选择“新建”→“文件夹”命令，即可生成新的文件夹，此时文件夹的名字处呈现蓝色可编辑状态。编辑名称

为题目指定的名称 BOOK。

2．复制文件和文件命名

① 打开考生文件夹下 VOTUNA 文件夹，选定 BOYABLE.doc 文件。

② 选择“编辑”→“复制”命令，或按快捷键 Ctrl+C。

③ 选择“编辑”→“粘贴”命令，或按快捷键 Ctrl+V。

④ 选定复制来的文件。

⑤ 按 F2 键，此时文件的名字处呈现蓝色可编辑状态，编辑名称为题目指定的名称 SYAD.doc。

3．设置文件属性

① 打开考生文件夹下 BENA 文件夹，选定 PRODUCT.wri 文件。

② 选择“文件”→“属性”命令，或右击，弹出快捷菜单，选择“属性”命令，即可打开“属性”对话框。

③ 在“属性”对话框中勾选“隐藏”属性，取消选中“只读”属性，单击“确定”按钮。

4．创建文件的快捷方式

① 打开考生文件夹下的 XIUGAI 文件夹，选定要生成快捷方式的 ANEW.EXE 文件。

② 选择“文件”→“创建快捷方式”命令，或右击，弹出快捷菜单，选择“创建快捷方式”命令，即可在同文件夹下生成一个快捷方式文件。

③ 移动这个文件到考生文件夹下，并按 F2 键改名为 KANEW。

5．删除文件

① 打开考生文件夹下 MICRO 文件夹，选定 XSAK.bas 文件。

② 按 Delete 键，弹出确认对话框。

③ 单击“确定”按钮，将文件（文件夹）删除。

三、汉字录入（略）

四、文字处理

第 1 小题 在考生文件夹下，打开文档 WORD1.docx，按照要求完成下列操作并以该文件名（WORD1.docx）保存文档。

（1）将文中所有“通讯”替换为“通信”；将标题段文字（“60 亿人同时打电话”）设置为小二号、蓝色、黑体、居中，并添加黄色底纹。

① 打开 WORD1.docx 文件。选中全部文本（包括标题段），在“开始”选项卡“编辑”组中，单击“替换”按钮，弹出“查找和替换”对话框。在“查找内容”文本框中输入“通讯”，在“替换为”文本框中输入“通信”，单击“全部替换”按钮，会弹出提示对话框，在该对话框中直接单击“确定”按钮即可完成替换。

② 选中标题段，在“开始”选项卡“字体”组中，单击“字体”按钮，弹出“字体”对话框。在“字体”选项卡中，设置“中文字体”为“黑体”，设置“字号”为“小二”，设置“字体颜色”为“蓝色”，单击“确定”按钮。

③ 选中标题段，在“开始”选项卡“段落”组中，单击“居中”按钮。

④ 选中标题段，在“开始”选项卡“段落”组中，单击“底纹”下拉列表，选择填充色

为“黄色”即可。

（2）将正文各段文字（“15 世纪末……绰绰有余。”）设置为四号楷体；各段落首行缩进 2 字符；将正文第二段（“无线电短波通信……绰绰有余。”）中的两处“107”中的“7”设置为上标表示形式。

① 选中正文各段（标题段不要选），在“开始”选项卡“字体”组中，单击“字体”按钮，弹出“字体”对话框。在“字体”选项卡中，设置“中文字体”为“楷体”，设置“字号”为“四号”，单击“确定”按钮。

② 选中正文各段（标题段不要选），在“开始”选项卡“段落”组中，单击“段落”按钮，弹出“段落”对话框。单击“缩进和间距”选项卡，在“特殊格式”中选择“首行缩进”，在“磅值”中选择“2 字符”，单击“确定”按钮。

③ 选中正文第二段的两处“107”中的“7”，在“开始”选项卡“字体”组中，单击“上标”按钮。

（3）将正文第二段（“无线电短波通信……绰绰有余。”）分为等宽的两栏；在页面底端（页脚）居中位置插入页码。

① 选中正文第二段，在“页面布局”选项卡“页面设置”组中，单击“分栏”下拉列表，选择“更多分栏”选项，弹出“分栏”对话框，选择“预设”选项组中的“两栏”图标，勾选“栏宽相等”，单击“确定”按钮。

② 在“插入”选项卡“页眉和页脚”组中，单击“页码”下拉列表，选择“页面底端”“普通数字 2”选项，单击“关闭页眉和页脚”按钮。

③ 保存文件。

第 2 小题 在考生文件夹下，打开文档 WORD2.docx，按照要求完成下列操作并以该文件名（WORD2.docx）保存文档。

（1）计算表格二、三、四列单元格中数据的平均值并填入最后一行。

打开 WORD2.docx 文件。单击表格最后一行第 2 列，在“布局”选项卡“数据”组中，单击“f_x 公式”按钮，弹出“公式”对话框，在“公式”文本框中输入“=AVERAGE(ABOVE)”，单击“确定”按钮（注：AVERAGE(ABOVE)中的 ABOVE 表示对上方的数据进行求平均值计算）。

按此步骤反复进行，直到完成所有列的计算。

（2）设置表格居中，表格中的所有内容水平居中；设置表格列宽为 2.5 厘米；设置外框线为蓝色 1.5 磅双窄线，内框线为蓝色 0.75 磅单实线。

① 选中表格，在“开始”选项卡“段落”组中，单击“居中”按钮。

② 选中表格，在“布局”选项卡“单元格大小”组中，单击“表格属性”按钮，弹出“表格属性”对话框。单击“列”选项卡，勾选“指定宽度”，设置其值为“2.5 厘米”，单击“确定”按钮。

③ 选中整个表格，在“布局”选项卡“对齐方式”组中，单击“水平居中”按钮。

④ 选中表格，在“设计”选项卡“绘图边框”组中，设置“笔画粗细”为“1.5 磅”，设置“笔样式”为“双窄线”，设置“笔颜色”为“蓝色”，此时鼠标变为“小蜡笔”形状，沿着边框线拖动设置外框线的属性。

注：当单击“绘制表格”按钮后，鼠标变为“小蜡笔”形状，选择相应的线型和宽度，

沿边框线拖动小蜡笔便可以对边框线属性进行设置。按同样的操作设置内框线为蓝色 0.75 磅单实线。

⑤ 保存文件。

五、电子表格

（1）打开工作簿文件 EXCEL.xlsx，将工作表 Sheet1 的 A1:D1 单元格合并为一个单元格，内容水平居中；计算“学生均值”行（学生均值=贷款金额/学生人数，保留小数点后两位），将工作表命名为“助学贷款发放情况表”。

① 打开 EXCEL.xlsx 文件。选中工作表 Sheet1 中的 A1:D1 单元格，单击“开始”选项卡的按钮。

② 在 B5 中输入公式“=B3/B4”并按回车键，将鼠标移动到 B5 单元格的右下角，按住鼠标左键不放向右拖动即可计算出其他列的值。

注：当鼠标指针放在已插入公式的单元格的右下角时，它会变为小十字形状，按住鼠标左键拖动其到相应的单元格即可进行数据的自动填充。

③ 选中 B5:D5，在“开始”选项卡“数字”组中，单击右侧的“对话框启动器”按钮，弹出“设置单元格格式”对话框，单击“数字”选项卡，在“数值”的“小数位数”中输入“2”，单击“确定”按钮。

④ 将鼠标移动到工作表下方的表名处，双击 Sheet1 并输入“助学贷款发放情况表”。

（2）选取“助学贷款发放情况表”的“班别”和“学生均值”两行的内容建立“簇状柱形图”，X 轴上的项为“班别”（系列产生在“行”），图表标题为“助学贷款发放情况图”，插入到表的 A7:D17 单元格区域内。

① 选中“班别”和“学生均值”两行数据，在“插入”选项卡“图表”组中，单击右侧的“对话框启动器”按钮，弹出“插入图表”对话框，在“柱形图”中选择“簇状柱形图”，单击“确定”按钮，即可插入图表。

② 在插入的图表中，选中图表标题，改为“助学贷款发放情况图”。

③ 选中图表，按住鼠标左键不放并拖动，将其拖至 A7:D17 单元格区域内。

注：不要超过这个区域。如果图表过大，无法放下，可以将鼠标放在图表的右下角，当鼠标指针变为时，按住左键拖动可以将图表缩小到指定区域内。

④ 保存文件。

六、演示文稿

打开考生文件夹下的演示文稿 yswg.pptx，按照下列要求完成对此文稿的修饰并保存。

（1）将第三张幻灯片版式改变为“垂直排列标题与文本”，将第一张幻灯片背景填充预设置为“薄雾浓云”“线性向下”。

① 打开 yswg.pptx 文件。选中第三张幻灯片，在“开始”选项卡“幻灯片”组中，单击“版式”按钮，在下拉列表中选择“垂直排列标题与文本”。

② 选中第一张幻灯片，在“设计”选项卡“背景”组中，单击“背景样式”按钮，在下拉列表中选择“设置背景格式”，弹出“设置背景格式”对话框，单击“填充”选项卡，选择“渐变填充”，在“预设颜色”中选择“薄雾浓云”，在“类型中”选择“线性”，在“方向”

中选择“线性向下”，单击“关闭”按钮。

（2）将文稿中的第三张幻灯片加上标题“计算机硬件组成”，设置字体字号：楷体、48磅字。然后将该幻灯片移为整个文稿的第二张幻灯片。全文幻灯片的切换效果都设置成“形状”。

① 在第三张幻灯片的标题处输入“计算机硬件组成”。

② 选中标题，在“开始”选项卡“字体”组中，单击“字体”按钮，弹出“字体”对话框。在“字体”选项卡中，设置“中文字体”为“楷体”，设置“大小”为“48”，单击“确定”按钮。

③ 选中第三张幻灯片，用鼠标拖拽至第一张幻灯片与第二张幻灯片之间的位置。

④ 选中所有幻灯片，在“切换”选项卡的“切换到此幻灯片”组中，单击“其他”下拉按钮，在展开的效果样式库中，选择“细微型”选项组中的“形状”样式。

⑤ 保存文件。

七、上网

① 启动 Internet Explorer，打开 IE 浏览器。

② 在地址栏中输入地址“ C:\WEXAM\00000000\模拟网页浏览\index.htm”（此处为本地文件访问路径，访问网络资源则是使用 URL），并按回车键打开页面，从中单击“天文小知识”页面，再选择“火星”，单击打开此页面。

③ 单击“工具”→“文件”→“另存为”命令，弹出“保存网页”对话框，在“文档库”窗格中打开考生文件夹，在“文件名”文本框中输入“huoxing.txt”，在“保存类型”中选择“文本文件(*.txt)”，单击“保存”按钮完成操作。

第3套模拟试题

一、单项选择题

1．计算机运算部件一次能同时处理的二进制数据的位数称为（　　）。

A．位　　B．字节　　C．字长　　D．波特

2．计算机的发展趋势是（　　）、微型化、网络化和智能化。

A．大型化　　B．小型化　　C．精巧化　　D．巨型化

3．执行二进制算术加运算 11001001＋00100111，其运算结果是（　　）。

A．11101111　　B．11110000　　C．00000001　　D．10100010

4．二进制数 00111101 转换成十进制数是（　　）。

A．58　　B．59　　C．61　　D．65

5．一般计算机硬件系统的主要组成部件有五大部分，下列选项中不属于这五部分的是（　　）。

A．输入设备和输出设备　　B．软件

C．运算器　　D．控制器

6．计算机采用的主机电子器件的发展顺序是（　　）。

A．晶体管、电子管、中小规模集成电路、大规模和超大规模集成电路

B．电子管、晶体管、中小规模集成电路、大规模和超大规模集成电路

C．晶体管、电子管、集成电路、芯片

D．电子管、晶体管、集成电路、芯片

7．下列不属于微型计算机的技术指标的一项是（　　）。

A．字节　　B．时钟主频　　C．运算速度　　D．存取周期

8．在微型计算机内存储器中不能用指令修改其存储内容的是（　　）。

A．RAM　　B．DRAM　　C．ROM　　D．SRAM

9．操作系统的功能是（　　）。

A．将源程序编译成目标程序

B．负责诊断计算机的故障

C．控制和管理计算机系统的各种硬件和软件资源的使用

D．负责外设与主机之间的信息交换

10．通常所说的 I/O 设备是指（　　）。

A．输入输出设备　　B．通信设备

C．网络设备　　D．控制设备

11．DRAM 存储器的中文含义是（　　）。

A．静态随机存储器　　B．动态随机存储器

C．动态只读存储器　　D．静态只读存储器

12．下列术语中，属于显示器性能指标的是（　　）。

A．速度　　B．可靠性　　C．分辨率　　D．精度

13．将高级语言编写的程序翻译成机器语言程序，采用的两种翻译方法是（　　）。

A．编译和解释　　B．编译和汇编　　C．编译和连接　　D．解释和汇编

14．下列关于系统软件的四条叙述中，正确的一条是（　　）。

A．系统软件与具体应用领域无关

B．系统软件与具体硬件逻辑功能无关

C．系统软件是在应用软件基础上开发的

D．系统软件并不是具体提供人机界面

15．计算机硬件能够直接识别和执行的语言是（　　）。

A．C 语言　　B．汇编语言　　C．机器语言　　D．符号语言

16．计算机网络按地理范围可分为（　　）。

A．广域网、城域网和局域网　　B．因特网、城域网和局域网

C．广域网、因特网和局域网　　D．因特网、广域网和对等网

17．下列选项中，不属于计算机病毒特征的是（　　）。

A．破坏性　　B．潜伏性　　C．传染性　　D．免疫性

18．相对而言，下列类型的文件中，不易感染病毒的是（　　）。

A．*.txt　　B．*.doc　　C．*.com　　D．*.exe

19．所有与 Internet 相连接的计算机必须遵守的一个共同协议是（　　）。

A．HTTP　　B．IEEE 802.11　　C．TCP/IP　　D．IPX

20．IE 浏览器收藏夹的作用是（　　）。

A．收集感兴趣的页面地址　　B．记忆感兴趣的页面内容
C．收集感兴趣的文件内容　　D．收集感兴趣的文件名

二、基本操作

1．在考生文件夹下 KUB 文件夹中新建名为 BRNG 的文件夹。
2．将考生文件夹下 BINNA\AFEW 文件夹中的 LI.doc 文件复制到考生文件夹下。
3．将考生文件夹下 QPM 文件夹中 JING.wri 文件的“只读”属性撤销。
4．搜索考生文件夹中的 AUTXIAN.bat 文件，然后将其删除。
5．为考生文件夹下 XIANG 文件夹建立名为 KXIANG 的快捷方式，并存放在考生文件夹下的 POB 文件夹中。

三、汉字录入

启动汉字录入模拟程序，在程序菜单上打开“模拟录入第 3 套.txt”，按照以下内容输入文字。

一个较为典型的流程是，用户从软件厂商的网站下载了软件，安装后，软件经过处理与本机的某些特征建立关联，比如，软件可以以一定的方式采集硬件的指纹信息，产生一个特定字串。用户软件在正式使用前需要激活，通常是在付款后将字串发送回软件厂商，软件厂商确认合法后使用。

四、文字处理

第 1 小题　在考生文件夹下，打开文档 WORD1.docx，按照要求完成下列操作并以该文件名（WORD1.docx）保存文档。

（1）将标题段文字（“冻豆腐为什么会有许多小孔？”）设置为小二号红色黑体，加下划线，居中，并添加蓝色底纹。

（2）将正文第四段文字（“当豆腐冷到……压缩成网络形状。”）移至第三段文字（“等到冰融化时…许多小孔。”）之前，并将两段合并；正文各段文字（“你可知道…许多小孔。”）设置为小四号宋体；各段落左右各缩进 1 字符，悬挂缩进 2 字符，行距设置为 2 倍行距。

（3）将文档页面的纸型设置为“16 开 (18.4×26 厘米)”，左右边距各为 3 厘米；在页面底端（页脚）插入页码，对齐方式为“右侧”，并将初始页码设置为 3。

第 2 小题　在考生文件夹下，打开文档 WORD2.docx，按照要求完成下列操作并以该文件名（WORD2.docx）保存文档。

（1）在“外汇牌价”一词后插入脚注（页面底端）“据中国银行提供的数据”；将文中后 6 行文字转换为一个 6 行 4 列的表格，表格居中；并将表格内容按“卖出价”列降序排列。

（2）设置表格列宽为 2.5 厘米，表格线宽为 0.75 磅蓝色单实线；表格中所有文字设置为小五号宋体，表格第 1 行文字水平居中，其余各行文字中第 1 列文字中部两端对齐，其余列文字中部右对齐。

五、电子表格

（1）打开工作簿文件 EXCEL.xlsx，将工作表 Sheet1 的 A1:C1 单元格合并为一个单元格，内容水平居中，计算人数“总计”及“所占百分比”列（所占百分比=人数/总计），“所占百分比”列单元格格式为“百分比”型（保留小数点后两位），将工作表命名为“师资情况表”。

（2）选取“师资情况表”的“职称”和“所占百分比”（均不包括“总计”行）两列单元格的内容建立“分离型圆环图”（系列产生在“列”），设置数据标签格式为百分比，图表标题为“师资情况图”，插入到表的 A9:D19 单元格区域内。

六、演示文稿

打开考生文件夹下的演示文稿 yswg.pptx，按照下列要求完成对此文稿的修饰并保存。

（1）在第一张幻灯片的副标题区中键入“成功推出一套专业计费解决方案”，字体设置为黑体、红色（注意：请用自定义标签中的红色 255、绿色 0、蓝色 0）。将第二张幻灯片版式改变为“垂直排列标题与文本”。

（2）将第一张幻灯片的背景填充效果设为“雨后初晴”，线性向左；将第二张幻灯片中的文本部分动画设置为“飞入”“自右侧”。

七、上网

向学校后勤部门发一个 E-mail，对环境卫生提建议，并抄送主管副校长。

具体如下：

【收件人】houqc@mail.scdx.edu.cn

【抄送】fuxz@xb.scdx.edu.cn

【主题】建议

【邮件内容】建议在园区内多设立几个废电池回收箱，保护环境。

第 3 套模拟试题参考答案

一、单项选择题

1．C	2．D	3．B	4．C	5．B	6．B	7．A
8．C	9．C	10．A	11．B	12．C	13．A	14．A
15．C	16．A	17．D	18．A	19．C	20．A	

二、基本操作

1．新建文件夹

① 打开考生文件夹。

② 选择“文件”→“新建”→“文件夹”命令，或右击，弹出快捷菜单，选择“新建”→“文件夹”命令，即可生成新的文件夹，此时文件（文件夹）的名字处呈现蓝色可编辑状态。编辑名称为题目指定的名称 BRNG。

2．复制文件

① 打开考生文件夹下 BINNA\AFEW 文件夹，选定 LI.doc 文件。

② 选择“编辑”→“复制”命令，或按快捷键 Ctrl+C。

③ 打开考试文件夹，选择“编辑”→“粘贴”命令，或按快捷键 Ctrl+V。

3．设置文件属性

① 打开考生文件夹下 QPM 文件夹，选定 JING.wri 文件。

② 选择“文件”→“属性”命令，或右击，弹出快捷菜单，选择“属性”命令，即可打开“属性”对话框。

③ 在“属性”对话框中取消选中“只读”属性，单击“确定”按钮。

4．搜索文件

① 打开考生文件夹。

② 在窗口右上角的搜索框中输入要搜索的文件名 AUTXIAN.bat，单击搜索框右侧按钮，搜索结果将显示在文件窗格中。

③ 选定搜索出的文件。

④ 按 Delete 键，弹出确认对话框。

⑤ 单击“确定”按钮，将文件（文件夹）删除。

5．创建文件夹的快捷方式

① 选定考生文件夹下的 XIANG 文件夹。

② 选择“文件”→“创建快捷方式”命令，或右击，弹出快捷菜单，选择“创建快捷方式”命令，即可在同文件夹下生成一个快捷方式文件。

③ 移动这个文件到考生文件夹 POB 下，并按 F2 键改名为 KXIANG。

三、汉字录入（略）

四、文字处理

第 1 小题 在考生文件夹下，打开文档 WORD1.docx，按照要求完成下列操作并以该文件名（WORD1.docx）保存文档。

（1）将标题段文字（“冻豆腐为什么会有许多小孔？”）设置为小二号红色黑体，加下划线，居中，并添加蓝色底纹。

① 打开 WORD1.docx 文件。选中标题段，在“开始”选项卡的“字体”组中，单击“字体”按钮，弹出“字体”对话框。在“字体”选项卡中，设置“中文字体”为“黑体”，设置“字号”为“小二”，设置“字体颜色”为“红色”，设置“下划线线型”为“字下加线”，单击“确定”按钮。

② 选中标题段，在“开始”选项卡的“段落”组中，单击“居中”按钮。

③ 选中标题段，在“开始”选项卡的“段落”组中，单击“底纹”下拉列表，选择填充色为“蓝色”。

（2）将正文第四段文字（“当豆腐冷到……压缩成网络形状。”）移至第三段文字（“等到冰融化时……许多小孔。”）之前，并将两段合并；正文各段文字（“你可知道……许多小孔。”）设置为小四号宋体；各段落左右各缩进 1 字符，悬挂缩进 2 字符，行距设置为 2 倍行距。

① 选中正文第四段（不包括换行符），选择“编辑”→“剪切”命令，或者按快捷键 Ctrl+X，将鼠标移动到第三段的段首处，选择“编辑”→“粘贴”命令，或者按快捷键 Ctrl+V。

② 选中正文各段（标题段不要选），在“开始”选项卡的“字体”组中，单击“字体”按钮，弹出“字体”对话框。在“字体”选项卡中，设置“中文字体”为“宋体”，设置“字号”为“小四”，单击“确定”按钮。

③ 选中正文各段（标题段不要选），在“开始”选项卡的“段落”组中，单击“段落”按钮，弹出“段落”对话框。单击“缩进和间距”选项卡，在“缩进”选项组中设置“左侧”为“1 字符”，设置“右侧”为“1 字符”；在“特殊格式”中选择“悬挂缩进”，在“磅值”中选择“2 字符”；在“行距”中选择“2 倍行距”，单击“确定”按钮。

（3）将文档页面的纸型设置为“16 开（18.4×26 厘米）”，左右边距各为 3 厘米；在页面底端（页脚）插入页码，对齐方式为“右侧”，并将初始页码设置为 3。

① 在“页面布局”选项卡的“页面设置”组中，单击“纸张大小”下拉列表，选择“16 开（18.4×26 厘米）”选项。

② 在“页面布局”选项卡的“页面设置”组中，单击“页面设置”按钮，弹出“页面设置”对话框。单击“页边距”选项卡，在“页边距”选项组中，在“左”中输入“3”，设置“右侧”为“3”，单击“确定”按钮。

③ 在“插入”选项卡的“页眉和页脚”组中，单击“页码”下拉列表，选择“页面底端”“普通数字 3”选项，单击“关闭页眉和页脚”按钮。

④ 在“插入”选项卡的“页眉和页脚”组中，单击“页码”下拉列表，选择“设置页码格式”选项，弹出“页码格式”对话框，在“编号格式”中选择“1,2,3,…”，在“页码编号”中设置“起始页码”为“3”，单击“确定”按钮。

⑤ 保存文件。

第 2 小题 在考生文件夹下，打开文档 WORD2.docx，按照要求完成下列操作并以该文件名（WORD2.docx）保存文档。

（1）在“外汇牌价”一词后插入脚注（页面底端）“据中国银行提供的数据”；将文中后 6 行文字转换为一个 6 行 4 列的表格，表格居中；并将按“卖出价”列降序排列。

① 打开 WORD2.docx 文件。选中“外汇牌价”，在“引用”选项卡的“脚注”组中，单击“脚注和尾注”按钮，弹出“脚注和尾注”对话框。勾选“脚注”，设置“位置”为“页面底端”，设置“将更改应用于”为“所选文字”，单击“插入”按钮，在脚注位置输入“据中国银行提供的数据”。

② 选中正文后 6 行文本，在“插入”选项卡的“表格”组中，单击“表格”按钮，选择“文本转换成表格”选项，弹出“将文字转换成表格”对话框，单击“确定”按钮。

③ 选中整个表格，在“开始”选项卡的“段落”组中，单击“居中”按钮。

④ 选中表格，在“布局”选项卡的“数据”组中，单击“排序”按钮，弹出“排序”对话框。在“列表”中选择“有标题行”，在“主要关键字”中选择“卖出价”，在“类型”中选择“数字”，勾选“降序”，单击“确定”按钮。

（2）设置表格列宽为 2.5 厘米，表格线宽为 0.75 磅蓝色单实线；表格中所有文字设置为小五号宋体，表格第 1 行文字水平居中，其余各行文字中第 1 列文字中部两端对齐，其余列文字中部右对齐。

① 选中表格，在“布局”选项卡的“单元格大小”组中，单击“表格属性”按钮，弹出“表格属性”对话框。单击“列”选项卡，勾选“指定宽度”，设置其值为“2.5 厘米”，单击“确定”按钮。

② 选中表格，在“设计”选项卡的“绘图边框”组中，设置“笔画粗细”为“0.75 磅”，设置“笔样式”为“单实线”，设置“笔颜色”为“蓝色”，此时鼠标变为“小蜡笔”形状，沿着边框线拖动设置外框线的属性。

注：当单击“绘制表格”按钮后，鼠标变为“小蜡笔”形状，选择相应的线型和宽度，沿边框线拖动小蜡笔便可以对边框线属性进行设置。按同样的操作设置内框线。

③ 选中整个表格，在“开始”选项卡的“字体”组中，单击“字体”按钮，弹出“字体”对话框。在“字体”选项卡中，设置“中文字体”为“宋体”，设置“字号”为“小五”，单击“确定”按钮。

④ 选中表格第 1 行单元格，在“布局”选项卡的“对齐方式”组中，单击“水平居中”按钮。按同样的操作设置其余行第一列为“中部两端对齐”，其余列为“中部右对齐”。

⑤ 保存文件。

五、电子表格

（1）打开工作簿文件 EXCEL.xlsx，将工作表 Sheet1 的 A1:C1 单元格合并为一个单元格，内容水平居中，计算人数“总计”及“所占百分比”列（所占百分比=人数/总计），“所占百分比”列单元格格式为“百分比”型（保留小数点后两位），将工作表命名为“师资情况表”。

① 打开 EXCEL.xlsx 文件。选中工作表 Sheet1 中的 A1:C1 单元格，单击按钮。

② 在 B7 单元格中输入公式“=SUM(B3:B6)”并按回车键。

③ 在 C3 单元格中输入公式“=B3/$B$7”并按回车键，将鼠标移动到 C3 单元格的右下角，按住鼠标左键不放向下拖动即可计算出其他行的值。

注：当鼠标指针放在已插入公式的单元格的右下角时，它会变为小十字形状，按住鼠标左键拖动其到相应的单元格即可进行数据的自动填充。

④ 选中 C3:C6 单元格，在“开始”选项卡的“数字”组中，单击“设置单元格格式”按钮，弹出“设置单元格格式”对话框，单击“数字”选项卡，在“百分比”选项的“小数位数”中输入“2”，单击“确定”按钮。

⑤ 将鼠标移动到工作表下方的表名处，双击 Sheet1 并输入“师资情况表”。

（2）选取“师资情况表”的“职称”和“所占百分比”（均不包括“总计”行）两列单元格的内容建立“分离型圆环图”（系列产生在“列”），设置数据标签格式为百分比，图表标题为“师资情况图”，插入到表的 A9:D19 单元格区域内。

① 选中“职称”和“所占百分比”（均不包括“总计”行）两列数据区域，在“插入”选项卡的“图表”组中，单击“创建图表”按钮，弹出“插入图表”对话框。在“圆环图”中选择“分离型圆环图”，单击“确定”按钮，即可插入图表。

② 在插入的图表中，选中图表标题，改为“师资情况图”。

③ 选中图表，在“布局”选项卡的“标签”组中，单击“数据标签”下拉列表，选择“其他数据标签选项”，在弹出的“设置数据标签格式”对话框中，只勾选“百分比”，单击“关

闭”按钮。

④ 选中图表，按住鼠标左键不放并拖动，将其拖至 A9:D19 单元格区域。

注：不要超过这个区域。如果图表过大，无法放下，可以将鼠标放在图表的右下角，当鼠标指针变为↘时，按住左键拖动可以将图表缩小到指定区域内。

⑤ 保存文件。

六、演示文稿

打开考生文件夹下的演示文稿 yswg.pptx，按照下列要求完成对此文稿的修饰并保存。

（1）在第一张幻灯片的副标题区中键入“成功推出一套专业计费解决方案”，字体设置为黑体、红色（注意：请用自定义标签中的红色 255、绿色 0、蓝色 0）。将第二张幻灯片版式改变为“垂直排列标题与文本”。

① 打开 yswg.pptx 文件。选中第一张幻灯片，在副标题处输入“成功推出一套专业计费解决方案”。

② 选中副标题，在“开始”选项卡的“字体”组中，单击“字体”按钮，弹出“字体”对话框。在“字体”选项卡中，设置“中文字体”为“黑体”，设置“字体颜色”为“其他颜色”，弹出“颜色”对话框，单击“自定义”选项卡，设置“红色”为 255，设置“绿色”为 0，设置“蓝色”为 0，单击“确定”按钮，再单击“确定”按钮。

③ 选中第二张幻灯片，在“开始”选项卡的“幻灯片”组中，单击“版式”按钮，在下拉列表中选择“垂直排列标题与文本”。

（2）将第一张幻灯片的背景填充效果预设为“雨后初晴”，线性向左；将第二张幻灯片中的文本部分动画设置为“飞入”“自右侧”。

① 选中第一张幻灯片，在“设计”选项卡的“背景”组中，单击“背景样式”按钮，在下拉列表中选择“设置背景格式”，弹出“设置背景格式”对话框，单击“填充”选项卡，选择“渐变填充”，在“预设颜色”中选择“雨后初晴”，在“类型中”选择“线性”，在“方向”中选择“线性向左”，单击“关闭”按钮。

② 选中第二张幻灯片的文本，在“动画”选项卡的“动画”组中，单击“其他”下拉按钮，在展开的效果样式库中选择“更多进入效果”选项，弹出“更改进入效果”对话框。在“基本型”选项组中选择“飞入”，单击“确定”按钮。在“动画”组中，单击“效果选项”按钮，设置方向为“自右侧”。

③ 保存文件。

七、上网

① 启动 Outlook Express 2010。

② 在 Outlook Express 2010 工具栏上单击“新建电子邮件”按钮，弹出“未命名-邮件（HTML）”窗口。

③ 在“收件人”中输入 houqc@mail.scdx.edu.cn，“抄送”中输入 fuxz@xb.scdx.edu.cn。在“主题”中输入“建议”；在编辑区域内输入邮件的主题内容“建议在园区内多设立几个废电池回收箱，保护环境。”

④ 单击“发送”按钮，完成邮件发送。

第 4 套模拟试题

一、单项选择题

1．世界上第一台电子计算机诞生于（　　）年。

A．1952　　B．1946　　C．1939　　D．1958

2．计算机的发展趋势是（　　）、微型化、网络化和智能化。

A．大型化　　B．小型化　　C．精巧化　　D．巨型化

3．核爆炸和地震灾害之类的仿真模拟，其应用领域是（　　）。

A．计算机辅助　　B．科学计算

C．数据处理　　D．实时控制

4．下列关于计算机的主要特性，叙述错误的有（　　）。

A．处理速度快，计算精度高　　B．存储容量大

C．逻辑判断能力一般　　D．网络和通信功能强

5．二进制数 110000 转换成十六进制数是（　　）。

A．77　　B．7　　C．70　　D．30

6．在计算机内部对汉字进行存储、处理和传输的汉字编码是（　　）。

A．汉字信息交换码　　B．汉字输入码

C．汉字内码　　D．汉字字形码

7．奔腾（Pentium）是（　　）公司生产的一种 CPU 的型号。

A．IBM　　B．Microsoft　　C．Intel　　D．AMD

8．下列不属于微型计算机的技术指标的一项是（　　）。

A．字节　　B．时钟主频

C．运算速度　　D．存取周期

9．微机中访问速度最快的存储器是（　　）。

A．CD-ROM　　B．硬盘　　C．U 盘　　D．内存

10．在微型计算机技术中，通过系统（　　）把 CPU、存储器、输入设备和输出设备连接起来，实现信息交换。

A．总线　　B．I/O 接口　　C．电缆　　D．通道

11．计算机最主要的工作特点是（　　）。

A．有记忆能力　　B．高精度与高速度

C．可靠性与可用性　　D．存储程序与自动控制

12．Word 字处理软件属于（　　）。

A．管理软件　　B．网络软件

C．应用软件　　D．系统软件

13．在下列叙述中，正确的选项是（　　）。

A．用高级语言编写的程序称为源程序

B．计算机直接识别并执行的是汇编语言编写的程序

C．机器语言编写的程序需编译和链接后才能执行

D．机器语言编写的程序具有良好的可移植性

14．以下关于流媒体技术的说法中，错误的是（　　）。

A．实现流媒体需要合适的缓存　　B．媒体文件全部下载完成才可以播放

C．流媒体可用于在线直播等方面　　D．流媒体格式包括.asf、.rm、.ra 等

15．计算机病毒实质上是（　　）。

A．一些微生物　　B．一类化学物质

C．操作者的幻觉　　D．一段程序

16．计算机网络最突出的优点是（　　）。

A．运算速度快　B．存储容量大　C．运算容量大　D．可以实现资源共享

17．因特网属于（　　）。

A．万维网　B．广域网　C．城域网　D．局域网

18．在一间办公室内要实现所有计算机连网，一般应选择（　　）。

A．GAN　B．MAN　C．LAN　D．WAN

19．所有与 Internet 相连接的计算机必须遵守的一个共同协议是（　　）。

A．http　B．IEEE802.11　C．TCP/IP　D．IPX

20．下列 URL 的表示方法中，正确的是（　　）。

A．http://www.microsoft.com/index.html

B．http:\www.microsoft.com/index.html

C．http://www.microsoft.com\index.html

D．http:www.microsoft.com/index.htmp

二、基本操作

1.将考生文件夹下 CUP 文件夹中的 CERT 文件夹复制到考生文件夹下的 QIAN 文件夹中，并更名为 CENG。

2．在考生文件夹下 JIE 文件夹中建立一个名为 RED 的新文件夹。

3．将考生文件夹下 KUO 文件夹中的文件 LAN.wri 移动到考生文件夹下 HONG 文件夹中。

4．将考生文件夹下 DANG 文件夹中的文件夹 XIN 的隐藏属性撤销。

5．将考生文件夹下 DESK 文件夹中的文件 BLUE.wri 删除。

三、汉字录入

启动汉字录入模拟程序，在程序菜单上打开“模拟录入第 4 套.txt”，按照以下内容输入文字。

经济发达国家，人们的保健意识很强，许多家庭都有私人医生，尽管身体没有不舒服的感觉，也会按时进行检查。因此，如果有肿瘤等不易发现疾病就能够及时查出，而我国大多数人都有一个不好的习惯，只要身体没有不适，就不到医院体检。一旦感觉有病以后，再到医院治疗，往往小病成了大病，可治之病成了不治之病。

四、文字处理

在考生文件夹下，打开文档 WORD.docx，按照要求完成下列操作并以该文件名（WORD.docx）保存文档。

（1）将文档中倒数第一行至第九行字体大小设置为五号、红色、宋体；倒数第十行文字（“绩效管理方法”）设置为四号、蓝色、加粗、居中，文字效果设置为“文本填充的渐变填充”。

（2）将标题段（“绩效管理的主要方法”）设置为三号、黑体、居中，并将文中所有的“彼教”改为“比较”。设置文档中第二行至第十六行所有段落右缩进为 4 字符，首行缩进 2 字符，行距为 1.3 倍。

（3）设置页边距：上、下边距为 3.5 厘米，左、右边距为 4 厘米，纸张为 16 开（18.4*26 厘米）。在页面底端（页脚）居中位置插入页码（首页显示页码）；设置页眉为“绩效管理办法”，字号为六号。

（4）将正文倒数第一行至第九行转换为一个 9 行 3 列的表格，表格居中，表格第一、二列列宽为 3 厘米，第三列列宽为 4 厘米。

（5）将表格中第一列的第 1 至第 9 单元格进行合并，再将表格中第二列的第 1 至第 4 单元格进行合并，第 5 至第 7 单元格进行合并，第 8 和第 9 个单元格进行合并；设置表格所有框线为 1 磅蓝色单实线。

五、电子表格

（1）打开 EXCEL.xlsx 文件，将 Sheet1 工作表的 A1:E1 单元格合并为一个单元格，内容水平居中；计算“销售额”列的内容（数值型，保留小数点后 0 位），计算各产品的总销售额置 D13 单元格内；计算各产品销售额占总销售额的比例置于“所占比例”列（百分比型，保留小数点后 1 位）；将 A1:E13 数据区域设置为自动套用格式“表样式浅色 5”。

（2）选取“产品型号”列（A2:A12）和“所占比例”列（E2:E12）数据区域的内容建立“分离型饼图”（系列产生在“列”），图表标题为“销售情况统计图”，图例靠左，数据标签格式为百分比；将图插入到表 A15:E31 单元格区域，将工作表命名为“销售情况统计表”，保存 EXCEL.xlsx 文件。

六、演示文稿

打开考生文件夹下的演示文稿 yswg.pptx，按照下列要求完成对此文稿的修饰并保存。

（1）将第二张幻灯片的对象部分动画效果设置为“进入”“向内溶解”；将第一张幻灯片版面改变为“垂直排列标题与文本”，然后将该张幻灯片移为演示文稿的第二张幻灯片。

（2）使用演示文稿设计模板“华丽”修饰全文。全部幻灯片的切换效果设置成“随机线条”。

七、上网

接收并阅读来自 zhangqiang@sohu.com <mailto:zhangqiang@sohu.com>的邮件，主题为“网络游侠”。回复该邮件，同时抄送给 xiaoli@hotmail.com。邮件内容为“游戏确实不错，值得一试，保持联系。”

第 4 套模拟试题参考答案

一、单项选择题

1．B　2．D　3．A　4．C　5．D　6．C　7．C
8．A　9．D　10．A　11．D　12．C　13．A　14．B
15．D　16．D　17．B　18．C　19．C　20．A

二、基本操作

1．复制文件和文件命名

① 打开考生文件夹下 CUP 文件夹，选定 CERT 文件夹。

② 选择“编辑”→“复制”命令，或按快捷键 Ctrl+C。

③ 打开考生文件夹下的 QIAN 文件夹。

④ 选择“编辑”→“粘贴”命令，或按快捷键 Ctrl+V。

⑤ 选定复制来的文件夹。

⑥ 按 F2 键，此时文件夹的名字处呈现蓝色可编辑状态，编辑名称为题目指定的名称 CENG。

2．新建文件夹

① 打开考生文件夹下 JIE 文件夹。

② 选择“文件”→“新建”→“文件夹”命令，或右击，弹出快捷菜单，选择“新建”→“文件夹”命令，即可生成新的文件夹，此时文件夹的名字处呈现蓝色可编辑状态。编辑名称为题目指定的名称 RED。

3．移动文件

① 打开考生文件夹下 KUO 文件夹，选定 LAN.wri 文件。

② 选择“编辑”→“复制”命令，或按快捷键 Ctrl+X。

③ 打开考生文件夹下 HONG 文件夹。

④ 选择“编辑”→“粘贴”命令，或按快捷键 Ctrl+V。

4．设置文件属性

① 打开考生文件夹下 DANG 文件夹，选定 XIN 文件夹。

② 选择“文件”→“属性”命令，或右击，弹出快捷菜单，选择“属性”命令，即可打开“属性”对话框。

③ 在“属性”对话框中取消选中“隐藏”属性，单击“确定”按钮。

5．删除文件

① 打开考生文件夹下 DESK 文件夹，选定 BLUE.wri 文件。

② 按 Delete 键，弹出确认对话框。

③ 单击“确定”按钮，将文件删除。

三、汉字录入（略）

四、文字处理

在考生文件夹下，打开文档 WORD.docx，按照要求完成下列操作并以该文件名（WORD.docx）保存文档。

（1）将文档中倒数第一行至第九行字体大小设置为五号、红色、宋体；倒数第十行文字（“绩效管理方法”）设置为四号、蓝色、加粗、居中，文字效果设置为“文本填充的渐变填充”。

① 打开 WORD.docx 文件，选中倒数第一行至第九行文本，在“开始”选项卡“字体”组中，单击右侧的“对话框启动器”按钮，弹出“字体”对话框，单击“字体”选项卡，在“中文字体”中选择“宋体”，在“字号”中输入“五号”，在“颜色”中选择“红色”，单击“确定”按钮。选中倒数第十行文本，在“开始”选项卡“字体”组中，单击右侧的“对话框启动器”按钮，在弹出的“字体”对话框的“字号”中输入“四号”，在“颜色”中选择“蓝色”，在“字形”中选择“加粗”。

② 在“开始”选项卡下，在“字体”组中，单击右侧的“对话框启动器”按钮，弹出“字体”对话框，单击“文字效果”按钮，弹出“设置文本效果格式”对话框，在“文本填充”选项卡中选择“渐变填充”，单击“确定”按钮返回到编辑界面中。

③ 选中倒数第十行文本，在“开始”选项卡“段落”组中，单击“居中”按钮。

（2）将标题段（“绩效管理的主要方法”）设置为三号、黑体、居中，并将文中所有的“彼教”改为“比较”。设置文档中第二行至第十六行所有段落右缩进为 4 字符，首行缩进 2 字符，行距为 1.3 倍。

① 选中标题段，在“开始”选项卡“字体”组中，单击右侧的“对话框启动器”按钮，弹出“字体”对话框，单击“字体”选项卡，在“中文字体”中选择“黑体”，在“字号”中输入“三号”，单击“确定”按钮。

② 选中所有文本（包括标题段），单击“编辑”组“替换”命令，在弹出“查找和替换”对话框，在“查找内容”中输入“彼教”，在“替换为”中输入“比较”，单击“确定”按钮。

③ 选中目标文本，在“开始”选项卡下，在“段落”组中，单击右侧的“对话框启动器”按钮，弹出“段落”对话框，单击“缩进和间距”选项卡，在“缩进”中的“右”中输入“4 字符”，在“特殊格式”中选择“首行缩进”，在“度量值”中设置“2 字符”，在“行距”中选择“多倍行距”，在“设置值”中输入“1.3”，单击“确定”按钮返回到编辑界面中。

（3）设置页边距：上、下边距为 3.5 厘米，左、右边距为 4 厘米，纸张为 16 开（18.4*26 厘米）。在页面底端（页脚）居中位置插入页码（首页显示页码）；设置页眉为“绩效管理办法”，字号为六号。

① 在“页面布局”选项卡“页面设置”组中，单击右侧的“对话框启动器”按钮，弹出“页面设置”对话框，单击“页边距”选项卡，在“页边距”选项组的“上”中输入“3.5 厘米”，“下”中输入“3.5 厘米”，“左”中输入“4 厘米”，“右”中输入“4 厘米”，单击“确定”按钮返回到编辑界面中。

② 在“页面布局”选项卡“页面设置”组中，单击“纸张大小”下拉列表，选择“16 开(18.4×26 厘米)”选项。

③ 在“插入”选项卡“页眉和页脚”组中，单击“页码”下拉列表，选择“页面底端”“普通数字 2”选项，单击“关闭页眉和页脚”按钮。

④ 在“插入”选项卡“页眉和页脚”组中，单击“页眉”下拉列表，选择“空白”选项，输入“绩效管理方法”，选中页眉文本，右击，在弹出的快捷菜单中选择“字体”，按照要求设置字体，单击确定，单击“关闭页眉和页脚”按钮。

（4）将正文倒数第一行至第九行转换为一个 9 行 3 列的表格，表格居中，表格第一、二列列宽为 3 厘米，第三列列宽为 4 厘米。

① 选中正文中最后 9 行文本，在“插入”选项卡下，单击“表格”下拉列表，选择“文本转换成表格”选项，弹出“将文字转换成表格”对话框，在“文字分割位置”中勾选“制表符”，单击“确定”按钮返回到编辑界面中。

② 选中表格，在“开始”选项卡“段落”组中，单击“居中”按钮。

③ 选中表格第 1、2 列，在“表格工具/布局”选项卡“单元格大小”组中，单击右侧的“对话框启动器”按钮，打开“表格属性”对话框，单击“列”选项卡，勾选“指定宽度”，设置其值为“3 厘米”，单击“确定”按钮返回到编辑界面中。按同样的操作设置第三列列宽。

（5）将表格中第一列的第 1 至第 9 单元格进行合并，再将表格中第二列的第 1 至第 4 单元格进行合并，第 5 至第 7 单元格进行合并，第 8 和第 9 个单元格进行合并；设置表格所有框线为 1 磅蓝色单实线。

① 选中第一列的第 1 至第 9 个单元格，单击，在弹出的快捷菜单中选择“合并单元格”命令。按照同样的操作合并第二列的第 1 至第 4 个单元格、第 5 至第 7 个单元格、第 8 至第 9 个单元格。

② 选中整个表格，单击表格，在“表格工具/设计”选项卡“绘图边框”组中设置“笔划粗细”为“1 磅”，设置“笔样式”为“单实线”，设置“笔颜色”为“蓝色”，此时鼠标变为“小蜡笔”形状，沿着边框线拖动设置外边框的属性。

注：当单击“绘制表格”按钮后，鼠标变为“小蜡笔”形状，选择相应的线型和宽度，沿边框线拖动小蜡笔便可以对边框线属性进行设置。

按同样的操作设置内框线。

③ 保存文件。

五、电子表格

（1）打开 EXCEL.xlsx 文件，将 Sheet1 工作表的 A1:E1 单元格合并为一个单元格，内容水平居中；计算“销售额”列的内容（数值型，保留小数点后 0 位），计算各产品的总销售额置 D13 单元格内；计算各产品销售额占总销售额的比例置于“所占比例”列（百分比型，保留小数点后 1 位）；将 A1:E13 数据区域设置为自动套用格式“表样式浅色 5”。

① 打开 EXCEL.xlsx 文件。选中工作表 Sheet1 中的 A1:E1 单元格，单击按钮。

② 在 D3 中输入公式“= B3*C3”，将鼠标移动到 D3 单元格的右下角，按住鼠标左键不放向下拖动即可计算出其他列的值。

注：当鼠标指针放在已插入公式的单元格的右下角时，它会变为小十字形状，按住鼠标左键拖动其到相应的单元格即可进行数据的自动填充。

③ 选中 D3:D12，选择在“开始”选项卡“数字”组中，单击右侧的“对话框启动器”

按钮，弹出“设置单元格格式”对话框，单击“数字”选项卡，在“数字”的“分类”中选择“数值”，在“小数位数”中输入“0”，单击“确定”按钮。

④ 在 D13 中输入公式“=SUM(D3:D12)”。

⑤ 在 E3 中输入公式“=D3/$D$13”，将鼠标移动到 E3 单元格的右下角，按住鼠标左键不放向下拖动即可计算出其他列的值。

注：当鼠标指针放在已插入公式的单元格的右下角时，它会变为小十字形状，按住鼠标左键拖动其到相应的单元格即可进行数据的自动填充。

⑥ 选中 E3:E12，在“开始”选项卡“数字”组中，单击右侧的“对话框启动器”按钮，弹出“设置单元格格式”对话框，单击“数字”选项卡，在“数字”的“分类”中选择“百分比”，在“小数位数”中输入“1”，单击“确定”按钮。

⑦ 选中 A1:E13 数据区域，在“开始”选项卡“样式”组中，单击“套用表格格式”下拉按钮，选择“表样式浅色 5”选项。在弹出的“套用表格式”对话框，单击“确定”按钮。

（2）选取“产品型号”列（A2:A12）和“所占比例”列（E2:E12）数据区域的内容建立“分离型饼图”（系列产生在“列”），图表标题为“销售情况统计图”，图例靠左，数据标签格式为“百分比”；将图插入到表 A15:E31 单元格区域，将工作表命名为“销售情况统计表”，保存 EXCEL.xlsx 文件。

① 选中 A2:A12 和 E2:E12 数据区域，在“插入”选项卡“图表”组中，单击右侧的“对话框启动器”按钮，弹出“插入图表”对话框，在“饼图”中选择“分离型饼图”，单击“确定”按钮，即可插入图表。

② 在插入的图表中，选中图表标题，改为“销售情况统计图”。

③ 在“图标工具/布局”选项卡“标签”组中，单击“图例”下拉按钮，选择“在左侧显示图例”选项。

④ 在“图标工具/布局”选项卡“标签”组中，单击“数据标签”下拉按钮，选择“其他数据标签”选项，在弹出的“设置数据标签格式”对话框中，在“标签包括”组中只勾选“百分比”，单击“关闭”按钮。

⑤ 选中图表，按住鼠标左键不放并拖动，将其拖至 A15:E31 单元格区域内。

注：不要超过这个区域。如果图表过大，无法放下，可以将鼠标放在图表的右下角，当鼠标指针变为↘时，按住左键拖动可以将图表缩小到指定区域内。

⑥ 将鼠标移动到工作表下方的表名处，双击 Sheet1 并输入“销售情况统计表”。

⑦ 保存文件。

六、演示文稿

打开考生文件夹下的演示文稿 yswg.pptx，按照下列要求完成对此文稿的修饰并保存。

（1）将第二张幻灯片的对象部分动画效果设置为“进入”“向内溶解”；将第一张幻灯片版面改变为“垂直排列标题与文本”，然后将该张幻灯片移为演示文稿的第二张幻灯片。

① 打开 yswg.pptx 文件。选中第 2 张幻灯片中的对象，在“动画”选项卡“动画”组中，单击“其他”快翻按钮，在展开的效果样式库中选择“更多进入效果”选项，弹出“更改进入效果”对话框，在“基本型”中选择“向内溶解”，单击“确定”按钮。

② 选中第 1 张幻灯片，在“开始”选项卡“幻灯片”组中，单击“版式”按钮，在下拉

列表中选择“垂直排列标题与文本”。

③ 选中第 1 张幻灯片，右击，在弹出的快捷菜单中选择“剪切”， 将鼠标移动到原第 2 张幻灯片之后，右击，在弹出的快捷菜单中选择“粘贴”。

（2）使用演示文稿设计模板“华丽”修饰全文。全部幻灯片的切换效果设置成“随机线条”。

① 选中全部幻灯片，在“设计”选项卡“主题”组中，单击“其他”快翻按钮，在展开的样式库中选择“华丽”样式。

② 选中所有幻灯片，在“切换”选项卡“切换到此幻灯片”组中，单击“其他”快翻按钮，在展开的效果样式库的“细微型”组中选择“随机线条”。

③ 保存文件。

七、上网

① 启动 Outlook Express 2010。

② 在 Outlook Express 2010 工具栏上单击“新建电子邮件”按钮，弹出“未命名-邮件（HTML）”对话框。

③ 在“收件人”中输入 zhangqing@sohu.com，“抄送”中输入 xiaoli@hotmail.com，“主题”中输入“网络游侠”；在窗口中央空白的编辑区域内输入邮件的主题内容“游戏确实不错，值得一试，保持联系。”

④ 单击“发送”按钮，完成邮件发送。

第 5 套模拟试题

一、单项选择题

1．下列有关计算机的新技术的说法中，错误的是（　　）。

A．嵌入式技术是将计算机作为一个信息处理部件，嵌入到应用系统中的一种技术，也就是说，它将软件固化集成到硬件系统中，将硬件系统与软件系统一体化

B．网格计算利用互联网把分散在不同地理位置的计算机组织成一个“虚拟的超级计算机”

C．网格计算技术能够提供资源共享，实现应用程序的互连互通，网格计算与计算机网络是一回事

D．中间件是介于应用软件和操作系统之间的系统软件

2．下列有关信息和数据的说法中，错误的是（　　）。

A．数据是信息的载体

B．数值、文字、语言、图形、图像等都是不同形式的数据

C．数据处理之后产生的结果为信息，信息有意义，数据没有

D．数据具有针对性、时效性

3．下面四条常用术语的叙述中，有错误的是（　　）。

A．光标是显示屏上指示位置的标志

B．汇编语言是一种面向机器的低级程序设计语言，用汇编语言编写的程序计算机能直接执行

C．总线是计算机系统中各部件之间传输信息的公共通路

D．读写磁头是既能从磁表面存储器读出信息又能把信息写入磁表面存储器的装置

4．执行二进制算术加运算 11001001＋00100111，其运算结果是（　　）。

A．11101111　　B．11110000　　C．00000001　　D．10100010

5．微型计算机存储系统中，PROM 是（　　）。

A．可读写存储器　B．动态随机存储器　C．只读存储器　D．可编程只读存储器

6．将十进制 257 转换成十六进制数是（　　）。

A．11　　B．101　　C．F1　　D．FF

7．计算机运算部件一次能同时处理的二进制数据的位数称为（　　）。

A．位　　B．字节　　C．字长　　D．波特

8．下列关于硬盘的说法错误的是（　　）。

A．硬盘中的数据断电后不会丢失　　B．每个计算机主机有且只能有一块硬盘

C．硬盘可以进行格式化处理　　D．CPU 不能够直接访问硬盘中的数据

9．（　　）是系统部件之间传送信息的公共通道，各部件由总线连接并通过它传递数据和控制信号。

A．总线　　B．I/O 接口　　C．电缆　　D．扁缆

10．下列有关计算机网络的说法错误的是（　　）。

A．组成计算机网络的计算机设备是分布在不同地理位置的多台独立的“自治计算机”

B．共享资源包括硬件资源和软件资源以及数据信息

C．计算机网络提供资源共享的功能

D．计算机网络中，每台计算机核心的基本部件，如 CPU、系统总线、网络接口等都要求存在，但不一定独立

11．下列有关总线和主板的叙述中，错误的是（　　）。

A．外设可以直接挂在总线上

B．总线体现在硬件上就是计算机主板

C．主板上配有插 CPU、内存条、显示卡等的各类扩展槽或接口，而光盘驱动器和硬盘驱动器则通过扁电缆与主板相连

D．在计算机维修中，把 CPU、主板、内存、显卡加上电源所组成的系统叫最小化系统

12．有关计算机软件，下列说法错误的是（　　）。

A．操作系统的种类繁多，按照其功能和特性可分为批处理操作系统、分时操作系统和实时操作系统等；按照同时管理用户数的多少分为单用户操作系统和多用户操作系统

B．操作系统提供了一个软件运行的环境，是最重要的系统软件

C．Microsoft Office 软件是 Windows 环境下的办公软件，但它并不能用于其他操作系统环境

D．操作系统的功能主要是管理，即管理计算机的所有软件资源，硬件资源不归操作系统管理

13．相对而言，下列类型的文件中，不易感染病毒的是（　　）。

A．*.txt　　B．*.doc　　C．*.com　　D．*.exe

14．对于众多个人用户来说，接入因特网最经济、最简单、采用最多的方式是（　　）。

A．局域网连接　B．专线连接　　C．拨号　　　D．无线连接

15．通常所说的 I/O 设备是指（　　）。

A．输入输出设备 B．通信设备　　C．网络设备　　D．控制设备

16．将高级语言编写的程序翻译成机器语言程序，采用的两种翻译方法是（　　）。

A．编译和解释　B．编译和汇编　　C．编译和连接　　D．解释和汇编

17．下列不属于网络拓扑结构形式的是（　　）。

A．星型　　B．环型　　C．总线型　　D．分支型

18．在下列叙述中，正确的选项是（　　）。

A．用高级语言编写的程序称为源程序

B．计算机直接识别并执行的是汇编语言编写的程序

C．机器语言编写的程序需编译和链接后才能执行

D．机器语言编写的程序具有良好的可移植性

19．所有与 Internet 相连接的计算机必须遵守的一个共同协议是（　　）。

A．HTTP　　B．IEEE 802.11　　C．TCP/IP　　D．IPX

20．电子计算机最早的应用领域是（　　）。

A．数据处理　B．数值计算　　C．工业控制　　D．文字处理

二、基本操作

1．将考生文件夹下 WANG 文件夹中的 RAGE.com 文件复制到考生文件夹下的 ADZK 文件夹中，并将文件重命名为 SHAN.com。

2．在考生文件夹下 WUE 文件夹中创建名为 STUDENT.txt 的文件，并设置属性为只读。

3．为考生文件夹下 XIUGAI 文件夹中的 ANEWS.exe 文件建立名为 KANEWS 的快捷方式，并存放在考生文件夹下。

4．搜索考生文件夹下的 AUTXIAN.bat 文件，然后将其删除。

5．在考生文件夹下 LUKY 文件夹中建立一个名为 GUANG 的文件夹。

三、汉字录入

启动汉字录入模拟程序，在程序菜单上打开“模拟录入第 5 套.txt”，按照以下内容输入文字。

晚饭后，母亲和女儿一块儿洗碗盘，父亲和儿子在客厅看电视。突然，厨房里传来打破盘子的响声，然后一片沉寂。儿子望着他父亲，说道：“一定是妈妈打破的。” “你怎么知道？”“她没有骂人。”（注：通常我们习惯以不同的标准来看人看己，以致往往是责人以严，待己以宽。）

四、文字处理

在考生文件夹下，打开文档 WORD.docx，按照要求完成下列操作并以该文件名（WORD.docx）保存文档。

（1）将标题段（“信用卡业务外包”）设置为四号、红色、黑体、居中；倒数第七行文字（“表 1 在印度从事外包业务的若干金融机构(2005)”）设置为四号、居中，深蓝边框，底纹为自定义，即红色 130、绿色 130、蓝色 100。

（2）为第三段（“一类是将信用卡业务…达到保留客户的目的;”）和第四段（“另一类则是将…作为支柱业务来发展。”）设置项目符号●。

（3）设置页眉为“信用卡业务外包”，字体为小五号宋体。

（4）将最后面的 6 行文字转换为一个 6 行 4 列的表格，第 2、4 列列宽为 2 厘米。设置表格居中，表格中所有文字水平居中。

（5）设置表格外框线和第 1 行的下框线为 3 磅蓝色单实线，内框线为 1 磅蓝色单实线。

五、电子表格

第 1 小题 在考生文件夹下，打开 EXCEL.xlsx 文件，按照要求完成下列操作并以该文件名（EXCEL.xlsx）保存文档。

（1）将 Sheet1 工作表的 A1:G1 单元格合并为一个单元格，内容水平居中；计算“月平均值”行的内容（数值型，保留小数点后 1 位）；计算“最高值”行的内容（三年中某月的最高值，利用 MAX 函数）。

（2）选取“月份”行（A2:G2）和“月平均值”行（A6:G6）数据区域的内容建立“带数据标记的折线图”（系列产生在“行”），图表标题为“降雪量统计图”，清除图例；将图插入到表的 A9:F20 单元格区域内，将工作表命名为“降雪量统计表”，保存 EXCEL.xlsx 文件。

第 2 小题 在考生文件夹下，打开 EXC.xlsx 文件，按照要求完成下列操作并以该文件名（EXC.xlsx）保存文档。

（1）对工作表“产品销售情况表”内数据清单的内容按主要关键字“季度”的升序次序和次要关键字“分店名称”的降序次序进行排序。

（2）对排序后的数据进行高级筛选（在数据清单前插入三行，条件区域设在 A1:H2 单元格区域，将筛选条件写入条件区域的对应列上），条件是：产品名称为“电冰箱”且销售额排名在前十名，工作表名不变，保存 EXC.xlsx 工作簿。

六、演示文稿

打开考生文件夹下的演示文稿 yswg.pptx，按照下列要求完成对此文稿的修饰并保存。

（1）在第一张幻灯片前插入一版式为“标题幻灯片”的新幻灯片，输入主标题“国庆 60 周年阅兵”，并设置为黑体、65 磅、红色（请用自定义选项卡的红色 250、绿色 0、蓝色 0），输入副标题“代表委员揭秘建国 60 周年大庆”，并设置为仿宋_GB2312、35 磅。第二张幻灯片的版式改为“内容与标题”，文本设置为 23 磅字，将第三张幻灯片的图片移入剪贴画区域,。删除第三张幻灯片。移动第三张幻灯片，使之成为第四张幻灯片。在第四张幻灯片备注区插入文本“阅兵的功效”。

（2）在第二张幻灯片的文本“庆典式阅兵的功效”上设置超链接，链接对象是第四张幻灯片。在忽略母板的背景图形的情况下，将第一张幻灯片背景设置为“碧海青天”预设颜色、“线性向右”底纹样式。全部幻灯片切换效果为“闪耀”。

七、上网

打开 Outlook Express，发送一封带附件的邮件。具体如下：
【收件人】zhangpeng1989@hotmail.com
【主题】照片
【正文】照片已发送，请注意查看。
【附件】考生文件夹下一幅名为 Happy.jpg 的图片。

第 5 套模拟试题参考答案

一、单项选择题

1．C　2．D　3．B　4．B　5．D　6．B　7．C
8．B　9．A　10．D　11．A　12．D　13．A　14．C
15．A　16．A　17．D　18．A　19．C　20．B

二、基本操作

1．复制文件和文件命名

① 打开考生文件夹下 WANG 文件夹，选定 RAGE.com 文件。

② 选择“编辑”→“复制”命令，或按快捷键 Ctrl+C。

③ 打开考生文件夹下 ADZK 文件夹。

④ 选择“编辑”→“粘贴”命令，或按快捷键 Ctrl+V。

⑤ 选定复制来的文件。

⑥ 按 F2 键，此时文件夹的名字处呈现蓝色可编辑状态，编辑名称为题目指定的名称 SHAN.com。

2．设置文件属性

① 打开考生文件夹下 WUE 文件夹，选定 STUDENT.txt 文件。

② 选择“文件”→“属性”命令，或右击，弹出快捷菜单，选择“属性”命令，即可打开“属性”对话框。

③ 在“属性”对话框中勾选“只读”属性，单击“确定”按钮。

3．创建文件的快捷方式

① 打开考生文件夹下的 XIUGAI 文件夹，选定要生成快捷方式的 ANEWS.exe 文件。

② 选择“文件”→“创建快捷方式”命令，或右击，弹出快捷菜单，选择“创建快捷方式”命令，即可在同文件夹下生成一个快捷方式文件。

③ 移动这个文件到考生文件夹下，并按 F2 键改名为 KANEWS。

4．搜索、删除文件

① 打开考生文件夹。

② 在工具栏右上角的搜索框中输入要搜索的文件名 AUTXIAN.bat，单击搜索框右侧按钮，搜索结果将显示在文件窗格中。

③ 选定搜索出的文件。

④ 按 Delete 键，弹出确认对话框。

⑤ 单击“确定”按钮，将文件删除。

5．新建文件夹

① 打开考生文件夹下 LUKY 文件夹。

② 选择“文件”→“新建”→“文件夹”命令，或右击，弹出快捷菜单，选择“新建”→“文件夹”命令，即可生成新的文件夹，此时文件夹的名字处呈现蓝色可编辑状态。编辑名称为题目指定的名称 GUANG。

三、汉字录入（略）

四、文字处理

在考生文件夹下，打开文档 WORD.docx，按照要求完成下列操作并以该文件名（WORD.docx）保存文档。

（1）将标题段（“信用卡业务外包”）设置为四号、红色、黑体、居中；倒数第七行文字（“表 1 在印度从事外包业务的若干金融机构(2005)”）设置为四号、居中，深蓝边框，底纹为自定义，即红色 130、绿色 130、蓝色 100。

① 打开 WORD.docx 文件。选中标题段文本，在“开始”选项卡“字体”组中，单击右侧的“对话框启动器”按钮，弹出“字体”对话框，单击“字体”选项卡，在“中文字体”中选择“黑体”，在“字号”中选择“四号”，在“字体颜色”中选择“红色”，单击“确定”按钮返回到编辑界面中。

② 选中标题段文本，在“开始”选项卡“段落”组中，单击“居中”按钮。

③ 选中正文倒数第七行文本，在“开始”选项卡“字体”组中，单击右侧的“对话框启动器”按钮，弹出“字体”对话框，单击“字体”选项卡，在“字号”中选择“四号”，单击“确定”按钮返回到编辑界面中。

④ 选中正文倒数第七行文本，在“开始”选项卡“段落”组中，单击“居中”按钮。

⑤ 选中表格标题，在“开始”选项卡“段落”组中，单击“下框线”下拉列表，选择“边框和底纹”选项，弹出“边框和底纹”对话框，单击“边框”选项卡，选中“方框”，在“颜色”中选择“深蓝”，在“应用于”中选择“文字”，在“底纹”选项卡中单击“其他颜色”，弹出“颜色”对话框，在“自定义”的“红色”中输入 130，在“绿色”中输入 130，在“蓝色”中输入 100，单击“确定”按钮，在“应用于”中选择“文字”，单击“确定”按钮返回到编辑界面中。

（2）为第三段（“一类是将信用卡业务…达到保留客户的目的；”）和第四段（“另一类则是将…作为支柱业务来发展。”）设置项目符号●。

选中正文第三段和第四段文本，在“开始”选项卡“段落”组中，单击“项目符号”下拉列表，选择带有●图标的项目符号。

（3）设置页眉为“信用卡业务外包”，字体为小五号、宋体。

在“插入”选项卡“页眉和页脚”组中，单击“页眉”下拉列表，选择“空白”选项，输入“信用卡业务外包”，选中页眉文本，右击，在弹出的快捷菜单中选择“字体”，在“中文字体”中选择“宋体”，在“字号”中选择“小五”，单击“确定”按钮，单击“关闭页眉和页脚”按钮。

（4）将最后面的6行文字转换为一个6行4列的表格，第2、4列列宽为2厘米。设置表格居中，表格中所有文字水平居中。

① 选中正文中最后6行文本，在“插入”选项卡下，单击“表格”下拉按钮，选择“文本转换成表格”选项，弹出“将文字转换成表格”对话框，单击“确定”按钮。

② 选中表格，在“开始”选项卡“段落”组中，单击“居中”按钮。

③ 选中表格第2列和第4列，在“表格工具/布局”选项卡“单元格大小”组中，单击右侧的“对话框启动器”按钮，打开“表格属性”对话框，单击“列”选项卡，勾选“指定宽度”，设置其值为“2厘米”，单击“确定”按钮返回到编辑界面中。

④ 选中表格，在“表格工具/布局”选项卡“对齐方式”组中，单击“水平居中”按钮。

（5）设置表格外框线和第1行的下框线为3磅蓝色单实线，内框线为1磅蓝色单实线。

① 选中整个表格，单击表格，在“表格工具/设计”选项卡下，在“绘图边框”组中设置“笔划粗细”为“1磅”，设置“笔样式”为“单实线”，设置“笔颜色”为“蓝色”，单击“边框”按钮，选择“所有框线”。然后选中表格，将“笔划粗细”设置为3磅，单击“边框”下拉按钮，选择“外侧框线”。选中表格的第一行，将“笔划粗细”设置为3磅，单击“边框”右侧向下的箭头按钮，选择“外侧框线”。

② 保存文件。

五、电子表格

第1小题 在考生文件夹下，打开EXCEL.xlsx文件，按照要求完成下列操作并以该文件名（EXCEL.xlsx）保存文档。

（1）将Sheet1工作表的A1:G1单元格合并为一个单元格，内容水平居中；计算“月平均值”行的内容（数值型，保留小数点后1位）；计算“最高值”行的内容（三年中某月的最高值，利用MAX函数）。

① 打开EXCEL.xlsx文件。选中工作表Sheet1中的A1:G1单元格，单击（合并后居中）按钮。

② 在B6中输入公式“=AVERAGE(B3:B5)”并按回车键，将鼠标移动到B6单元格的右下角，按住鼠标左键不放向右拖动即可计算出其他列的值。

注：当鼠标指针放在已插入公式的单元格的右下角时，它会变为小十字形状，按住鼠标左键拖动其到相应的单元格即可进行数据的自动填充。

③ 选中B6:G6，在“开始”选项卡“数字”组中，单击右侧的“对话框启动器”按钮，弹出“设置单元格格式”对话框，单击“数字”选项卡，在“分类”中选择“数值”，在“小数位数”中输入“1”，单击“确定”按钮。

④ 在B7中输入公式“=MAX(B3:B5)”并按回车键，将鼠标移动到B7单元格的右下角，按住鼠标左键不放向右拖动即可计算出其他列的值。

注：当鼠标指针放在已插入公式的单元格的右下角时，它会变为小十字形状，按住鼠标左键拖动其到相应的单元格即可进行数据的自动填充。

（2）选取“月份”行（A2:G2）和“月平均值”行（A6:G6）数据区域的内容建立“带数

据标记的折线图”（系列产生在“行”），图表标题为“降雪量统计图”，清除图例；将图插入到表的 A9:F20 单元格区域内，将工作表命名为“降雪量统计表”，保存 EXCEL.xlsx 文件。

① 选中“月份”行和“月平均值”行数据区域，在“插入”选项卡“图表”组中，单击右侧的“对话框启动器”按钮，弹出“插入图表”对话框，在“折线图”中选择“带数据标记的折线图”，单击“确定”按钮，即可插入图表。

② 在插入的图表中，选中图表标题，改为“降雪量统计图”。

③ 在“图表工具/布局”选项卡“标签”组中，单击“图例”下拉按钮，选择“无（关闭图例）”选项。

④ 选中图表，按住鼠标左键不放并拖动，将其拖至 A9:F20 单元格区域内。

注：不要超过这个区域。如果图表过人，无法放下，可以将鼠标放在图表的右下角，当鼠标指针变为时，按住左键拖动可以将图表缩小到指定区域内。

⑤ 将鼠标移动到工作表下方的表名处，双击 Sheet1 并输入“降雪量统计表”。

⑥ 保存文件。

第 2 小题 在考生文件夹下，打开 EXC.xlsx 文件，按照要求完成下列操作并以该文件名（EXC.xlsx）保存文档。

（1）对工作表“产品销售情况表”内数据清单的内容按主要关键字“季度”的升序次序和次要关键字“分店名称”的降序次序进行排序。

打开 EXC.xlsx 文件。在“数据”选项卡“排序和筛选”组中，单击“排序”按钮，弹出“排序”对话框，在“主要关键字”中选择“季度”，在其后选中“升序”，在“次要关键字”中选择“分店名称”，在其后选中“降序”，单击“确定”按钮。

（2）对排序后的数据进行高级筛选（在数据清单前插入三行，条件区域设在 A1:H2 单元格区域，将筛选条件写入条件区域的对应列上），条件是：产品名称为“电冰箱”且销售额排名在前十名，工作表名不变，保存 EXC.xlsx 工作簿。

① 在工作表的第 1 行前插入三行作为高级筛选的条件区域。

② 在 D1 中输入“产品名称”，在 D2 中输入“电冰箱”，在 H1 中输入“销售排名”，在 H2 中输入“<=10”。此为筛选条件。

③ 选中工作表中的所有内容（除筛选区域），在“数据”选项卡“排序和筛选”组中，单击“高级”按钮，弹出“高级筛选”对话框，单击“条件区域”文本框右边的按钮，弹出“高级筛选-条件区域”对话框，然后选中 A1:H2 的筛选条件，选中后单击“高级筛选-条件区域”对话框中的按钮，再次弹出“高级筛选”对话框，在该对话框中单击“确定”按钮。

④ 保存文件。

六、演示文稿

打开考生文件夹下的演示文稿 yswg.pptx，按照下列要求完成对此文稿的修饰并保存。

（1）在第一张幻灯片前插入一版式为“标题幻灯片”的新幻灯片，输入主标题“国庆 60 周年阅兵”，并设置为黑体、65 磅、红色（请用自定义选项卡的红色 250、绿色 0、蓝色 0），输入副标题“代表委员揭秘建国 60 周年大庆”，并设置为仿宋_GB2312、35 磅。第二张幻灯片的版式改为“内容与标题”，文本设置为 23 磅字，将第三张幻灯片的图片移入剪贴画区域，删除第三张幻灯片。移动第三张幻灯片，使之成为第四张幻灯片。在第四张幻灯片备注区插入文本“阅兵的功效”。

① 打开 yswg.pptx 文件。鼠标移到第 1 张幻灯片之前单击，在“开始”选项卡“幻灯片”组中，单击“新建幻灯片”按钮，在下拉列表中选择“标题幻灯片”。

② 在新建的幻灯片的主标题中输入“国庆 60 周年阅兵”，在副标题中输入“代表委员揭秘建国 60 周年大庆”。

③ 选中主标题文本，在“开始”选项卡“字体”组中单击右侧的“对话框启动器”按钮，弹出“字体”对话框。单击“字体”选项卡，在“中文字体”中选择“黑体”，在“大小”中选择“65 磅”，在“字体颜色”中选择“其他颜色”，弹出“颜色”对话框，单击“自定义”选项卡，在“红色”中输入 250，在“绿色”中输入 0，在“蓝色”中输入 0，单击“确定”按钮，再单击“确定”按钮返回到编辑界面中。按同样的操作设置副标题为仿宋_GB2312、35 磅。

④ 选中第 2 张幻灯片，在“开始”选项卡“幻灯片”组中，单击“版式”按钮，在下拉列表中选择“标题与内容”。

⑤ 选中第 2 张幻灯片的文本，在“开始”选项卡“字体”组中单击右侧的“对话框启动器”按钮，弹出“字体”对话框。单击“字体”选项卡，在“大小”中选择“23 磅”，单击“确定”按钮返回到编辑界面中。

⑥ 选中第 3 张幻灯片的图片，右击，在弹出的快捷菜单中选择“剪切”，选择第 2 张幻灯片，右击剪贴画区域，在弹出的快捷菜单中选择“粘贴”。

⑦ 选中第 3 张幻灯片，右击，在弹出的快捷菜单中选择“删除幻灯片”，即可删除幻灯片。

⑧ 选中第 3 张幻灯片，右击，在弹出的快捷菜单中选择“剪切”，将鼠标移动到第 3 张和第 4 张幻灯片之间，右击，在弹出的快捷菜单中选择“粘贴”。

⑨ 选中第 4 张幻灯片，在下方的“单击此处添加备注”中输入“阅兵的功效”。

（2）在第二张幻灯片的文本“庆典式阅兵的功效”上设置超链接，链接对象是第四张幻灯片。在忽略母板的背景图形的情况下，将第一张幻灯片背景设置为“碧海青天”预设颜色、“线性向右”底纹样式。全部幻灯片切换效果为“闪耀”。

① 选中第 2 张幻灯片的文本“庆典式阅兵的功效”，在“插入”选项卡“链接”组中，单击“超链接”按钮，弹出“编辑超链接”对话框，单击对话框左侧的“本文档中的位置”选项，然后在“请选择文档中的位置”列表框中选中“幻灯片标题”下的“4.幻灯片 4”选项，单击“确定”按钮，超链接设置完成。

② 选中第 1 张幻灯片，在“设计”选项卡“背景”组中，单击“背景样式”按钮，在下拉列表中选择“设置背景格式”，弹出“设置背景格式”对话框，单击“填充”选项卡，选择“渐变填充”，在“预设颜色”中选择“碧海青天”，在“方向”中选择“线性向右”，单击“关闭”按钮。

③ 选中所有幻灯片，在“切换”选项卡“切换到此幻灯片”组中，单击“其他”快翻按钮，在展开的效果样式库的“华丽型”组中选择“闪耀”。

④ 保存文件。

七、上网

① 启动 Outlook Express 2010。

② 在 Outlook Express 2010 工具栏上单击“新建电子邮件”按钮，弹出“未命名-邮件（HTML）”窗口。

③ 在“收件人”中输入 zhangpeng1989@hotmail.com，“主题”中输入“照片”，在编辑区域输入邮件的主题内容“照片已发送，请注意查看。”

④ 单击“插入”→“文件附件”命令，弹出“插入附件”对话框，在考生文件夹下选择文件 Happy.jpg，单击“附件”按钮返回。

⑤ 单击“发送”按钮，完成邮件发送。

第 6 套模拟试题

一、单项选择题

1．下列有关计算机网络的说法错误的是（　　）。

A．组成计算机网络的计算机设备是分布在不同地理位置的多台独立的“自治计算机”

B．共享资源包括硬件资源和软件资源以及数据信息

C．计算机网络提供资源共享的功能

D．计算机网络中，每台计算机核心的基本部件，如 CPU、系统总线、网络接口等都要求存在，但不一定独立

2．计算机系统采用总线结构对存储器和外设进行协调。总线主要由（　　）三部分组成。

A．数据总线、地址总线和控制总线　　B．输入总线、输出总线和控制总线

C．外部总线、内部总线和中枢总线　　D．通信总线、接收总线和发送总线

3．计算机采用的主机电子器件的发展顺序是（　　）。

A．晶体管、电子管、中小规模集成电路、大规模和超大规模集成电路

B．电子管、晶体管、中小规模集成电路、大规模和超大规模集成电路

C．晶体管、电子管、集成电路、芯片

D．电子管、晶体管、集成电路、芯片

4．在下列叙述中，正确的选项是（　　）。

A．用高级语言编写的程序称为源程序

B．计算机直接识别并执行的是汇编语言编写的程序

C．机器语言编写的程序需编译和链接后才能执行

D．机器语言编写的程序具有良好的可移植性

5．计算机病毒实质上是（　　）。

A．一些微生物　　B．一类化学物质　　C．操作者的幻觉　　D．一段程序

6．下列 URL 的表示方法中，正确的是（　　）。

A．http://www.microsoft.com/index.html

B．http:\www.microsoft.com/index.html

C．http://www.microsoft.com\index.html

D．http:www.microsoft.com/index.htmp

7．下面四条常用术语的叙述中，有错误的是（　　）。

A．光标是显示屏上指示位置的标志

B．汇编语言是一种面向机器的低级程序设计语言，用汇编语言编写的程序计算机能直接执行

C．总线是计算机系统中各部件之间传输信息的公共通路

D．读写磁头是既能从磁表面存储器读出信息又能把信息写入磁表面存储器的装置

8．计算机能直接识别和执行的语言是（　　）。

A．机器语言　　B．高级语言　　C．汇编语言　　D．数据库语言

9．CPU 中有一个程序计数器（又称指令计数器），它用于存储（　　）。

A．正在执行的指令的内容　　B．下一条要执行的指令的内容

C．正在执行的指令的内存地址　　D．下一条要执行的指令的内存地址

10．SRAM 存储器是（　　）。

A．静态只读存储器　　B．静态随机存储器

C．动态只读存储器　　D．动态随机存储器

11．操作系统的功能是（　　）。

A．将源程序编译成目标程序

B．负责诊断计算机的故障

C．控制和管理计算机系统的各种硬件和软件资源的使用

D．负责外设与主机之间的信息交换

12．将高级语言编写的程序翻译成机器语言程序，采用的两种翻译方法是（　　）。

A．编译和解释　　B．编译和汇编　　C．编译和连接　　D．解释和汇编

13．下列不属于第二代计算机特点的一项是（　　）。

A．采用电子管作为逻辑元件　　B．运算速度为每秒几万至几十万条指令

C．内存主要采用磁芯　　D．外存储器主要采用磁盘和磁带

14．下列有关信息和数据的说法中，错误的是（　　）。

A．数据是信息的载体

B．数值、文字、语言、图形、图像等都是不同形式的数据

C．数据处理之后产生的结果为信息，信息有意义，数据没有

D．数据具有针对性、时效性

15．下列有关计算机结构的叙述中，错误的是（　　）。

A．最早的计算机基本上采用直接连接的方式，冯•诺依曼研制的计算机 IAS，基本上就采用了直接连接的结构

B．直接连接方式连接速度快，而且易于扩展

C．数据总线的位数，通常与 CPU 的位数相对应

D．现代计算机普遍采用总线结构

16．下列描述中不正确的是（　　）。

A．多媒体技术最主要的两个特点是集成性和交互性

B．所有计算机的字长都是固定不变的，都是 8 位

C．计算机的存储容量是计算机的性能指标之一

D．各种高级语言的编译系统都属于系统软件

17. 半导体只读存储器（ROM）与半导体随机存取存储器（RAM）的主要区别在于（　　）。
    A．ROM 可以永久保存信息，RAM 在断电后信息会丢失
    B．ROM 断电后，信息会丢失，RAM 则不会
    C．ROM 是内存储器，RAM 是外存储器
    D．RAM 是内存储器，ROM 是外存储器
18. 下列有关 Internet 的叙述中，错误的是（　　）。
    A．万维网就是因特网　　B．因特网上提供了多种信息
    C．因特网是计算机网络的网络　　D．因特网是国际计算机互联网
19. 执行二进制算术加运算 11001001＋00100111，其运算结果是（　　）。
    A．11101111　　B．11110000　　C．00000001　　D．10100010
20. 与十六进制数 CD 等值的十进制数是（　　）。
    A．204　　B．205　　C．206　　D．203

二、基本操作

1．将考生文件夹下 SEVEN 文件夹中的文件 SIXTY.WAV 删除。

2．在考生文件夹下 WONDFUL 文件夹中建立一个新文件夹 ICELAND。

3．将考生文件夹下 SPEAK 文件夹中的文件 REMOVE.xls 移动到考生文件夹下 TALK 文件夹中，并改名为 ANSWER.xls。

4．将考生文件夹下 STREET 文件夹中的文件 AVENUE.obj 复制到考生文件夹下 TIGER 文件夹中。

5．将考生文件夹下 MEAN 文件夹中的文件 REDHOUSE.bas 设置为隐藏属性。

三、汉字录入

启动汉字录入模拟程序，在程序菜单上打开“模拟录入第 6 套.txt”，按照以下内容输入文字。

> 指纹识别系统利用了两个人的指纹完全一样的概率是十亿分之一这一特性，通过图像扫描设备将指纹图案扫描下来，利用计算机视觉理论、图像分析算法和模糊逻辑算法将指纹图像特征转化为点或线构成的图，并计算出一些特征数值，然后将图片及数值储存到数据库中以备查询匹配之用。

四、文字处理

第 1 小题　在考生文件夹下，打开文档 WORD1.docx，按照要求完成下列操作并以该文件名（WORD1.docx）保存文档。

（1）将标题段文字（“小学生作文——多漂亮的‘凤凰’”）设置为小二号红色宋体、加粗、居中，并添加黄色底纹。

（2）将正文各段文字（“今天……太漂亮了！”）设置为五号楷体；各段落左右各缩进 1.5 字符，首行缩进 2 字符；正文中所有“凤凰新村”一词添加着重号。

（3）将正文第二段（“当我来到……多么整洁优雅的环境呀！”）分为等宽的两栏；栏间

加分隔线；在页面底端（页脚）居中位置插入页码。

第 2 小题 在考生文件夹下，打开文档 WORD2.docx，按照要求完成下列操作并以该文件名（WORD2.docx）保存文档。

（1）制作一个 6 行 5 列表格，设置表格列宽为 2.5 厘米，行高 0.6 厘米，表格居中；设置外框线为红色 1.5 磅双窄线，内框线为红色 0.75 磅单实线，第 2、3 行间的表格线为红色 1.5 磅单实线。

（2）再对表格进行如下修改：合并第 1、2 行第 1 个单元格，并在合并后的单元格中添加一条红色 0.75 磅单实线的左上右下的对角线；合并第 1 行第 2、3、4 个单元格；合并第 6 行第 2、3、4 个单元格，并将合并后的单元格均匀拆分为 2 列；设置表格第 1、2 行为浅绿底纹。

五、电子表格

（1）打开工作簿文件 EXCEL.xlsx，将工作表 Sheet1 的 A1:D1 单元格合并为一个单元格，内容水平居中，计算"销售额"列的内容（销售额=销售数量×单价），将工作表命名为"年度产品销售情况表"。

（2）选取"年度产品销售情况表"的"产品名称"列和"销售额"列单元格的内容建立"三维簇状柱形图"，X 轴上的项为"产品名称"（系列产生在"列"），图表标题为"年度产品销售情况图"，插入到表的 A7:D18 单元格区域内。

六、演示文稿

打开考生文件夹下的演示文稿 yswg.pptx，按照下列要求完成对此文稿的修饰并保存。

（1）将第 1 张幻灯片版式改变为"内容与标题"，将该幻灯片中的剪贴画动画效果设置为"进入""盒状""放大"，并将该幻灯片移动为演示文稿的第 2 张幻灯片。

（2）将整个演示文稿设置成"透明"模板，全部幻灯片的切换效果都设置成"随机线条"。

七、上网

接收并阅读由 xuexq@mail.neea.edu.cn 发来的 E-mail，并立即回复，回复内容为"您所索要的 E-mail 地址是：wangf@hotmail.com。"

第 6 套模拟试题参考答案

一、单项选择题

1．D　2．A　3．B　4．A　5．D　6．A　7．B
8．A　9．C　10．B　11．C　12．A　13．A　14．D
15．B　16．B　17．A　18．A　19．B　20．B

二、基本操作

1．删除文件

① 打开考生文件夹下 SEVEN 文件夹，选定 SIXTY.wav 文件。

② 按 Delete 键，弹出确认对话框。

③ 单击“确定”按钮，将文件删除。

2．新建文件夹

① 打开考生文件夹下的 WONDFUL 文件夹。

② 选择“文件”→“新建”→“文件夹”命令，或右击，弹出快捷菜单，选择“新建”→“文件夹”命令，即可生成新的文件夹，此时文件夹的名字处呈现蓝色可编辑状态。编辑名称为题目指定的名称 ICELAND。

3．移动文件和文件命名

① 打开考生文件夹下 SPEAK 文件夹，选定 REMOVE.xls 文件。

② 选择“编辑”→“剪切”命令，或按快捷键 Ctrl+X。

③ 打开考生文件夹下 TALK 文件夹。

④ 选择“编辑”→“粘贴”命令，或按快捷键 Ctrl+V。

⑤ 选定移动来的文件。

⑥ 按 F2 键，此时文件的名字处呈现蓝色可编辑状态，编辑名称为题目指定的名称 ANSWER.xls。

4．复制文件

① 打开考生文件夹下 STREET 文件夹，选定 AVENUE.obj 文件。

② 选择“编辑”→“复制”命令，或按快捷键 Ctrl+C。

③ 打开考生文件夹下 TIGER 文件夹。

④ 选择“编辑”→“粘贴”命令，或按快捷键 Ctrl+V。

5．设置文件夹属性

① 打开考生文件夹下 MEAN 文件夹，选定 REDHOUSE.bas 文件。

② 选择“文件”→“属性”命令，或右击，弹出快捷菜单，选择“属性”命令，即可打开“属性”对话框。

③ 在“属性”对话框中勾选“隐藏”属性，单击“确定”按钮。

三、汉字录入（略）

四、文字处理

第 1 小题 在考生文件夹下，打开文档 WORD1.docx，按照要求完成下列操作并以该文件名（WORD1.docx）保存文档。

（1）将标题段文字（“小学生作文——多漂亮的‘凤凰’”）设置为小二号红色宋体、加粗、居中，并添加黄色底纹。

① 打开 WORD1.docx 文件。选中标题段文本，在“开始”选项卡“字体”组中，单击右侧的“对话框启动器”按钮，弹出“字体”对话框，单击“字体”选项卡，在“中文字体”中选择“宋体”，在“字号”中选择“小二”，在“字体颜色”中选择“红色”，在“字形”中选择“加粗”，单击“确定”按钮返回到编辑界面中。

② 选中标题段文本，在“开始”选项卡“段落”组中，单击“居中”按钮。

③ 选中标题段文本，在“开始”选项卡“段落”组中，单击“下框线”下拉列表，选择

“边框和底纹”选项，弹出“边框和底纹”对话框，单击“底纹”选项卡，选中填充色为“黄色”，设置“应用于”为“文字”，单击“确定”按钮。

（2）将正文各段文字（“今天……太漂亮了！”）设置为五号楷体；设置各段落左右各缩进 1.5 字符，首行缩进 2 字符；正文中所有“凤凰新村”一词添加着重号。

① 选中正文所有文本（标题段不要选），在“开始”选项卡“字体”组中，单击右侧的下“话框启动器”按钮，弹出“字体”对话框，单击“字体”选项卡，在“中文字体”中选择“楷体”，在“字号”中选择“五号”，单击“确定”按钮返回到编辑界面中。

② 选中正文所有文本（标题段不要选），在“开始”选项卡“段落”组中，单击右侧的“对话框启动器”按钮，弹出“段落”对话框，单击“缩进和间距”选项卡，在“缩进”中的“左”中输入“1.5 字符”，在“右”中输入“1.5 字符”，在“特殊格式”中选择“首行缩进”，在“度量值”中选择“2 字符”，单击“确定”按钮返回到编辑界面中。

③ 选中正文所有文本（标题段不要选），在“开始”选项卡下，单击“编辑”组的“替换”按钮，弹出“查找和替换”对话框，在“查找内容”中输入“凤凰新村”，在“替换为”中输入“凤凰新村”。单击“更多”按钮，再单击“格式”按钮，在弹出的菜单中选择“字体”选项，弹出“替换字体”对话框。在“着重号”中选择“.”，单击“确定”按钮，再单击“全部替换”按钮，会弹出提示对话框，在该对话框中直接单击“否”，再单击“关闭”按钮即可完成替换。

（3）将正文第二段（“当我来到……多么整洁优雅的环境呀！”）分为等宽的两栏；栏间加分隔线；在页面底端（页脚）居中位置插入页码。

① 选中正文第二段文本，在“页面布局”选项卡“页面设置”组中，单击“分栏”下拉列表，选择“更多分栏”选项，弹出“分栏”对话框，选择“预设”选项组中的“两栏”图标，勾选“栏宽相等”，勾选“分隔线”，单击“确定”按钮返回到编辑界面中。

② 在“插入”选项卡“页眉和页脚”组中，单击“页码”下拉列表，选择“页面底端”“普通数字 2”选项，单击“关闭页眉和页脚”按钮。

③ 保存文件。

第 2 小题 在考生文件夹下，打开文档 WORD2.docx，按照要求完成下列操作并以该文件名（WORD2.docx）保存文档。

（1）制作一个 6 行 5 列表格，设置表格列宽为 2.5 厘米，行高 0.6 厘米，表格居中；设置外框线为红色 1.5 磅双窄线，内框线为红色 0.75 磅单实线，第 2、3 行间的表格线为红色 1.5 磅单实线。

① 打开 WORD2.docx 文件。在“插入”选项卡下，单击“表格”下拉列表，选择“插入表格”选项，弹出“插入表格”对话框，在“行数”中输入 6，在“列数”中输入 5，单击“确定”按钮返回到编辑界面中。

② 选中表格，在“开始”选项卡“段落”组中，单击“居中”按钮。

③ 选中表格，在“表格工具/布局”选项卡“单元格大小”组中，单击右侧的“对话框启动器”按钮，打开“表格属性”对话框，单击“列”选项卡，勾选“指定宽度”，设置其值为“2.5 厘米”，在“行”选项卡中勾选“指定高度”，设置其值为“0.6 厘米”，在“行高值是”中选择“固定值”，单击“确定”按钮返回到编辑界面中。

④ 单击表格，在“表格工具/设计”选项卡“绘图边框”组中设置“笔划粗细”为“1.5

磅”，设置“笔样式”为“双窄线”，设置“笔颜色”为“红色”，此时鼠标变为“小蜡笔”形状，沿着边框线拖动设置外边框的属性。

注：当单击“绘制表格”按钮后，鼠标变为“小蜡笔”形状，选择相应的线型和宽度，沿边框线拖动小蜡笔便可以对边框线属性进行设置。

按同样的操作设置内框线。

（2）再对表格进行如下修改：合并第1、2行第1个单元格，并在合并后的单元格中添加一条红色0.75磅单实线的左上右下对角线；合并第1行第2、3、4个单元格；合并第6行第2、3、4个单元格，并将合并后的单元格均匀拆分为2列；设置表格第1、2行为浅绿底纹。

① 选中第1、2行第1个单元格，右击，在弹出的快捷菜单中选择“合并单元格”命令。按同样的操作合并第1行第2、3、4个单元格，第6行第2、3、4个单元格。

② 选中表格第1行第1列的单元格，单击表格，在“表格工具/设计”选项卡“表格样式”组中，单击“边框”下拉列表，选择“斜下框线”选项。

③ 单击表格，在“表格工具/设计”选项卡“绘图边框”组中设置“笔划粗细”为“0.75磅”，设置“笔样式”为“单实线”，设置“笔颜色”为“红色”，此时鼠标变为“小蜡笔”形状，沿着边框线拖动设置外边框的属性。

④ 选中表格第6行合并的单元格，在“表格工具/布局”选项卡“合并”组中，单击“拆分单元格”按钮，弹出“拆分单元格”对话框，在“列”中输入2，单击“确定”按钮返回到编辑界面中。

⑤ 选中表格第一行和第二行，在“表格工具/设计”选项卡“表格样式”组中，单击“底纹”下拉列表，选择“浅绿”。

⑥ 保存文件。

五、电子表格

（1）打开工作簿文件EXCEL.xlsx，将工作表Sheet1的A1:D1单元格合并为一个单元格，内容水平居中，计算“销售额”列的内容（销售额=销售数量×单价），将工作表命名为“年度产品销售情况表”。

① 打开EXCEL.xlsx文件。选中工作表Sheet1中的A1:D1单元格，单击按钮。

② 在D3中输入公式“=B3*C3”并按回车键，将鼠标移动到D3单元格的右下角，按住鼠标左键不放向下拖动即可计算出其他行的值。

注：当鼠标指针放在已插入公式的单元格的右下角时，它会变为小十字形状，按住鼠标左键拖动其到相应的单元格即可进行数据的自动填充。

③ 将鼠标移动到工作表下方的表名处，双击Sheet1并输入“年度产品销售情况表”。

（2）选取“年度产品销售情况表”的“产品名称”列和“销售额”列单元格的内容建立“三维簇状柱形图”，X轴上的项为“产品名称”（系列产生在“列”），图表标题为“年度产品销售情况图”，插入到表的A7:D18单元格区域内。

① 选中“产品名称”列和“销售额”列两列，在“插入”选项卡“图表”组中，单击右侧的“对话框启动器”按钮，弹出“插入图表”对话框，在“柱形图”中选择“三维簇状柱形图”，单击“确定”按钮，即可插入图表。

② 在插入的图表中，选中图表标题，改为“年度产品销售情况图”。

③ 选中图表，按住鼠标左键不放并拖动到 A7:D18 单元格区域内。

注：不要超过这个区域。如果图表过大，无法放下，可以将鼠标放在图表的右下角，当鼠标指针变为↘时，按住左键拖动可以将图表缩小到指定区域内。

④ 保存文件。

六、演示文稿

打开考生文件夹下的演示文稿 yswg.pptx，按照下列要求完成对此文稿的修饰并保存。

（1）将第 1 张幻灯片版式改变为“内容与标题”，将该幻灯片中的剪贴画动画效果设置为“进入”“盒状”“放大”，并将该幻灯片移动为演示文稿的第 2 张幻灯片。

① 打开 yswg.pptx 文件。选中第 1 张幻灯片，在“开始”选项卡“幻灯片”组中，单击“版式”按钮，在下拉列表中选择“内容与标题”。

② 选中第 1 张幻灯片中的剪贴画，在“动画”选项卡“动画”组中，单击“其他”快翻按钮，在展开的效果样式库中选择“更多进入效果”选项，弹出的“更改进入效果”对话框，在“基本型”中选择“盒状”，单击“确定”按钮。在“动画”组中，单击“效果选项”按钮，在“方向”中选择“放大”。

③ 选中第 1 张幻灯片，右击，在弹出的快捷菜单中选择“剪切”，将鼠标移动到第 1 张和第 2 张幻灯片之间，右击，在弹出的快捷菜单中选择“粘贴”。

（2）将整个演示文稿设置成“透明”模板，全部幻灯片的切换效果都设置成“随机线条”。

① 选中全部幻灯片，在“设计”选项卡“主题”组中，单击“其他”快翻按钮，在展开的样式库中选择“透明”样式。

② 选中所有幻灯片，在“切换”选项卡“切换到此幻灯片”组中，单击“其他”快翻按钮，在展开的效果样式库的“细微型”组中选择“随机线条”。

③ 保存文件。

七、上网

① 启动 Outlook Express 2010。

② 单击“发送/接收”选项卡中的“发送/接收所有文件夹”按钮，接收完邮件之后，会在“收件箱”右侧邮件列表窗格中，有一封邮件，单击此邮件，在下方窗格中可显示邮件的具体内容。

③ 单击工具栏上“答复”按钮，弹出回复邮件对话框。

④ 在编辑区域内输入邮件的主题内容“您所索要的 E-mail 地址是：wangf@hotmail.com。”单击“发送”按钮完成邮件回复。

参考文献

[1] 樊成立，潘凌，刘庆瑜，等．网络系统管理．北京：清华大学出版社，2016．

[2] 教育部考试中心．全国计算机等级考试一级教程——计算机基础及 MS Office 应用（2013 版）．北京：高等教育出版社，2013．

[3] 周飞雪，朱晓东．多媒体技术应用实训教程．北京：人民邮电出版社，2016．

[4] 张基温．计算机组成原理教程．北京：清华大学出版社，2016．

[5] 周苏，冯婵璟，王硕苹．大数据技术与应用．北京：机械工业出版社，2016．

[6] 王鑫，杨彬，胡建学，等．Excel 2010 实战技巧精粹．北京：人民邮电出版社，2013．

[7] 张殿明，韩冬博．网络工程项目设计与施工．北京：清华大学出版社，2016．

[8] 余智豪，马莉，胡春萍．物联网安全技术．北京：清华大学出版社，2016．

[9] 谢青松，何凯．操作系统实践教程．北京：清华大学出版社，2016．

[10] 郑纬民．计算机应用基础：Word 2010 文字处理系统．北京：中央广播电视大学出版社，2012．

[11] 谢希仁．计算机网络．6 版．电子工业出版社，2013．

[12] 张超，李舫，毕洪山，等．计算机导论．北京：清华大学出版社，2015．

[13] 赖英旭，钟玮，李健．计算机病毒与防范技术．北京：清华大学出版社，2011．

[14] 魏媛媛．计算机组成原理与设计．武汉：武汉大学出版社，2008．

附录 A　Word 2010 查找和替换中的特殊字符

1. “查找内容”中的特殊字符

当光标定位在“查找内容”文本框时，在不勾选“使用通配符”和勾选“使用通配符”两种情况下，单击“特殊字符”按钮所打开的列表中各字符的含义如附表 A-1 所示。

附表 A-1　“查找内容”中的特殊字符

非通配符状态下		通配符状态下	
名称	字符	名称	字符
段落标记	^p	任意字符	?
制表符	^t	范围内的字符	[-]
任意字符	^?	单词开头	<
任意数字	^#	单词结尾	>
任意字母	^$	表达式	()
脱字号	^^	非	[!]
分节符	^%	出现次数范围	{,}
段落符号	^v	前一个或多个	@
分栏符	^n	零个或多个字符	*
省略号	^i	制表符	^t
全角省略号	^j	脱字号	^^
长划线	^+	分栏符	^n
1/4 长划线	^q	省略号	^i
短划线	^=	全角省略号	^j
无宽可选分隔符	^x	长划线	^+
无宽非分隔符	^z	1/4 长划线	^q
尾注标记	^e	短划线	^=
域	^d	无宽可选分隔符	^x
脚注标记	^f	无宽非分隔符	^z
图形	^g	图形	^g
手动换行符	^l	手动换行符	^l
手动分页符	^m	分页符/分节符	^m
不间断连字符	^~	不间断连字符	^~

续表

非通配符状态下		通配符状态下	
名称	字符	名称	字符
不间断空格	^s	不间断空格	^s
可选连字符	^-	可选连字符	^-
分节符	^b	空白区域	^w

注意：在勾选了“使用通配符”后，当光标定位在“查找内容”中时，特殊字符列表中没有“段落标记”这个特殊字符，若需要查找段落标记，可录入“^13”。

2. “替换为”中的特殊字符

当光标定位在“替换为”文本框里时，在不勾选“使用通配符”和勾选“使用通配符”两种情况下，单击“特殊字符”按钮所打开的列表中各字符的含义如附表 A-2 所示。

附表 A-2　“替换为”中的特殊字符

非通配符状态下		通配符状态下	
名称	字符	名称	字符
段落标记	^p	要查找的表达式	\
制表符	^t	段落标记	^p
脱字号	^^	制表符	^t
分节符	^%	脱字号	^^
段落符号	^v	分节符	^%
“剪贴板”内容	^c	段落符号	^v
分栏符	^n	“剪贴板”内容	^c
省略号	^i	分栏符	^n
全角省略号	^j	省略号	^i
长划线	^+	全角省略号	^j
1/4 长划线	^q	长划线	^+
短划线	^=	1/4 长划线	^q
查找内容	^&	短划线	^=
无宽可选分隔符	^x	查找内容	^&
无宽非分隔符	^z	无宽可选分隔符	^x
手动换行符	^l	无宽非分隔符	^z
手动分页符	^m	手动换行符	^l
不间断连字符	^~	手动分页符	^m
不间断空格	^s	不间断连字符	^~
可选连字符	^-	不间断空格	^s
		可选连字符	^-

附录 B　文字排版中字号、磅的对应关系

字号、磅之间的对应值

字号	磅
八号	5
七号	5.5
小六	6.5
六号	7.5
小五	9
五号	10.5
小四	12
四号	14
小三	15
三号	16
小二	18
二号	22
小一	24
一号	26
小初	36
初号	42

1 磅=0.353 毫米；1 毫米=2.835 磅。